基于林改的森林资源可持续经营技术研究系列丛书

总主编　宋维明

基于林改的野生动物保护技术与对策研究

徐基良　主编

中国林业出版社

图书在版编目（CIP）数据

基于林改的野生动物保护技术与对策研究／徐基良主编.—北京：中国林业出版社，2014.12

（基于林改的森林资源可持续经营技术研究系列丛书/宋维明总主编）

ISBN 978-7-5038-7774-2

Ⅰ.基…　Ⅱ.①徐…　Ⅲ.①野生动物－动物保护－研究－中国　Ⅳ.①S863

中国版本图书馆 CIP 数据核字（2014）第 290631 号

策划编辑　　徐小英

责任编辑　　徐小英　　王若凡

美术编辑　　赵　芳

出版　中国林业出版社（100009　北京西城区刘海胡同 7 号）

网址　lycb. forestry. gov. cn

E-mail　forestbook@163.com　**电话**　010-83143515

发行　中国林业出版社

印刷　北京中科印刷有限公司

版次　2014 年 12 月第 1 版

印次　2014 年 12 月第 1 次

开本　787mm×960mm　1/16

印张　13.5

字数　257 千字

印数　1~1000 册

定价　63.00 元

基于林改的森林资源可持续经营技术研究系列丛书
编撰委员会

总主编　宋维明

主　　编　孙玉军　赵天忠　张　颖　徐基良
　　　　　胡明形　程宝栋

编　　撰　王新杰　刁　钢　栾晓峰　李媛辉　金　笙
　　　　　杨桂红　陈文汇　刘俊昌　蓝海洋　陈飞翔
　　　　　曾　怡　王海燕　李　维　高险俊

《基于林改的野生动物保护技术与对策研究》
作者名单

主　　编　徐基良

副主编　栾晓峰　李媛辉　周春发

编写人员　赵玉泽　王　宁　王　昱　王恒恒　白　洁
　　　　　孙二棋　李　斌　张欣炘　周晗隽　马小博
　　　　　梁嘉琪　王秦韵　溪　波　朱家尖

及其经营优化研究》《林权制度改革后南方集体林经营管理模式与机制研究》《基于林改的资源供给与规模化经营模式研究》《基于林改的野生动物保护技术与对策研究》《林改区域典型树种森林碳储量监测技术研究》《面向林改的林业信息服务体系及平台构建》。其中，《林权制度改革对环境的影响及其经营优化研究》探讨了林权制度改革后对森林生态环境的影响以及环境影响评价、优化技术与制度保障体系；《林权制度改革后南方集体林经营管理模式与机制研究》选择南方集体林权制度改革的典型区域，从林农角度对森林资源经营管理的方案编制、经营合作组织、经营管理人力资源和融资等四个方面进行了深入调查分析，对南方集体林区林权制度改革后经营管理的现状和未来发展进行了深入探讨；《基于林改的资源供给与规模化经营模式研究》探讨了我国木材供需预测分析、林权制度改革对我国集体林区木材供给的影响、南方集体林区速生丰产用材林经营模式以及集体林权制度改革后林农合作组织；《基于林改的野生动物保护技术与对策研究》涉及我国野生动物及栖息地保护相关政策评估，林权改革对野生动物种群、行为和栖息地的影响，林改后野生动物栖息地保护与补偿调查，以及林改后我国野生动物栖息地保护技术与政策保障等；《林改区域典型树种森林碳储量监测技术研究》以杉木、马尾松、毛竹和落叶松为研究对象，提出森林碳汇计量的示范性方法体系，利用建立生物量模型以及测定评估参数，全面估算森林生物量，从而掌握典型树种森林生物量和碳储量的空间分布格局，以及随林龄等林分因子变化的动态规律，最终构建一个以地面样地调查为主体、以生物量和遥感模型估算为补充的碳汇功能计量和评价体系；《面向林改的林业信息服务体系及平台构建》从应用的角度对林改后基层林业单位对信息服务的需求进行深入细致的分析和研究，建立了相应的实用型系统并构建了信息服务平台。

虽然每册专著各有侧重，保持了各自的内涵、外延与风格，但它们也相互联系，具有理论性、知识性、经验型和政策性的共同特点，旨在全面介绍我国集体林权制度改革工作的发展背景、历程与现状，从森林资源培育、生产经营、生物多样性保护、环境保护、信息服务体系与相关平台建设等方面提出完善我国集体林权制度改革工作的技术与政策体系，为各级

总　序

被誉为中国农村"第三次土地革命"的最新一轮集体林权制度改革是一场举世瞩目的深刻变革。我国于 2003 年启动了该项工作的试点，在 2008 年开始全面推进，至今已有十余年。如今，我国集体林权制度改革工作已经取得显著进展，对推动农村社会经济发展和提高居民生产生活水平具有重要价值，在建设生态文明和美丽中国中也具有重要作用。

十余年栉风沐雨。我国这一轮集体林权制度改革的十余年，也是一个不断探索、不断发展、不断完善的过程。集体林区一直是我国重要的木材资源供应基地之一，也是我国珍稀濒危及特有野生动植物的重要分布范围。林改后，森林资源经营管理方式发生了显著改变，许多新问题也由此而来，特别是如何在坚守生态红线的前提下提高集体林区资源培育、经营与保护效率，在当前也十分具有挑战性。因此，集体林权制度改革的发展给相关的技术革新和政策体系建设提出了新的需求。

为此，我们实施了林业公益性行业科研专项项目"基于林改的森林资源可持续经营技术研究"，从森林资源培育—生产经营—保护—服务及相关平台建设角度为集体林权制度改革提供全方位理论及技术支撑，开展了六个方面研究，即基于林改的森林多功能经营技术研究与示范、基于林改的资源供给与规模化经营模式研究、基于林改的野生动植物生境保护技术研究与示范、林权改革后森林资源经营的改变对环境的影响及其优化技术研究、集体林区政策性森林灾害保险制度设计与保费精算技术研究、基于林改的信息服务体系及综合信息服务平台建设。

依据这六个研究方面，项目组成员对项目成果进行了精心凝练，并整理形成了本系列丛书，共包括 6 册专著，即《林权制度改革对环境的影响政府部门、林业生产经营与保护单位提供决策参考与工作指南，以推动我国集体林权制度改革工作的健康有序发展，并促使其在建设生态文明中发挥更大的作用。

本系列丛书的出版，得到林业公益性行业科研专项项目"基于林改的森林资源可持续经营技术研究"（NO. 200904003）的资助。感谢国家林业局有关领导对本项目和本系列丛书的关心、支持与指导！感谢项目组的所有成员！感谢所有关心与支持本项目、本系列丛书的专家、学生和朋友！

由于时间与编撰水平限制，这套丛书在理论观点、知识体系、论据资料、引证案例或其他方面可能还有错误、疏漏和不当之处，恳请广大读者批评指正。

2014 年 11 月

前　言

　　2003 年，江西、福建等省在全国率先启动集体林权制度改革；2008 年，《中共中央 国务院关于全面推进集体林权制度改革意见》出台，又为推动我国林权改革进程提供了重要指导。实践表明，我国林权改革在推动国民经济社会可持续发展，特别是推动农村社会经济发展、提高居民生产生活水平等方面发挥了重要作用。

　　然而，我国集体林权改革工作还处于不断完善的过程之中，南方集体林区也是我国珍稀濒危及特有野生动植物资源的重要分布区。据不完全统计，我国在这些集体林区内的自然保护区和国家级自然保护区分别超过 1400 处和 150 处，分别超过我国自然保护区和国家级自然保护区总数的 50% 和 30%，这些自然保护区在保护我国生物多样性方面发挥了重要作用。如果林权制度改革相关政策和技术不配套，可能会给我国生物多样性工作造成影响。但是，目前对集体林权改革下野生动物保护的关注度较低。一方面，相关研究偏少。"中国学术期刊数据库""维普全文期刊数据库"均未有文章对此进行专项研究。另一方面，与林权改革背景下野生动物保护相关的法律法规及政策尚不完善。因此，十分有必要对集体林权改革下野生动物保护问题进行研究并进而制定相应对策，减少改革中外在因素冲击，为集体林权制度改革保驾护航。

　　林业部门高度重视这一工作，北京林业大学也对此开展了专项研究，探讨基于林改的森林资源可持续经营问题。作为该课题的一个有机组成部分，本专题就林改背景下的野生动物及其栖息地保护问题进行了专项研究，研究内容涉及我国野生动物保护现状与集体林权改革现状评估、我国野生动物及其栖息地保护相关政策实施后评估、林改政策对野生动物影响的预评估及实地调查与监测、林改后野生动物栖息地保护与补偿，以及集体林区自然保护区建设与发展问题。经过专题组全体人员近五年的努力，该项工作得以顺利完成。本专题的研究结果表明，林权改革对野生动物种群、行为及其栖息地都可能产生影响，而当前林改政策与野生动物保护需求之间存在空缺。为促进集体林区野生动物保护工作，减少林权改革工作对野生动物及其栖息地可能的负面影响，集体林权改革需要在制度、机制、森林经营管理模式与技术等方面均应有相应的完善与调整。

基于本专题的研究，专题组对专题各项研究结果进行了归纳整理，并形成本书。本书共包括六章，即"我国野生动物及其栖息地保护现状""我国集体林权制度改革进展""林权改革政策对野生动物及栖息地保护影响预评估""林权改革对野生动物及其栖息地影响的案例研究""林改后野生动物栖息地保护与补偿""林权改革背景下自然保护区发展现状与对策"，并有"基于野生动植物栖息地适宜性分析的森林经营管理监测技术导则"和"森林经营对野生动植物栖息地影响评估及预警技术导则"两个附录。每章均是建立在大量资料和实地调研的基础之上的，特别是在河南董寨国家级自然保护区和福建将乐国有林场两地分别对白冠长尾雉和两栖类动物进行了长期而系统的监测，林改后野生动物栖息地保护与补偿调查则涉及 10 个省 76 个县市4047 份问卷。各章相对独立，又共同构成有机整体。希望本专题的研究成果，能够增强人们对集体林权改革地区野生动物及其栖息地保护的重视，在技术与政策方面为林改背景下的野生动物及其栖息地保护提供参考。

本书的出版得到林业公益性行业科研专项"基于林改的森林资源可持续经营技术研究"（NO. 200904003）的资助。感谢专题组的所有成员！感谢河南董寨国家级自然保护区管理局、湖北平靖关村村委、福建将乐国有林场为本专题的野外工作提供的便利条件。感谢北京师范大学生命科学学院张正旺教授研究组，在人力、物力及资料方面为本专题提供了大量无私的帮助！感谢湖北广水市平靖关村张鹏先生，感谢我的学生赵妍、余进、罗旭、石普霖、曹婉露、王秦韵，毫无怨言地在野外坚守！感谢所有关心和支持本书出版的专家、学生和朋友！

由于时间紧张，研究者水平也有限，疏漏之处在所难免，恳请谅解，并衷心希望广大同仁批评指正！

徐基良

2014 年 11 月 18 日

目　录

第 1 章

我国野生动物及其栖息地保护现状

第一节 我国野生动物及其栖息地现状

一、我国野生动物资源概况

(一)我国野生动物资源现状

我国幅员辽阔，自然环境复杂，拥有从寒温带到热带的各类森林、荒漠、湿地、草原和海洋生态系统，蕴藏着丰富的野生动物资源，是世界上生物多样性最丰富的国家之一。据统计，我国约有脊椎动物 6300 种，约占世界脊椎动物种类的 10%，其中哺乳类 607 种(王应祥，2003)，我国特有的哺乳类动物有 73 种，占我国哺乳类总数的 12.0%；鸟类 1294 种，占世界鸟类总数的 13.26%，其中特有鸟类种数 69 种，占我国鸟类总数的 5.3%(郑光美，2002)；爬行类 412 种，占世界爬行类总数的 6.5%，其中特有爬行类种数 26 种，占我国爬行类总数的 6.3%；两栖类 295 种，占世界两栖类总数的 7%，其中我国特有两栖类种数 30 种，占我国两栖类总数的 10.2%；鱼类约有 3400 种，占世界鱼类总数的 12.1%，其中我国特有鱼类 440 种，占我国鱼类总数的 12.9%。此外，我国也拥有的无脊椎动物估计约有 100 多万种，其中已定名的昆虫有 30000 多种(马建章，2003)。

在第四纪冰川时期，我国绝大部分地区未受到冰川覆盖，成为很多古老动植物物种的避难所，或是新生孤立类群的发源地。因此，我国还拥有大量的特有种和孑遗种，具有很高的科研和经济价值。据不完全统计，我国拥有大熊猫(*Ailuropoda melanoleuca*)、金丝猴(*Rhinopithecus roxellanae*)、朱鹮(*Nipponia nippon*)、华南虎(*Panthera tigris*)、羚牛(*Budorcas taxicolor*)、藏羚羊(*Pantholops hodgsoni*)、褐马鸡(*Crossoptilon mantchuricum*)、绿尾虹雉(*Lophophorus lhuysii*)、黄腹角雉(*Tragopan caboti*)、扬子鳄(*Alligator sinensis*)、白鳍豚(*Lipotes vexillifer*)等特有珍稀濒危野生动物 100 余种。全世界共有鹤类 15 种，我国就有 9 种；雁鸭类 148

种，我国有 46 种；野生雉类 276 种，我国有 56 种。

（二）野生动物的价值

野生动物是人类赖以生存的重要物质基础之一。野生动物的保护与利用，对于提供人类生存所需基本食物至关重要。过去和现在，人类日常食用的各种肉、蛋、奶和鱼虾贝等无不取之于动物，其中相当部分是直接来源于野生动物。我国的家禽主要是鸡、鸭、鹅等。鸡是由野生的原鸡驯化而来。江西省仙人洞遗址和陕西半坡遗址均发现过原鸡或原鸡属鸟类遗骨，因而先民们可能将它驯化为家鸡；河北磁山、河南李岗等较早的遗址中都有家鸡遗骨出土，说明我国家鸡驯化已经有 8000 多年的历史。鸭和鹅的驯化时间还不清楚，但比鸡的驯化晚。我国长江流域及其以南的家鸭一部分可能是由斑嘴鸭驯化而来的，而我国的鹅可能来源于鸿雁。但在埃及，大约在公元前 2300 年就把埃及雁驯化成家鹅了。目前，全球每年生产的水产品超过一半来自天然捕捞，这些产品有些直接供人类食用，有些则作为养殖饲料间接为人类提供身体所需的动物蛋白质。

野生动物号称人类的朋友。例如青蛙（*Rana nigromaculata*）的食物来源中 80% 是有害昆虫，一只灰喜鹊（*Cyanopica cyanus*）一年可以吃掉 15000 条松毛虫（*Dendrolimus*），一只燕子（*Hirundo rustica*）一天可以消灭 150 多只蚊子，一只狐狸（*Vulpes*）一昼夜可以吃掉 20 只老鼠（*Muroidea*）。一只田鼠一个夏天要糟蹋一公斤粮食，而一只猫头鹰（*Strigiformes*）在一个夏天就可以消灭 1000 只田鼠，相当于增收一吨粮食。我国的鸟类中，有一半以上以害虫为食，如有 90 多种猛禽捕食老鼠，还有大量的两栖、爬行动物和中小型兽类都以昆虫和老鼠为食，这对保障农林牧业生产和维护自然生态平衡都具有重要作用。

野生动物也是我国许多药物的重要来源。我国相当一部分传统中药取自野生动物，可入药的野生动物达千种以上，例如鹿茸、羚羊角、五灵脂等都是名贵的中药材。随着医学研究的发展，不少动物的医药价值被陆续发现。据了解，国外研究已发现 500 多种海洋动物可以提取抗癌药物，还有许多海洋无脊椎动物可以入药，用于防治高血压、心脏病和一些病毒引起的疾病。许多野生动物还是医学研究和疫苗生产的重要材料，如猕猴（*Macaca mulatta*）既是重要的实验动物，又是生产小儿麻痹疫苗唯一可用的动物；在我国分布较广的树鼩（*Tupaia belangeri*），是研究肿瘤的良好医学模型。

野生动物在我国对外交往活动中也有重要作用。我国的野生动物特别是珍稀野生动物受到世界各国人民的喜爱，不少国家、地区、组织通过各种渠道，积极要求同我国进行野生动物交换或交流活动。1957 年以来，以我国政府名义将大熊猫作为国礼陆续赠送给了苏联、朝鲜、美国、日本、法国、英国、墨西哥、西班牙、德国等国家和地区，这在增进我国同有关国家和地区人民之间的相互了解和友谊方面发挥了重要作用。

野生动物还是我国社会经济可持续发展的战略基础。野生动物是我国许多传统产业的资源基础，蕴藏有巨大开发潜力的基因资源。随着科学技术的发展，基因资源也逐渐成为一个民族和国家最宝贵的财富之一，是未来人类文明发展必须依赖的最重要资源。我国 85% 的野生动物种群在自然保护区中得到有效保护，其中许多珍稀濒危野生植物只在自然保护区中有栖息和分布，为我国进一步培育、扩大资源，保障国民经济发展的需求，奠定了基础，也成为社会经济可持续发展的战略保障。

二、我国野生动物栖息地概况

野生动物栖息地或生境(habitat)是指野生动物生活的空间和其中全部生态因子的总和，包括个体或群体野生动物生存所需要的非生物环境和其他生物环境，可以为野生动物觅食、栖息、繁衍提供场所。野生动物栖息地主要包括森林、湿地、荒漠、草原和海洋五大生态系统类型(表 1-1)。

表 1-1　我国陆域生态系统分布与面积百分比(截至 2010 年)

序号	生态系统类型	面积(万 km²)	占全国生态系统总面积的百分比(%)
1	森林	191.5	20.2
2	草地	284.0	30.0
3	灌丛	69.7	7.4
4	水体与湿地	33.8	3.6
5	农田	180.9	19.1
6	城镇	25.4	2.7
7	沙漠	44.9	4.8
8	冰川/永久积雪	8.1	0.8
9	裸地	107.6	11.4

例如，我国的森林按气候带分布从北到南有寒温带针叶林、温带针阔混交林、暖温带落叶林和针叶林、亚热带常绿阔叶林和针叶林、热带季雨林、热带雨林。根据第八次全国森林资源清查结果显示，全国森林面积 2.08 亿 hm^2，森林覆盖率 21.63%，森林蓄积 151.37 亿 m^3。人工林面积超过 0.6 亿 hm^2，蓄积 24.83 亿 m^3。我国的湿地包括沼泽、泥炭地、湿草甸、潜水沼泽、高原咸水湖泊、盐沼和海岸滩涂等类型，涵盖了全球 39 个湿地类型，其中青藏高原的高寒湿地在全球独有。根据第二次全国湿地资源调查结果，全国湿地总面积 5360.26 万 hm^2(另有水稻田面积 3005.70 万 hm^2 未计入)。其中，调查范围内湿地面积

5342.06 万 hm²，收集的香港、澳门和台湾湿地面积 18.20 万 hm²。自然湿地面积 4667.47 万 hm²，占 87.37%；人工湿地面积 674.59 万 hm²，占 12.63%。自然湿地中，近海与海岸湿地面积 579.59 万 hm²，占 12.42%；河流湿地面积 1055.21 万 hm²，占 22.61%；湖泊湿地面积 859.38 万 hm²，占 18.41%；沼泽湿地面积 2173.29 万 hm²，占 46.56%。

决定动物生境选择的因素十分复杂，包括生境本身的特性、动物的特性、食物的来源和数量、捕食和竞争等因素（颜忠诚，1998）。其中，生境破碎是导致生物多样性下降的最主要原因之一。由于生境丧失和破碎化会造成生态系统退化及适宜生境被人为分割，进而导致野生动物适宜生境面积下降，种群的繁殖、建群、迁徙、扩散等过程均受到影响，最终导致生物多样性下降（武正军，2003）。例如，世界范围内由于生境丧失和破碎化已导致 19 种哺乳动物和 20 种鸟类灭绝，分别占可确定灭绝原因种数的 30% 和 38%；除此之外，由于生境丧失和破碎化而受到威胁的哺乳动物、鸟类、两栖动物物种比例更是高达 48%、49% 和 64%（吴金梅，2005）。

森林生态系统是生态系统的重要组成部分，森林生态系统的健康、稳定发展对森林生境野生动植物种保护和遗传多样性保护具有重要的作用。我国陆生野生动物 80% 以上生存于森林中；全世界热带森林虽然只占陆地总面积的 7%，但它却集中了世界物种总数的 50%~70%，如世界上 80% 的昆虫和 90% 的灵长类动物栖息于热带雨林。因此，森林是最大的物种基因库。以红树林为例（陈炳浩，1993），红树林是近海鱼、虾、蟹、贝类、鸟类的栖息、寻饵、育肥、繁殖的场所，也是抗御台风、海浪冲击海岸破坏和防止海涂土地沙化的绿色屏障。在自然基因库中失去一个红树物种，从而导致另外 10~30 余种生物物种的生存危亡，甚至使海岸整个生态平衡受到威胁。

栖息地面积减少、破碎化、隔离和质量下降是造成野生动物资源下降和物种濒危的最主要因素。20 世纪 50 年代至 90 年代的湿地开垦造成湿地面积大幅度减少。近年来，虽然内陆水域面积有所增长，但滩涂围垦面积仍在扩大。2008 至 2012 年，全国填海造地面积达 650.6km²。由于滩涂围垦，中国的红树林资源下降了约 2/3，直接造成了部分重要保护物种栖息和繁殖场所遭到破坏。自 20 世纪 50 年代以来，中国共开垦草地约 19.3 万 km²，全国现有耕地的 18.2% 源于草地开垦。近些年来，草地开垦的事件仍然有所发生。铁路和公路建设使野生动植物栖息环境破碎化，种群繁衍面临直接威胁。中国水电装机容量突破 2.3 亿 kW，居世界首位。兴修水利和建闸筑坝造成湖泊、江河的隔断，彻底改变了河道的自然状态，对鱼类繁殖造成灾难性的后果。

在地球发展的历史长河中，由于地质灾害、气候灾害和宇宙原因导致的物种灭绝对全球物种多样性均造成毁灭性的打击。现如今地球上森林资源被大面积破坏，污染严重，林地面积不断减小，城市扩张和人口数量剧增导致野生动物栖息地面积不断减小，地球上的物种正面临新一次的灭绝，其中尤其值得忧虑的是大量的野生动植物资源的利用价值尚未被开发就已经灭绝或者面临灭绝的风险，究其原因正是森林资源的大面积减小，导致野生动植物适宜生境面积锐减，进而导致出现物种大灭绝的趋势。森林的破坏与消失，给千千万万物种带来生存的威胁，同时也给人类造成重大损失。

三、野生动物栖息地保护意义

野生动物及其栖息地是大自然生态平衡的基石，是人类生存繁衍不可或缺的条件之一。保护野生动物栖息地不仅是发展经济的需要，而且对维护生态平衡，进行科学研究、丰富人民文化生活甚至促进国际间文化、科技的交流，增进各国友谊均具有极为重要的意义。野生动物栖息地保护价值主要体现在以下几个方面：

1. 生态价值

野生动物栖息地的生态价值，主要包括维持该地域中野生动物种群的持续生存及其在生态系统中的作用，并促进该区域自然生态系统的平衡，进而改善自然环境方面对人类活动产生的价值。野生动物栖息地对整个生态系统中物质流动、能量转换、信息传递都有不可替代的作用。在涵养水源、保持水土、控制沙漠化、防灾减灾、确保农业稳产高产、缓解全球"温室效应"、为人类提供清新美好的自然环境等方面发挥着巨大的作用，具有巨大的生态效益和环境效益。同时，野生动物栖息地极其丰富的生物多样性共同构成了人类赖以生存的生命支撑系统。

2. 经济价值

经济价值指付出一定的成本创造出尽可能多的财富和收益。将经济价值的概念应用到与野生动物栖息地有关的经济活动中衡量，主要体现在：导致野生动物栖息地自然状态发生根本性转变的土地开发活动，产生的经济效益就是获得了新的利用方式的土地，具体量化指标由被开发土地的面积和价格所决定。直接消耗野生动物资源的经济活动，产生的经济效益就是猎捕到的野生动物及其产品，具体量化指标由猎捕数量和市场价格所决定。直接消耗自然生态系统中其他生物资源的经济活动，产生的经济效益就是采伐的林木、采集的野生植物及其产品，具体量化指标由收获的资源量和市场价格所决定。

在野生动物栖息地中大量存在的生物是人类赖以生存的物质基础。在食用方面，据统计，人类已使用大约5000种植物作为食物，仅150种进入市场，30种成为人们广泛种植。在动物中，人类食用少于植物，但平均1/3的蛋白质是动物提供的。在医药方面，世界上许多药物都是以生物为其开发基础的。例如，不少植物具有的毒素是药用成分，例如长春花含有抗癌成分；许多中医名药，如人参（*Panax ginseng*）、党参（*Radix Codonopsis*）等都是植物。在我国，数千年来野生生物一直是中药的主要来源，仅有记载的药用植物就有5000余种。随着现代科技手段的不断改进，许多野生生物物种的医药价值将不断被发现。在工业原料方面，野生动物栖息地中丰富的生物为我们提供了多种多样的生产原料：植物如油脂、林木、纤维等，动物提供皮革、羽毛等。从全球看，每年来自生态系统中原料的贸易额非常巨大，仅木材每年交易额达770亿美元。

3. 社会价值

社会价值主要体现在野生动物栖息地保护对社会科学技术发展、文明进步、美学伦理等方面所起的作用，具体包括：野生动物及其生态系统为人类从事科学研究提供了宝贵的无可替代的对象和试材，千姿百态的野生动物及其自然生态系统组成的自然美景为文学、艺术的起源提供了物质基础，成为人类文化的重要内容，并将在人类追求人与自然和谐发展的过程中为人类文化、艺术的创新提供不断的源泉。因此，野生动物栖息地的社会效益是难以估价的。

在现实生活中，野生动物栖息地还具有休闲和生态旅游价值，生态旅游是一个正在成长的产业。目前，全世界每年有约120亿美元的生态旅游收入。此外，保护野生动物栖息地还可提供一定数量的就业机会，带动当地社会人民促进绿色文化和生态保护理念等，这也是保护野生动物栖息地社会价值的体现。随着实践的发展，野生动物栖息地的未知潜力将为人类生存和发展带来不可估量的机遇，所以说，保护野生动物栖息地就是保护人类自己。

四、我国野生动物濒危现状

虽然我国野生动物资源较为丰富，但同时我国也是濒危动物分布大国，被《濒危野生动植物种国际贸易公约》（CITES）附录收录的濒危动物达120多种，被《国家重点保护野生动物名录》收录的濒危动物达250多种，被《中国濒危动物红皮书》收录的鸟类、两栖爬行类和鱼类总计达400多种，被列入各省、自治区、直辖市的重点保护野生动物的种类更是数量巨大。1989年1月14日，由原农业部、林业部联合发布的《国家重点野生动物名录》涉及12个纲，54个目，共包括国家Ⅰ级重点保护野生动物95种，如金丝猴、大熊猫、红珊瑚（*Corallium rubrum*）、白鳍豚、虎（*Panthera tigris*）、豹（*Panthera pardus*）等；国家Ⅱ级重点保护野生动物162种，如短尾猴（*Macaca arctoides*）、小熊猫（*Ailurus fulgens*）、黄羊（*gutturosa*）、天鹅（*Cygnus* spp.）、鸳鸯（*Aix galericulata*）、文昌鱼（*Branchiosto-*

ma lanceolatum）等。我国境内现已灭绝的野生动物有著名的野马（*Equus caballus*）、白臀叶猴（*Pygathrix nemaeus*）等；处于灭绝边缘的有东北虎、雪豹（*Panthera uncia*）、长臂猿（*Nomascus* spp.）、朱鹮、东方白鹳（*Ciconia boyciana*）、扬子鳄（*Alligator sinensis*）、大鲵（*Andrias davidianus*）等。

国家林业局于1995年开展的关于陆生野生动物的调查结果表明，在当时已有部分野生动物的种群数量呈下降趋势。例如，分布于我国中南和西南地区的三索锦蛇（*Elaphe radiata*），在20世纪50年代估计有150万条，据该次调查时估计仅为79万条，数量下降了47.33%；又如白花锦蛇（*Elaphe moellendorffi*），据该次在广东、广西和云南的调查，估计种群数量为35万条，但在距此半个世纪以前，仅广西省就有60万条；再以滑鼠蛇（*Ptyas mucosus*）为例，数十年前仅广西每年可收购250万条，而今只能收购30万条，数量约为过去的1/8。在调查到的135种鸟类中，有53种呈下降趋势，约占该类种数的40%，主要种类包括猛禽类、部分大型雁鸭类、大部分雉类和绝大多数观赏鸟类。例如，玉带海雕（*Haliaeetus albicilla*）估计全国种群不足3000只；四川山鹧鸪（*A. rufipectus*）和海南山鹧鸪（*Arborophila ardens*）均为我国特有物种，经调查当时种群数量估计分别为1000只和1200只左右，已处于极度濒危状态；又如绿孔雀（*Pavo muticus*）目前估计残存约1000只。另有我国所产的4种犀鸟科（Bucerotidae）鸟类，种群数量均少于300只，有的甚至在野外仅发现4只，它们的种群生存已面临着严重的威胁。在调查的78种兽类中，有37种呈下降趋势，占该类总种数的47.43%。主要包括部分灵长类、大部分食肉类和偶蹄类动物。例如，倭蜂猴（*N. pygmaeus*）仅存约90只，蜂猴（*Nycticebus coucang*）约残存630只，而戴帽叶猴（*Trachypithecus pileatus*）约有250只；又如鼬科动物貂熊（*Gulo gulo*）现约有180只；牛科动物中的普氏原羚（*Procapra przewalskii*）在20世纪70、80年代尚有300余只，但该次调查却发现种群数量继续下降，仅残存130只左右，如果长此下去，该物种终将难逃灭绝之灾。

除野生动物乱捕滥猎、倒卖走私的现象屡禁不止外，因工业、农业生产和人类生活对环境造成的污染，同样使生态环境恶化，野生动物栖息地因此遭到严重破坏。野生动物资源正加速衰退，某些动物资源甚至已濒临枯竭。拯救野生动物已成为刻不容缓的当务之急。

近几十年来，我国人口的快速增长及经济的高速发展，对野生动物的栖息地生态环境的需求和压力，导致天然林面积的逐渐缩小，栖息地破碎化日趋严重，滥砍滥伐现象时有发生，侵占林地的现象比较普遍。加之人工林树种单一，虽然部分地区森林覆盖率较高，但生物多样性却没有得到很好的保护。以李广良（2012）对神农架川金丝猴（*Rhinopithecus roxellanae*）栖息地的调查结果为例，食物来源和栖息地环境是影响川金丝猴生存最主要的原因。近代人口增长速度较快，对森林的利用存在不合理现象，造成金丝猴栖息地丧失甚至破碎化，导致该物种分布区面积减小，适宜栖息地面积锐减。川金丝猴食物来源与植被群落变化趋势、物种丰富度指数变化规律相同，对植被的依赖性较强。但是在保护区低海拔地区，人为干扰严重，与破碎生境一起，对川金丝猴的生存空间存在影响。虽然划建了大批自然保护区，但除国家级自然保护区外，其他大部分自然保护区由于林地权属不清，经费、人员不足等原因，难以正常开展工作，无形中加重了野生动植物栖息地的受威胁程度。因此，其野生动物栖息地保护工作应尽早提上日程。

野生动物资源是生物圈中最为重要的组成部分，不仅具有极高的科学价值、经济价值、文学美学价值，更是大自然赐予人类最为宝贵的财富。随着当前生态形势的进一步恶化，保护野生动物更是迫在眉睫。因此，对于野生动物保护，更应该提升到我国首要发展举措当中，并且重新认识保护野生动物的重大意义，认识当前我国保护野生动物方面的认知误区，从而更好地建立相应的野生动物保护措施，实现人与自然的和谐发展。

第二节　我国野生动物及其栖息地保护现状

一、我国野生动物及其栖息地保护主要措施

（一）建立法律法规体系

近年来，我国制订或修订了多项与野生动物及其栖息地保护相关的法律法规，包括《宪法》《刑法》《森林法》《环境保护法》《野生动物保护法》《环境影响评价法》等法律，以及《森林和野生动物类型自然保护区管理办法》《自然保护区条例》《濒危野生动植物进出口管理条例》《风景名胜区条例》《规划环境影响评价条例》等条例，使保护和利用生物多样性的法律法规体系日臻完善。

（二）野生动物调查与监测

我国自20世纪50年代起开展了多次全国性或区域性的大规模生物资源调查，近年来又完成了第八次全国森林资源清查、第二次全国湿地资源调查、全国野生动物资源调查、第三次大熊猫资源调查，目前正在实施第四次大熊猫资源调查、全国第二次陆生野生动物资源调查，及时掌握了我国现有野生动物及其栖息地基本状况。

全国野生动物、大熊猫等调查结束后，我国开展了一系列的珍稀野生动物专项调查和监测工作，尤其对大熊猫、黑叶猴(*Trachypithecus francoisi*)、蒙古野驴

（*Equus hemionus*）、北山羊（*Capra ibex*）、盘羊（*Ovis ammon*）、东方白鹳（*Ciconia boyciana*）、黑琴鸡（*Lyrurus tetrix*）、红腹角雉（*Tragopan temminckii*）、海南山鹧鸪、扬子鳄、瑶山鳄蜥（*Shinisaurus crocodilurus*）、新疆北鲵（*Ranodon sibiricus*）等进行了专项调查和监测，为我国进一步开展珍稀野生动物保护奠定了良好的基础。

（三）建设保护体系

加强就地保护。建立了以自然保护区为主体，风景名胜区、森林公园、自然保护小区、农业野生植物原生境保护点、湿地公园、地质公园为补充的保护地体系。截至 2013 年年底，全国共建立自然保护区 2697 个，总面积约 146.31 万 km^2，其中陆域面积 141.75 km^2，约占全国陆地面积的 14.77%，其中国家级自然保护区 407 个，面积约 94.04 万 km^2；我国建立森林公园 2948 处，规划总面积 17.58 万 km^2，其中国家森林公园 779 处；已建立国家级风景名胜区 225 处，面积约 10.36 万 km^2，省级风景名胜区 737 处，面积约 9.20 万 km^2，两者总面积约 19.56 万 km^2，占我国陆地总面积的 2.03%；建立了自然保护小区 5 万多处，总面积 1.50 多万 km^2。

加强濒危物种的拯救和繁育。对濒危野生动物实施抢救性保护，通过开发濒危物种繁育技术、扩大濒危物种种群、加强野外巡护、加强栖息地恢复、实施放归自然等一系列措施，使一批极度濒危的陆生野生动物种正逐步摆脱灭绝的风险。同时还采取多种有效措施，不断加强对其他野生动物的普遍保护。

（四）野生动物资源可持续利用

实施重点保护野生动物利用管理制度，包括国家重点保护野生动物特许猎捕证制度和驯养繁殖许可证制度。加强对野生动物繁育利用的规范管理和执法监管，制定了科学严格的技术标准，建立了专用标识制度。对种群恢复较困难的濒危物种，进行人工繁育，开发替代品，减少对濒危物种的压力。不断加大执法力度，严厉查处销售、收购国家重点保护野生动物及其产品的违法违规行为。

（五）野生动物栖息地保护与修复

近年来，我国实施了天然林保护、野生动植物保护及自然保护区建设、湿地保护、三北和长江中下游地区等重点防护林体系建设、退耕还林还草、环北京地区防沙治沙、重点地区以速生丰产用材林为主的林业产业建设等重点生态工程，有效保护与修复了野生动物的栖息地。自 2001 年以来，重点工程区生态状况明显改善，全国森林资源持续增长，森林面积较 10 年前增长了 23.0%；森林覆盖率比 10 年前上升了 3.8 个百分点。一批国际和国家重要湿地得到了抢救性保护，自然湿地保护率平均每年增加 1 个多百分点，约 50% 的自然湿地得到有效保护。这些重点生态工程的实施，促进了退化生态系统和野生物种生境的恢复，有效保护了野生动物资源。

(六)外来入侵物种防控

我国于2010年发布了《第二批外来入侵物种名单》，2013年发布了《国家重点管理外来入侵物种名录(第一批)》。国务院农业、环保、林业等部门联合成立了外来入侵物种防治协作组，各相关部门内部还成立了防治外来入侵物种的专门机构，部分部门制定了外来入侵物种应急预案，制订了40种重大外来入侵物种应急防控技术指南，发布了17项外来入侵物种监测、评估、防控技术规范；全国18个省(自治区、直辖市)成立了外来入侵物种管理办公室或建立了联席会议制度，27个省(自治区、直辖市)发布了有关外来入侵物种管理的应急预案。目前全国已初步形成了一套程序化、制度化的外来入侵物种管理体系。开展了外来入侵物种集中灭除行动。

(七)公众参与

各有关部门、各地加大对野生动植物保护及自然保护区建设宣传力度，积极利用广播电视、报刊杂志、网络媒体等平台，加大了野生动植物及自然保护区宣传，极大提高了公众保护意识，引导大批公众关注和支持野生动植物保护及自然保护区建设，自觉抵制不利于保护的非法行为，壮大了保护力量，形成了政府部门与社会公众共管共建的良好局面，有效推动了保护事业的快速、健康和可持续发展。

(八)推动国际合作

我国先后缔结了《濒危野生动植物种国际贸易公约》(1980年)、《关于特别是作为水禽栖息地的国际重要湿地公约》(1992年)、《生物多样性公约》(1992年)等多项涉及野生动植物保护的国际条约，并积极履行这些公约规定的义务。我国也与众多自然保护国际组织和机构以及周边国家的保护部门开展了富有成效的濒危物种拯救与保护、自然保护区管理培训、打击野生动植物非法贸易和社区公众保护宣传等方面的项目合作，进一步强化了我国与国际组织和周边国家在濒危物种拯救与保护领域的合作。

二、我国野生动物及其栖息地保护主要成效

(一)野生动物拯救保护领域不断扩展

按照抢救性保护战略的要求，通过对濒危物种栖息地的保护和恢复，一些国家重点保护野生动物资源急剧下降的趋势已得到有效控制。据全国陆生野生动物资源调查结果，国家重点保护野生动物总体上呈现稳中有升的发展趋势。例如，曾经一度视为灭绝的国家I级重点保护野生鸟类——朱鹮于1981年在陕西洋县被重新发现，经过保护研究人员30多年的艰苦努力，我国朱鹮在就地保护和迁

地保护方面均取得了巨大成功，目前朱鹮种群数量已达到 1600 余只，其中野外种群数量近 1000 只，在陕西秦岭的汉中市 11 个县和安康市宁陕县境内分布；人工种群 600 多只，主要分布在陕西省洋县、周至县、宁陕县，同时北京动物园和河南、浙江也有人工种群分布。大熊猫是我国特有珍稀孑遗动物，是世界上最濒危的物种之一，被誉为"国宝"和"活化石"。通过多年的艰苦努力，我国全面强化了大熊猫栖息地的保护，现在已经有 45% 的大熊猫栖息地和 61% 的野外大熊猫种群纳入到自然保护区内，得到了较好的保护。目前，我国大熊猫种群数量超过 1800 只，分布在陕西、四川和甘肃 3 省的 45 个县境内，总栖息地面积达 230 万 hm^2。野生大熊猫生存状况已得到改善，分布范围扩大、栖息地面积增加、种群数量进一步增长。大熊猫、金丝猴、朱鹮、扬子鳄、鳄蜥、蟒蛇、穿山甲等 250 多种野生动物新建立了稳定的人工繁育种群；还开展了人工繁育野生动物放归自然的工作，朱鹮、扬子鳄、鳄蜥、黄腹角雉等 10 多种野生动物实现了从人工繁育场所到野外的生存，朱鹮、野马等在放归后还顺利实现了自然繁殖。

（二）野生动物疫源疫病监测防控体系初步建立

各级林业主管部门在一片空白的基础上，依托森林病虫害防治体系、自然保护区体系、基层保护管理体系和有关科研机构，在全国候鸟主要迁徙通道、迁徙停歇地、繁殖地、越冬地和野生动物集中分布区域，整合资源，设立了 350 处国家级、768 处省级和一大批地市县级陆生野生动物疫源疫病监测站点，制定了《陆生野生动物疫源疫病监测规范（试行）》和严格的信息上报制度，培训监测防控人员上万人次，初步建立了我国陆生野生动物疫源疫病监测防控体系，并采取"边建设、边监测"的工作方式，在强化重点时段、重点区域监测的同时，坚持监测信息日报告制度，第一时间、第一现场发现了多起野生动物疫病（情），快速、周密、稳妥地采取了应急处置措施，切断了疫病（情）向外扩散的途径，在维护公共卫生安全和国土生态安全大局中有力发挥了前沿哨卡和屏障作用。

（三）野生动物繁育利用趋向规模化和集约化

目前，全国野生动物养殖单位及养殖户达 20000 家左右，并且技术条件逐步改进，人工繁育资源总量稳步增长，集约化经营水平不断提高，不仅为社会创造了巨大财富，维护了许多民族传统文化的传承，缓解了野外资源保护压力，还解决了一大批人口的就业问题，成为部分区域带动农村经济发展和农民增收的一大新动力，显示出蓬勃生机。

（四）野生动物栖息地保护取得显著进展

1. 森　林

根据自然保护区的主要保护对象，我国自然保护区分为三个类别九个类型，有效保护着我国 90% 以上的陆地生态系统类型和 20% 以上的天然森林。其中，森林是最重要的陆地生态系统，蕴藏了大量的生物物种，也是野生动物的重要栖息地之一。

2. 湿　地

湿地具有多种功能，蕴涵着丰富的自然资源，被称为"地球之肾""物种基因库"，在保护生物和遗传多样性、减缓径流、蓄洪防旱、固定二氧化碳、调节区域气候、降解污染、净化水质、防浪固岸、保障国土生态安全中发挥着其他生态系统无法替代的作用。我国有约50%的天然湿地在自然保护区中得到有效保护，这些湿地自然保护区不仅作为许多濒危特有野生动物的栖息地，而且还是迁徙鸟类，特别是许多全球性受威胁物种的重要停歇地和繁殖地。

3. 荒漠化

由于荒漠地区自然条件恶劣，生态系统十分脆弱，一旦破坏很难恢复，荒漠生态类型保护区的建立，有效地遏制了土地荒漠化的进一步扩展，确保了国家的生态安全，维系了中华民族的生存空间。

三、我国野生动物及其栖息地保护面临的挑战

尽管我国野生动物及其栖息地保护取得显著成效，但濒危和受威胁物种总数居高不下，已占到脊椎动物总数的10%~15%，许多野生动物的遗传资源仍在不断丧失和流失；不少区域野生动植物及其栖息地由于城市扩张、采矿挖矿、农业开垦等而不断恶化；自然灾害、野生动物疫源疫病对野生动物种群的威胁呈上升趋势。因此，自然保护形势依然严峻。

（一）现有法规政策体系不完善

部分野生动植物保护及自然保护区管理的法律法规不完全适应新形势下的保护管理工作。例如，我国《野生动物保护法》第二条指出，"本法规定保护的野生动物，是指珍贵、濒危的陆生、水生野生动物和有益的或者有重要经济、科学研究价值的陆生野生动物"。可见，我国法律保护的野生动物有珍贵、濒危的陆生、水生野生动物和"三有"野生动物，而对于该范围以外的野生动物保护执法工作无法律依据。对于野生植物的保护，由于部门之间的意见不一致，很多省的野生植物保护条例和省级重点保护野生植物名录也迟迟不能出台，影响了野生植物的保护。

自然保护区只占我国野生动物栖息地的一部分，而自然保护区外的野生动植物特别是国家重点保护野生动植物及其栖息地的保护存在空缺。特别是在《物权法》于2007年实施以后，涉及到集体林区的生物多样性保护问题遇到了很大的困难。许多基层保护管理机构至今没有建立规范的野外巡护、市场巡查、执法协调等制度，执法监管不到位的情况仍十分严重，破坏野生动植物资源和自然保护区

的行为得不到及时惩处。并且，我国地域广阔，各地条件各异，特别是南方集体林区的自然保护区，执法困难，可操作性差。

（二）社区发展需求突出

我国人口众多，很难找到一块面积适合、没有居民、又有重要保护价值的区域建立自然保护区。据不完全统计，我国自然保护区内居民约有 1000 万人。这些居民生产生活总体上还比较贫困，在广东、江西、云南等省调查的结果均表明自然保护区内社区群众年收入均低于全省农村居民人均年收入。究其原因主要有：地理区位条件的制约；群众生产生活方式的落后，依赖自然资源的程度很大；现行自然保护区相关法律法规的限制。另外，划建自然保护区时，为确保野生动植物栖息地和分布地以及生态系统的完整性，不可避免地将一些群众包括在内，但由于经济社会发展条件限制，当地政府和有关部门也无力妥善安置好区内群众。

我国自然保护区社区群众要求发展的愿望强烈。尽管有专家提出在生态脆弱区或自然保护区的核心区逐步开展生态移民工作，但由于没有出台移民搬迁的配套政策、措施，也没有专项经费支持，移民搬迁政策得不到落实。并且，我国在野生动植物保护及自然保护区建设方面具有较高价值的区域常常是"老、少、边、穷"地区，自然保护区的建立或多或少限制了当地社区生产生活的需求，而社区群众要求利用集体林地资源发展经济、改善生活条件的愿望十分迫切。

然而，由于自然保护区管理中对人员的活动有比较严格的限制，对核心区中的人员活动管理尤为严格，其结果是常常引起自然保护区与社区之间的矛盾。例如陕西长青自然保护区过去曾坚持"保护区内一草一木不能动"的政策，当地居民既不能砍伐树木，也不能采药挖竹子，甚至不能到保护区内放牛和放蜂，使农民失去了生活来源，曾经造成自然保护区与社区之间的关系十分紧张，甚至出现农民阻止保护区工作人员通过集体林进入保护区工作的现象；近些年来，保护区积极采取主动的措施协调保护区与社区的关系，取得明显效果。

（三）资源权属利益关系存在冲突

当前我国野生动植物保护与自然保护区建设中涉及的资源权属特别是土地权属一般是清晰的，但资源所有权与管理权常常分离，资源权属利益存在冲突。以土地权属为例。由于社会和历史等原因，自然保护区中分布有集体林是我国自然保护区一个相对比较普遍的现象，特别是在华东、华南和华中等地区，部分省区自然保护区集体林面积比例超过 70%，如福建、广东、浙江和广西。一些国家级自然保护区中也分布有集体林。例如，福建省国家级自然保护区中集体林面积达 109209hm^2，占这些保护区面积的 71.2%；在云南省，1986 年建立的自然保护区内集体林地面积为 2.5%，到 1990 年增加为 4.5%，1995 年增加到 10%，到 2007 年 4 月则达到 32%，有明显的上升趋势。

（四）国际社会对我国自然保护日益关注

国际社会和国内外公众对我国野生动植物保护与执法监管情况越来越关注、敏感、热点问题压力不减。CITES 公约管制范围日益扩张、刚性约束机制趋强，涉及我国的敏感物种和敏感议题不断增多，给我国野生动物保护管理带来更大压力。我国野生动物国际贸易总量不断增加，已成为国际关注的焦点，虎骨、熊胆和象牙等敏感问题常常成为我国在国际舞台上与其他国家或组织博弈的话题。野生动物保护管理中的薄弱环节演变成热点的风险极高，甚至可能被利益集团放大引起国际热炒，使国家形象和利益受损。

（五）集体林权改革带来的新挑战

2008 年 6 月，由中央、国务院颁发了《关于全面推进集体林权制度改革的意见》。自此，全国各省市大范围内开始大力推行林权制度改革。林权改革制度提高了林农的造林、育林的积极性，为林业个体、私营单位带来的机遇。但在推动全国林权改革的过程中，也滋生出一些困扰林农的问题：林改政策背后，林农从商品林中的获利润远高于集体公益林，就此引发集体公益林监督管理保护不到位、合理的生态补偿机制不健全、公益林产业化调整不合理等一系列问题，严重制约林权改革进一步推进发展，林权制度配套改革成了林权改革制度落实到位的重点工作所在。

同时，我国森林中分布有大量野生动物。以两栖动物为例，据谢锋（2006）等人分析，我国两栖动物受威胁种 80% 分布于森林生境，而我国森林砍伐速度在过去 50 年中增加了 18 倍，天然林面积只余 30%。随着集体林权改革制度的实施，将集体所有林地分配到林农个人的手中，对提高林农积极性和获取经济效益，促进传统林业向现代林业转变等方面具有不可否认的积极作用。但是在此过程中，由于人为经营森林的频度和力度加强，对林内野生动物的栖息地、潜在栖息地的影响也十分巨大，使林内野生动物的保护和管理难度加大。

蔡炳城（2012）等人对集体林地四川岷山地区大熊猫栖息地变化进行了研究，发现岷山地区是我国野生大熊猫的主要活动区，第三次全国大熊猫调查结果显示该地区大熊猫栖息地总面积 851824.0hm^2，其中包括栖息地面积 778811.0hm^2，潜在栖息地 73013.0hm^2。在集体林权改革制度推行之前，大熊猫自然保护区内集体林的管理方式主要是在当地政府的协调下，由当地村或者组集体经济组织与保护区管理机构签订代管协议，将保护区内的集体林地委托给保护区管理机构代为保护管理；保护区范围外的大熊猫栖息地，若土地权属归当地村或者组，由当地村或者组集体经济组织统一经营管理；位于天保工程区和退耕还林工程范围内的集体林，按照两大工程的管理办法执行。自 2007 年在四川境内全面推进林权改革制度以来，无论是采取将商品林分到户、公益林均到股的方式，还是采用均股或者分山到户的方式，都刺激了林农参与林地管理与经营的主动性。当地目前处于保护区外的大熊猫栖息地占其总面积的38%，许多栖息地在林权改革制度中面临分股到户或者分山到户的处境，此外还有91629hm^{2}的大熊猫栖息地被划分为商品林。由于之前地区经济的发展需求，大熊猫野生种群已经被人为地分割为3个种群，这在一定程度上影响到了大熊猫栖息、繁衍的需求，不利于岷山山系大熊猫数量的稳定发展和种群的良好构建。虽然后续为大熊猫在栖息地斑块之间建立了生物走廊，但是走廊所处的位置恰恰处于当地经济发展的关键区域，难以发挥最大功效。由于当地部分地区经济水平相对较差，林农在森林经营过程中难免优先选择有利于经济发展的方案，同时在林改后林区内人为活动随着生产经营活动的展开、基础设施的建设、生态旅游的开发等必将不断增强，这些都将导致大熊猫自然保护区及其栖息地的保护风险增大，加大了大熊猫栖息地统一管理的难度，并且有可能导致大熊猫栖息地面积减小、活动范围缩小等有可能产生长远不利影响的情况发展。

　　林权改革如果管理不善，随着各种森林经营活动的开展，有可能导致森林破碎化，使野生动物栖息地片段化。栖息地片段化对灵长类动物的生存同样存在显著影响。李广良(2012)对神农架川金丝猴栖息地的调查结果显示，食物来源和栖息地环境是影响川金丝猴生存最主要的原因。近代人口增长速度较快，对森林的利用存在不合理现象，造成金丝猴栖息地丧失甚至破碎化，导致该物种分布区面积减小，适宜栖息地面积锐减。川金丝猴食物来源与植被群落变化趋势、物种丰富度指数变化规律相同，对植被的依赖性较强。但是在保护区低海拔地区，人为干扰严重，与破碎生境一起，对川金丝猴的生存空间存在影响。

第 **2** 章

我国集体林权制度改革进展

第一节　集体林权制度改革的历程

我国有 25.48 亿亩集体林业用地，主要分布在占国土面积 69%、占全国人口 56% 的山区。林地是国家重要的土地资源，是农村重要的生产要素，是农民重要的生活保障。实行集体林权制度改革（以下简称林权改革或者林改），把过去沉睡的山林变成农民的重要生产资料，把森林资产变成农民的重要财产，把林业经营变成农民的创业平台，把亿万农民的巨大潜能和 25 亿多亩林地的巨大潜力有机结合起来，拓展了农民就业增收的新空间，开辟了农村发展的新天地，这对于促进农民特别是山区农民脱贫致富、破解"三农"难题、建设社会主义新农村、构建社会主义和谐社会具有十分重大的意义。

新中国成立以来，集体林权制度改革大体经历了六个阶段：

一、土改时期的分山分林到户阶段

1950 年 6 月颁布的《中华人民共和国土地改革法》，农村依法实行农民的土地所有制。1951 年 4 月政务院在《关于适当地处理林权，明确管理保护责任的指示》中指出：在确定林权归属的基础上，由县级人民政府发给林权证书。农民从此拥有了自己的土地和山林，焕发出发展林业生产的积极性。

二、农业合作化时期的山林入社阶段

1953 年开始，全国进入有计划的经济建设时期，林业和农业一起走上合作化道路。1955 年 11 月《农业生产合作社示范章程》对农村各类山林、果园、竹林等的经营形式作出原则规定。从互助组到初级社然后到高级社，逐步把农民个人所有的山林变成了个人和集体共同所有，农村林业逐步由分散经营转向集中统一经营。

三、人民公社时期的山林集体所有统一经营阶段

1958 年中央颁布《关于农村建立人民公社问题的决议》，人民公社化运动迅速开展。1960 年《中共中央关于农村人民公社当前政策问题的紧急指示信》，对农村劳力、土地、耕畜、农具必须实行"四固定"，固定给生产小队使用，并且登记造册。1961 年《中共中央关于确定林权保护山林和发展林业的若干政策规定（试行草案）》，针对确定山权权属，提出必须坚持"谁种谁有"原则。1966 年开始"文化大革命"，再次将房前屋后以及自留山的林木全部收归集体所有。人民公社时期 20 年来，山林权属"三级所有，队为基础"，实行乡村林场统一经营，成为集体林业的基本制度和主要经营形式。

四、改革开放初期的林权改革探索阶段

1981 年，根据《中共中央、国务院关于保护森林发展林业若干问题的决定》，全国开展了以稳定山权林权、划定自留山和确定林业生产责任制为主要内容的林业"三定"工作。1985 年《中共中央、国务院关于进一步活跃农村经济十项政策》颁布，确定"取消木材统购，放开木材市场，允许林农和集体的木材自由上市，实行议购议销"，进一步放开集体林区木材经营。1987 年党中央、国务院发布了《关于加强南方集体林区森林资源管理，坚决制止乱砍滥伐的指示》，要求"严格执行年森林采伐限额制度""集体所有集中成片的用材林凡没有分到户的不得再分""重点产材县，由林业部门统一管理和进山收购"。随后，各地整顿、强化森林资源管理秩序，木材流通再未放开。1992 年党的十四大明确提出中国经济体制改革的目标是建立社会主义市场经济体制。多个林业改革试验区随之开展了山地开发制度、林政资源管理、木竹税费、林产品流通市场、林业股份合作等一系列触及林权制度的改革实践，起到了典型示范、探路子、出经验的作用，但没有形成以林权制度改革为核心的全局性改革大势。

五、中央林业决定颁布后的林权改革深化阶段

新中国成立以来，我国集体林权制度虽经数次变革，但产权不明晰、经营主体不落实、经营机制不灵活、利益分配不合理等问题仍普遍存在，严重制约了林业生产力的发展。2003 年 6 月 25 日，中共中央、国务院《关于加快林业发展的决定》（中发〔2003〕9 号文件）颁布，确定了林业改革与发展的大政方针，对林业进行了科学定位，实现了林业建设指导思想的历史性转变；《农村土地承包法》《物权法》颁布实施后，从法律上规定了农村土地依法实行土地承包经营制度，集体林权制度进入深化改革实质性推进阶段。根据中央的部署，福建、江西、辽

宁、浙江、云南等省开展了集体林权制度改革试点工作，全面激发了广大农民造林育林护林的内在动力，极大地解放和发展了林业生产力，有力推动了生态建设和保护，大幅度增加了农民的财产和收入，有效化解了农村长期存在的诸多矛盾，呈现出"民富林兴、生态好转、农村和谐"的可喜局面，获得了巨大的综合效益，得到了广大农民的热烈拥护和社会各界的广泛赞誉。实践证明，集体林权制度改革顺民心、合民意，是党和政府坚持科学发展观，坚持以人为本、执政为民、改善民生的又一生动体现。

六、中央林改意见颁布后的林权改革全面推进阶段

2008 年 6 月 8 日，在迎来改革开放 30 周年之际，中共中央、国务院颁发《关于全面推进集体林权制度改革的意见》（中发〔2008〕10 号），集体林权制度改革在全国乡村全面、深入开展。截至 2012 年底，全国确权集体林地 27 亿亩，占集体林地总面积的 97.7%；发证面积 25.78 亿亩，占确权林地的 95.5%，8949万农户拿到林权证，累计调处林权纠纷 110 多万起，基本落实了农民家庭承包经营权。全国共建立农民林业专项合作组织 10.77 万个，林权管理服务机构 1435个，林权流转逐步规范，林权保护管理体系日益完善。森林保险投保面积 14 亿亩，林权抵押贷款余额达 676 亿元。林下经济蓬勃发展，产值达 2300 多亿元，有力地促进了农民就业增收，重点林业县农民林业收入占人均总收入的比例达到50%以上。

被誉为中国农村"第三次土地革命"的最新一轮集体林权制度改革是一场举世瞩目的深刻变革。这次集体林权制度改革，是农村耕地承包经营向林地承包经营的延伸，是农村土地承包经营的第二次革命，是农村改革的又一个里程碑。这次集体林权制度改革分为主体改革和配套改革。主体改革的内容是分山到户，确定林农对于林地的使用权、经营权和林木的所有权。配套改革的内容包括林权抵押贷款，林业保险，林业合作组织建立和发展等等。

第二节　关于全面推进集体林权制度改革的意见

一、集体林权制度改革的基本原则

《关于全面推进集体林权制度改革的意见》（以下简称《林改意见》）第二部分，明确提出了全面推进集体林权制度改革必须坚持的五大原则。这五大原则是对 30 年农村改革的系统总结，是实践和理论的结晶，内涵十分丰富，对集体林权制度改革具有很强的针对性和指导性。

一要坚持农村基本经营制度，确保农民平等享有集体林地承包经营权。以家庭承包经营为基础、统分结合的双层经营体制，是我国农村的基本经营制度。林地与耕地一样，是国家重要的土地资源，是农民重要的生活保障。根据《物权法》和《农村土地承包法》的规定，农民集体所有的林地林木属集体经济组织成员共同所有。对集体林地林木产权的初始分配，必须采用家庭承包经营制度，并且做到每个家庭及其成员都平等享有承包经营的权利。因此，集体经济组织将林地林木发包给农户承包经营时，要按照每户所有成员的人数来确定承包份额，切实做到"按户承包，按人分山"，也就是要突出一个"均"字，确保"人人有份"。

二要坚持统筹兼顾各方利益，确保农民得实惠、生态受保护。重点是要统筹个人、集体两方面的利益，处理好农民得实惠、生态受保护的关系。在统筹个人与集体利益上，首先要保证农民的利益，坚持让权于民、让利于民，确保农民在林地林木产权的初始分配上得"大头"，确保农民在林业生产经营的利益分配上得"大头"。同时，要兼顾集体的利益，集体可以保留少量林地，也可以收取少量林地使用费，还可以通过提供社会化服务、多渠道盘活各种林业资源，来分享林业发展的收益，壮大集体经济实力，保证集体经济组织正常运转。在处理农民得实惠与生态受保护关系上，既要确保农民得实惠，又要确保生态受保护，不能以资源的过量消耗为代价，更不能以破坏生态为代价，这是改革必须坚守的一条底线。

三要坚持尊重农民意愿，确保农民的知情权、参与权、决策权。农民群众具有伟大的创造精神，集体林权制度改革是老百姓发明的，一定要尊重农民的创新精神，充分依靠群众，充分发挥群众的积极性和能动性，在坚持改革基本原则的前提下，鼓励积极探索、大胆创新，不断丰富和完善改革的形式和内容。农民群众是集体林权制度改革的主体，也是改革的受益者和操作者，一定要尊重农民的意愿，更多地听取老百姓的意见，让农民明白改革的政策、内容、方法，使农民对改革的方案、过程、结果满意。一定要充分尊重群众的民主权利，把改不改、何时改、怎样改等重大问题的决定权交给群众，做到发挥民智、符合民心、体现民意，决不能包办代替，更不能强迫命令、强制推行，让农民真正当家作主。

四要坚持依法办事，确保改革规范有序。集体林权制度改革要始终把依法操作作为基本准则，严格执行我国的《农村土地承包法》《物权法》《村民委员会组织法》和《森林法》等法律规定。改革的政策、内容、方法、程序要与法律保持一致，确保改革的各项工作扎实到位，经得起实践和历史的检验。改革方案必须依法经本集体经济组织成员的村民会议同意，做到内容、程序、方法、结果四公开，严禁暗箱操作、以权谋私。同时，要处理好历史和现实的关系。对已经承包到户或流转的集体林地，符合法律规定、合同规范的，要予以维护；合同不规范的，要予以完善；不符合法律规定的，要依法纠正。特别是对于那些已经流转的期限过长、面积过大、租金过低的"三过"集体林地，改革时要认真研究、认真解决，可以采取期权分山、利益调整等方法，合理解决这些历史遗留问题。

五要坚持分类指导，确保改革符合实际。《林改意见》提出的改革基本原则和总体要求，是对全国的统一要求，各地必须严格遵循。但是，我国幅员辽阔，自然条件不同，社情林情各异，改革必须从实际出发，进行分类指导、分区施策。要允许存在差异性和多样性，决不能强求一律，搞"一个模子"。要尊重客观，注重实效，科学确定改革方案、制定政策措施，避免搞形式主义、做表面文章。要因地制宜，量力而行，扎实稳妥地做好改革的各项工作，避免追求速度而忽视质量，影响改革成效。

总之，要通过全面推进集体林权制度改革，基本完成"明晰产权、承包到户"的主体改革任务。在此基础上，深化改革，完善政策，健全服务，规范管理，逐步形成集体林业的良性发展机制，实现资源增长、农民增收、生态良好、林区和谐的目标，推进整个社会走上生产发展、生活富裕、生态良好的文明发展道路。

二、集体林权制度改革的主要内容

《林改意见》明确了改革的内容，主要包括以下四个方面。

第一，明晰产权。这是集体林权制度改革的核心，即在坚持集体林地所有权不变的前提下，依法将林地承包经营权和林木所有权，通过家庭承包经营方式落实到本集体经济组织的农户，确立农民作为林地承包经营权人的主体地位。这是此次集体林权制度改革与历次改革的根本不同和突破所在。

明晰产权，必须维护林地承包经营权的物权性和长期性。一是保持林地家庭承包的长期性。《林改意见》明确规定："林地的承包期为70年。承包期届满，可以按照国家有关规定继续承包。"这是目前我国土地承包政策的最长年限，完全符合林业生产周期长的特点，充分表明党在农村的基本政策不会动摇，给农民吃上了长效"定心丸"。二是维护林地家庭承包经营的物权性。本集体经济组织的农户对集体林地使用权和林木所有权享有平等的初始分配权，即承包经营权。根据《物权法》规定，林地承包经营权为用益物权，有三层含义：林地承包经营权是由林地所有权派生的用益物权，林地所有权是权利人对林地依法享有占有、使用、收益和处分的权利；林地承包经营权相对于林地所有权是不全面的、受一定限制的物权，主要表现为在承包期届满时应将林地返还给所有人；林地承包经营权一经设立，便具有独立于林地所有权而存在的特性，所有权人不得随意收回或调整林地，不得妨碍林地承包经营权人依法行使权利，林地承包经营权人具有对林地的直接支配性和排他性，可以对抗所有权人的干涉和第三人的侵害。

明晰产权，关键是要做到"三个坚持"。一是坚持以分为主。《林改意见》明确要求，除村集体经济组织保留少量林地以外，凡是适宜实行家庭承包经营的林地，都要通过家庭承包方式落实到本集体经济组织的农户。对不宜实行家庭承包经营的林地，经本集体经济组织成员同意，也要通过均股、均利等方式明晰产权。二是坚持"四权"同落实。《林改意见》对明晰产权、放活经营权、落实处置权、保障收益权等，都规定了相应的政策，提出了明确的要求。目的就是要把这"四权"作为一个有机整体统筹考虑，理顺各方面的利益关系，建立完善的政策体系，确保农民在获得林地承包经营权和林木所有权后，能依法实现自主经营、自由处置、自得其利。三是坚持确权发证经得起历史的检验。勘界发证是明晰产权的基本要求，也是保证改革质量的关键环节。历次改革往往忽视了这一点，留下了有山无证、有证无山、山证不符、界线不清等诸多隐患。这次改革必须按照《林改意见》的要求，依法进行实地勘界、登记，核发全国统一式样的林权证，确保登记的内容齐全规范、数据准确无误，做到图、表、册一致，人、地、证相符，四至清楚、权属明确。

第二，放活经营权。《林改意见》明确规定："实行商品林、公益林分类经营管理。""对商品林，农民可依法自主决定经营方向和经营模式，生产的木材自主销售"。这里有三方面的含义：一是只要不违背法律的禁止性规定，对其林地要种什么树、什么时间种、培育目标是什么等可以自主决定；二是只要不违背法律的禁止性规定，可以选择单独经营、合作经营、委托经营、租赁经营等多种经营模式，享有生产经营自主权。三是农民生产的木材，要不要卖、怎么卖、卖给谁，农户可以自主决定。

《林改意见》还规定："对公益林，在不破坏生态功能的前提下，可依法合理利用林地资源，开发林下种养业，利用森林景观发展森林旅游业等。"这项政策相对放活了公益林经营，将进一步提高公益林经营者的收益。

第三，落实处置权。《林改意见》明确规定："在不改变林地用途的前提下，林地承包经营权人可以依法对拥有的林地承包经营权和林木所有权进行转包、出租、转让、入股、抵押或作为出资、合作条件，对其承包的林地、林木可依法开发利用。"这项政策赋予了林地承包经营权人依法对森林、林木和林地使用权的流转权利。林权流转方式包括转包、出租、转让、互换、入股、抵押等。

转包是指承包方将部分或全部林地经营权转交给本集体经济组织内部的其他农户经营的行为。承包方与发包方的承包关系不变。受转包人按转包合同约定享有林地经营权，并向转包人支付转包费。转包无需经发包方同意，但转包合同需向发包方备案。

出租是指承包方将部分或全部林地经营权，租赁给本集体经济组织以外的单位或者个人，并收取租金的行为。承包方与发包方的承包关系不变，无需经发包方同意，但出租合同需向发包方备案。

互换是指承包方之间对属于同一集体经济组织的林地承包经营权进行交换的行为。互换林地承包经营权引起相互权利的交换。因此，互换林地承包经营权应当报发包方备案，当事人要求登记的，可向林权管理机构申请变更登记，未经登记的，不得对抗善意第三人。

转让是指林地承包经营权人将其拥有的部分或全部林地承包经营权和林木所有权以一定的方式和条件转移给他人的行为。林地承包经营权和林木所有权的受让方可以是本集体经济组织的成员，也可以是本集体经济组织以外的农户。但是，林地承包经营权转让应当经发包方同意；转让后，原承包方将丧失对林地的承包经营权，其与发包方在该林地上的承包关系即行终止，并进行林权变更登记。

入股是指承包方将林地承包经营权作为股权，自愿联合或组成股份公司、合作组织等形式，从事林业生产经营，收益按照股份分配的行为。

关于流转，《林改意见》进一步规定"流转期限不得超过承包期的剩余期限，流转后不得改变林地用途"。这可以从四个方面理解：一是允许林地承包经营权人流转林地经营权和林木所有权，放活了林权流转市场，有力推进森林资源经营向资产、资本经营转变，增加农民资产性收入，但不包括森林内的野生动物、矿藏物和埋藏物；二是以"依法、自愿、有偿"为必要前提，有利于维护农民利益，为依法公平交易提供了政策保障；三是只要法律没有禁止，林地承包经营权人可以自主选择流转方式；四是明确流转期限不得超过承包期的剩余期限，流转后不得改变林地用途。鉴于土地是农民赖以生存和安身立命的生产资料，应当引导农民充分考虑耕山致富、生活保障的需要，流转期限不宜过长，不要轻易改变林地原始承包关系，防止农民失山失地。

第四，保障收益权。主要包括四个层次：一是农户承包经营林地的收益，归农户所有。二是征收林地必须补偿。依法征收的林地，应当依法足额支付林地补偿费、安置补助费、地上附着物和林木的补偿费等费用，安排被征地农民的社会保障费用，保障被征地农民的原有生活水平不降低，维护被征地农民的合法权益。家庭承包经营的林地被依法征收的，承包经营权人有权依法获得相应的补偿。林地补偿费是给予林地所有人和林地承包经营权人的投入及造成损失的补偿，应当归林地所有人和林地承包经营权人所有。安置补助费用于被征林地的承包经营权人的生活安置，对林地承包经营权人自谋职业或自行安置的，应当归林地承包经营权人所有。地上附着物和林木的补偿费归地上附着物和林木的所有人所有。三是经政府划定为公益林的要落实森林生态效益补偿政策。《林改意见》规定，"各级政府要建立和完善森林生态效益补偿基金制度"；"逐步提高中央和地方财政对森林生态效益的补偿标准"；"经政府划定的公益林，已承包到农户的，森林生态效益补偿要落实到户；未承包到农户的，要确定管护主体，明确管护责任，森林生态效益补偿要落实到本集体经济组织的农户"。对集体林地被划入公益林范围的，不管采取哪种承包方式，都要求补偿资金落实到农户，进一步从政策上维护了农民的利益。四是严禁对林地承包经营权人乱收费、乱摊派，依法维护其合法权利。

三、完善集体林权制度改革的政策措施

完成明晰产权、承包到户的改革主体任务，只是整个集体林权制度改革的第一步。真正实现放活经营权、落实处置权、保障收益权，建立起现代林业产权制度，是一项长期而艰巨的任务，国家要建立健全相应的政策措施，确保集体林权制度改革取得预期成效。

一是完善林木采伐管理制度。《林改意见》提出"编制森林经营方案，改革商品林采伐限额管理，实行林木采伐审批公示制度，简化审批程序，提供便捷服务"。集体林权制度改革后，老百姓非常关心"树怎么砍"。要与时俱进地改进和完善管理方式，建立起与家庭承包经营林业相适应的林木采伐管理制度。要以森林经营主体为单位，组织编制森林经营方案，按森林经营方案落实采伐限额。要实行林木采伐审批公示制度，简化审批程序和手续，减少采伐管理上的限制条件，向农民提供便捷高效的服务。《林改意见》规定："严格控制公益林采伐，依法进行抚育和更新性质的采伐，合理控制采伐方式和强度。"这与《森林法》对防护林和特种用途林实行禁止性或控制性采伐的政策是一致的。

二是规范林地、林木流转制度。建立健全林地林木流转制度，是盘活森林资源资产，实现森林资源资产化运营的基础和保障。要加强对森林资源流转工作的指导，探索限期限量流转的办法，防止农民失地；探索限定受让方资格的办法，限制没有林业生产经营能力的工商企业和个人受让森林，抑制过度炒买炒卖森林的行为。要加快森林资源流转平台建设，建立集信息发布、市场交易、林权登记、中介服务、法律政策咨询于一体的资源流转的要素市场，建立森林资源流转管理信息系统，逐步实现流转信息化、网络化。要完善森林资源资产评估机构，抓紧拟订森林资源资产评估机构的准入条件，尽快启动森林资源资产评估师资质认定工作，制定和出台相关办法。

三是建立支持集体林业发展的公共财政制度。主要包括六个方面的内容：第一，建立森林生态效益补偿基金制度。要按照"政府投入为主，受益者合理承

担"的原则,多渠道筹集森林生态效益补偿资金,逐步建立和完善政府财政补偿、受益者补偿与合理经营利用自我补偿相结合的长效机制。第二,建立造林、抚育、保护、管理的投入补贴制度,对森林防火、病虫害防治、林木良种、沼气建设给予补贴,对森林抚育、木本粮油、生物质能源林、珍贵树种及大径材培育给予扶持。第三,改革育林基金管理办法,逐步降低育林基金征收比例,规范用途,各级政府将林业部门行政事业经费纳入财政预算。第四,森林防火、病虫害防治以及林业行政执法体系等基础设施建设纳入各级政府基本建设规划,林区的交通、供水、供电、通讯等基础设施建设依法纳入相关行业的发展规划,特别是要加大对边远山区、沙区和少数民族地区林业基础设施的投入。第五,集体林权制度改革工作经费,主要由地方财政承担,中央财政给予适当补助。第六,对财政困难的县乡,中央和省级财政要加大转移支付力度。

四是完善林业投融资政策。《林改意见》提出"推进林业投融资改革。金融机构要开发适合林业特点的信贷产品,拓宽林业融资渠道。加大林业信贷投放,完善林业贷款财政贴息政策,大力发展对林业的小额贷款。完善林业信贷担保方式,健全林权抵押贷款制度"。金融机构主要研究解决林业信贷产品开发、林业信贷投放数量、林业信贷担保方式、信贷风险防范以及处置抵押物的法律问题等,进一步完善林业信贷办法。

五是健全林业社会化服务体系。积极引导培育新型的社会化服务组织,扶持农民组建各类专业合作社、行业协会、中介服务机构,形成多种经济成分、多层次、多形式的服务网络,为农民提供产前、产中和产后的全过程综合配套服务。要加快林业专业合作组织建设,按照"民办、民管、民受益"和"政府引导、群众自愿、循序渐进、因地制宜"原则,建立各种形式的农民合作组织,提高他们组织化的程度,逐步实现规模经营。要积极引导发展各种形式的林业专业协会,组建包括"三防"联防协会、科技协会、产业协会等组织,解决农民一家一户办不了、办不好的事。要大力发展中介服务机构,完善林业规划设计中心、森林资源资产评估中心、林业科技推广中心等服务机构,对农民和其他林业经营者提供支持和服务。

六是加快林业部门的职能转变。第一,加强林业宏观调控和指导,确保林业又好又快发展。第二,加强公共服务,特别要加强森林防火、病虫害防治、科技推广等公共服务体系建设。进一步改进服务方式,为农户提供方便快捷的服务。第三,加强林业行政执法和监督,深化林业综合行政执法改革,严厉打击破坏森林资源的违法行为,确保森林资源持续增长,维护农民合法权益。

第三节　集体林权制度改革后的集体林采伐管理

一、关于改革和完善集体林采伐管理的意见

2009 年 7 月 16 日，国家林业局下发了《关于改革和完善集体林采伐管理的意见》（林资发[2009]166 号，以下简称《采伐意见一》），这是 2009 年中央林业工作会议结束后，国家林业局下发的第一个配套文件，为完善集体林权制度改革的政策体系迈出了关键性的一步，成为深入推进集体林权制度改革的又一亮点。《采伐意见一》贯彻森林采伐管理"三步走"战略，突出促进森林可持续经营，以放活经营、服务林农为出发点，坚持分类指导、分区施策、分步推进，针对集体林采伐管理中热点、难点、焦点问题，推出了一系列综合性的改革。

（一）集体林采伐管理改革的必要性

森林资源管理是林业的根本任务，而森林采伐管理和林地林权管理是森林资源管理的核心。1984 年颁布的《森林法》规定，依据用材林消耗量低于生长量的原则，严格控制森林年采伐量。自"七五"到"十一五"，我国编制和执行了五期森林年采伐限额，经过 20 多年的努力，逐步建立起"以采伐限额管理为核心，以凭证采伐、凭证运输和木材加工监管为重点"的森林采伐管理体系。这一体系的严格运行有其发展阶段的必然性，为我国森林资源保护和增长发挥了历史性的作用。

但是，随着社会主义市场经济体制的确立、经济社会发展和人们需求的转变，特别是集体林权制度改革的不断深入，森林采伐管理制度在一些方面已越来越不适应森林可持续经营和林业科学发展的需要，严重影响了林业经营者的积极性，制约了林业生产力的发展，改革迫在眉睫。

1. 林权落实后"树怎么砍、采伐怎么管"问题凸显

一是长期以来，采伐管理是"只认林，不认地"，除农民自留地和房前屋后的林木，一律纳入采伐限额管理；同时，对商品林与公益林在采伐上基本没有体现分类经营的政策激励，严重影响了经营者的积极性。

二是采伐管理偏重于森林资源消耗量的控制，忽略了采伐对森林经营质量的作用，忽略了森林经营方案规范和引导森林经营者科学合理经营森林的作用。

三是林木采伐审批环节多，林农申请采伐手续繁琐；长期以来，森林采伐管理制度的设置，是以强化政府行政管理为主导，严格限额采伐、遏制超限额采伐，以维护森林资源不断增长的国家利益为重，相对忽略了森林经营者的合法权益及其对森林资源保护和增长潜在的巨大动力。从采伐限额管理制度实施历程来

看，从部门规章和规范性文件到市（县）、乡（镇）文件，层层规定，对法律法规的延伸越来越长，有些逐步偏离了法律的本意；采伐限额分项越来越细，指标不能结转，管理要求也越来越高，采伐审批和指标分配不透明，致使滥用权力、侵犯林农利益的现象时有发生，有悖于依法行政，干扰了执法监督和流通秩序。

四是集体林简单套用国有林采伐管理模式，不仅采伐类型设置过多过细，而且实行"伐前拨交、伐中检查和伐后验收"的全过程管理，面对千家万户经营主体，既影响了农民的经营自主权，又严重超出了管理者实施监管的实际承受能力，致使"采伐监管不到位"，成为基层森林资源管理人员被追究"行政不作为"的重要原因之一。

五是采伐限额实行"蓄积量、材积量"双项控制，而实际采伐却常常出现材积量不足而蓄积量尚有节余的问题；同时，年度木材生产计划层层下达，严重滞后于木材生产季节，造成了森林经营者无所适从，基层管理者难以操作的尴尬境地。

在集体林地承包经营权和林木所有权落实到农户后，解决"树怎么砍、采伐怎么管"的问题，就成为广大农民和社会关注的焦点，森林采伐管理改革势在必行。

2. 采伐管理改革是"以人为本"、解放林业生产力的必举之策

党中央、国务院高度重视森林采伐管理改革问题。2003 年中央 9 号文件、2008 年中央 10 号文件以及 2009 年中央林业工作会议，都对推进这项改革提出了明确要求。《采伐意见一》全面贯彻中央精神，指出"改革和完善集体林采伐管理是党中央、国务院做出的重要决策，是深化集体林权制度改革的必然要求，是促进森林可持续经营、发展现代林业的重要举措，是满足经济社会发展对林产品需求的有效途径。"

一是让林农得到森林资产和经营山林的实惠，富裕林农，激活林业。我国是一个人口众多、生态脆弱的少林国家，农村经济虽然跨过了温饱线，但尚处于"奔小康的爬坡阶段"。农民的生存和发展对山林的依存度仍然很高，经营山林的目的主要是获取经济利益。因此，采伐管理改革必须立足国情、民情、林情，政策的出发点决不能忽视农民的眼前利益。

集体林权制度改革，要让农民首先得到森林资产和经营山林的实惠。商品林要允许老百姓砍，政策好不好，关键就看他砍了以后栽不栽，就看能否调动起农民真正"把山当田耕，把树当菜种"的积极性。老百姓越砍越富，树就会越栽越多、越长越好。采伐管理改革，调动的是广大农民的主观动力，收获的是富裕林农、激活林业的客观成果，最终实现"生态受保护、农民得实惠"的目标。正如中央林业工作会议指出的："只有建立科学的林木采伐管理制度，才能使造林经

营得到应有的回报，让经营者充分共享林业发展成果，才能形成森林保护与利用的良性循环，实现越采越多、越采越好、青山常在、永续利用。"

二是从集体林采伐管理改革入手，构建森林资源管理新体制。我国是一个多山的国家，山区面积占整个国土面积的69%，山区人口占全国人口的56%，林地面积数倍于耕地面积。但是由于我国林地经营水平低，平均每亩的收入只有20多元，远远低于耕地；世界上森林平均每公顷蓄积量为110m³，瑞典、奥地利等林业发达国家每公顷森林蓄积量高达300多m³，而我国平均每公顷森林蓄积量仅84.7m³，集体林地平均每公顷森林蓄积量更低，只有49.31m³。据统计，"十五"期间，我国年均林木蓄积消耗5.50亿m³，而国内只能提供3.65亿m³，缺口近2亿m³；"十一五"期间，年均消耗需求约7亿m³，国内最多能提供约4亿m³，缺口在3亿m³左右。因此，提高林地利用率和生产力，优化林分结构、提高森林质量、增加森林资源总量，建设和培育稳定的森林生态系统，成为中国林业的当务之急！

为此，《采伐意见一》明确了科学的森林采伐管理是"放活经营权、落实处置权、保障收益权"的关键；科学的采伐管理是实现森林可持续经营的重要途径；科学的采伐管理是形成森林资源培育与林产品供给良性循环的基础措施。

改革的目标和方向是通过改革和完善采伐限额管理制度，逐步建立以森林经营方案为基础的森林可持续经营的新体制，实现由限额指标管理转向森林可持续经营、多功能发挥和多目标管理，充分发挥其在林业分类经营中的科学引导作用，在林业生产力发展中的激励作用，在林业改革中的基础作用。

这就要求我们更新森林采伐管理观念，完善经营管理政策，拓展经营管理空间、改变经营管理方式，从由单纯的限额指标管理转到促进森林可持续经营上来；从大一统的管理模式转到分区施策、分类管理上来；从单一目标经营转到建设三大体系、提升三大功能上来；从单纯的行政管制转到依法监管、高效服务上来，寓森林采伐管理改革于构建资源管理新体制和可持续经营新模式之中。

（二）对集体林采伐管理的改革和完善

《采伐意见一》从九个方面，改革和完善了集体林采伐管理：

（1）明确了非林业用地林木采伐不纳入限额管理。《采伐意见一》中明确非林业用地上的林木，不纳入采伐限额管理，由经营者自主经营、自主采伐。解决了农民因为调整种植结构在农田等非林业用地上造林采伐难的问题。有利于调动社会各界和广大农民，利用"四旁"、荒滩等空闲地植树造林"身边植绿"，提高农民收入，改善和美化人居环境，促进新农村建设。特别是对河南、河北、山东、江苏等地发展起来的平原林业是一次大解放。由于林业用地（指县级以上人民政府规划用于发展林业的土地）上的森林是保障国家生态安全和木材安全的基础资源，必须实行森林采伐限额管理制度。

（2）突出了森林经营方案的地位。森林经营方案是森林经营者为了科学经营森林，发挥森林的多功能、多效益，根据森林资源状况和社会经济、自然条件，编制的关于森林培育、保护和利用的中长期规划，以及对生产顺序和经营利用措施的规划设计。《采伐意见一》明确了依据森林经营方案核定年森林采伐限额，鼓励森林经营者按照森林可持续经营原则编制森林经营方案，对森林采伐做到"五年、十年早知道"，对森林经营有收益预期，调动其培育森林资源的积极性。

（3）简化了森林采伐的类型。根据分类经营的要求，《采伐意见一》规定，商品林采伐类型简化为主伐、抚育采伐和其他采伐；公益林采伐类型简化为抚育采伐、更新采伐和其他采伐；将低产（低效）林改造、灾害性采伐及征占林地等非常规性采伐分别纳入其他采伐。改革后，减少了采伐指标分项，避免了因单项指标需求不平衡造成的采伐指标结构性矛盾。既放活了商品林的经营，又拓展了公益林的保护利用。

（4）简化了森林采伐管理环节。《采伐意见一》要求基层林业工作站协助经营者办理林木采伐许可证，要求林业部门提供"一站式"服务，对伐区设计、林权审核、采伐申请、审核发证等环节进行内部协调，逐步建立便捷高效的审批机制，方便林农、服务林农，彻底改变"申请指标难、采伐批复难"的状况。

（5）改变了森林采伐管理方式。针对集体林权制度改革后，经营主体多元化的现实，《采伐意见一》提出，实行伐区简易设计，将林业主管部门以往对森林采伐实行"伐前设计、伐中检查、伐后验收"的全过程管理，调整为"森林经营者伐前、伐中和伐后自主管理，林业主管部门提供指导服务和监督管理"，落实了农民经营自主权，化解了林业基层工作人员的责任风险。

（6）推行了森林采伐公示制度。《采伐意见一》要求各级林业主管部门要推行森林采伐公示制度，对森林采伐指标分配，实行"阳光操作"。通过社会监督、纪律监督和部门监督，保障采伐指标分配科学、公平、公开、公正。以此制约采伐审批和采伐指标分配中的自由裁量权，避免"权力寻租"，保障资源管理队伍依法行政、公正廉明。

（7）实行了采伐限额"蓄积量"单项控制。《采伐意见一》将采伐限额由"蓄积量、材积量"双项控制调整为蓄积量单向控制，解决了长期以来森林采伐管理中的"两难"问题，便于森林经营者实际操作、管理者科学管理，有利于提高单位面积林木出材率。

（8）允许经营期内采伐指标结转。《采伐意见一》规定，商品林各项指标可以在"五年"采伐限额执行期内，向后各年度结转使用。既尊重了森林经营者的自主权，又防止了森林资源的提前消耗，目的是避免出现森林资源断档，造成生态破坏和经营者收益的损失。

(9)实行了年度木材生产计划备案制。考虑到全国年度木材生产计划，原则上按照年商品材采伐限额等额确定，以及《森林法》对木材生产计划有明确的规定，《采伐意见一》针对集体林提出，将年度木材生产计划由原来的审核审批制改为备案制，满足了森林经营者在采伐限额内自主安排木材生产的需要。

(三)科学的森林采伐管理贯穿于森林可持续经营全过程

"森林经营是现代林业的永恒主题"。森林采伐是森林经营和森林结构调整的重要手段，科学的采伐管理是实现森林可持续经营的重要保障。《采伐意见一》明确提出了要构建森林可持续经营管理的"四个体系"，即：以全国林业发展区划及森林资源经营管理分区施策导则为基础的宏观指导体系；以区域可持续经营规划为基础的区域决策体系；以森林经营方案为基础的经营管理体系；以多种森林经营方法、模式为基础的技术支撑体系。

"四个体系"从宏观到微观，总结了多年来我国森林可持续经营实践成果；指出了森林采伐管理在促进森林可持续经营中的重要作用，形成了中国特色森林可持续经营的基本框架。基本思路是，以森林采伐管理改革为森林可持续经营的突破口和推进器，以法律制度规范森林经营管理秩序，以市场机制激发森林经营活力，以现代技术提升森林经营水平。

在国家层面上，重点是按照林业发展区划，根据不同的自然、地理特点和经济发展状况进行合理区划，实行不同区域、不同森林类型有差别的森林资源经营管理政策；在省、县级层面上，重点是开展森林经营规划，落实宏观区划的具体布局，明确各类森林的培育方向和经营模式；在经营单位层面上，重点是科学编制和实施森林经营方案，将经营措施落实到山头地块，推广应用先进技术和最佳经营方法，提高林地生产率，实现不同林分的目标效益最大化。特别是要积极引导农民合作经济组织，通过实施森林经营方案，逐步走上集约化、规模化、科学化轨道。

(四)完善集体林采伐管理要协同推进基础工作和改革

采伐管理改革是一项综合性、系统性的改革，必须协同推进，切实做好相关的基础工作和配套改革。

(1)《采伐意见一》把区域性改革试验示范与完善宏观政策紧密结合起来。2008年年底，在先行改革试点的基础上，下发了《国家林业局关于开展森林采伐管理改革试点工作的通知》，并先后批复了23个省(区、市)183个县(区、市)的试点。2009年4月，在福建省召开了全国森林采伐管理改革试点启动会，集体林采伐管理改革试点已全面展开。同时，国家林业局在森林采伐管理改革试验基础上，从编制实施森林经营方案入手，在试点地区跟进森林可持续经营管理的试验内容。按照《采伐意见一》要求，抓好森林采伐管理改革试点，及时总结，将经过实践检验，广大森林经营者满意的试点成果，吸收到相关的技术规程和政策法规中去。

（2）《采伐意见一》要求强化木材运输检查监督。木材运输检查监督是森林采伐管理的重要环节，是森林资源保护的最后一道关口。在全面推进集体林权制度改革的新形势下，根据当前木材检查站面临的新情况，出现的新问题，《采伐意见一》要求各地进一步理顺木材运输检查管理体制，切实解决木材检查人员编制和经费；组织编制《全国木材检查站建设规划》，合理调整木材检查站布局，加强基础设施和执法装备建设；逐步建立起以固定检查为主、流动检查为辅的木材运输检查监督新机制；执行持证上岗和统一装识制度，规范执法行为；实行全国统一的木材运输证；在报刊、网站等媒体以及木材检查站公告栏，公布各地凭证运输名录，规范木材运输秩序。在采伐管理改革中，加强木材检查站建设，使其真正成为现代林业建设中森林资源保护管理的一支骨干力量。

（3）《采伐意见一》要求推进森林资源调查监测工作。及时开展新的森林资源二类调查工作，修订完善基础数表，为森林采伐管理和森林可持续经营提供翔实、可靠的依据；系统清理、修订、补充和完善现行规程、规范，为森林采伐管理创造良好的政策环境。

（4）《采伐意见一》提出了改革的保障措施。《采伐意见一》要求加强对集体林采伐管理改革的组织领导；加大各级财政对森林资源二类调查、区域森林可持续经营规划、森林经营方案编制和基层木材检查站基础设施的投入力度；强化队伍建设，全面提高队伍的整体素质、监管能力和执法水平，逐步建立起制度完备、作风优良、廉洁高效、运转协调的森林资源管理体系；要求国家林业局各派驻森林资源监督机构和各直属林业调查规划设计院，强化服务意识，主动融入改革，调整检查方法和监督内容，充分发挥监督检查的作用；要求各地处理好改革与稳定的关系，对借改革之机出现的乱砍滥伐、无证运输、非法经营加工等严重破坏森林资源的违法犯罪行为，进行严厉打击。

实行森林采伐管理是《森林法》确立的一项重要法律制度，为森林资源的不断增长，维护国土生态安全，增加林产品有效供给做出了重大贡献。最基本的是形成了一整套行之有效的森林资源管理制度，最突出的是在实践中不断改革和完善森林资源管理机制。

因此，这次改革和完善集体林采伐管理，绝不是取消森林采伐管理制度，而是与时俱进，使其不断完善和发展，成为推进现代林业科学发展的坚实基础。其实质就是贯彻落实科学发展观，解除思想的禁锢和束缚，实现由"以林为本"向"以人为本"的转变。只有从富裕林农出发落实政策措施，从根本上解决"树好砍""树好管""栽好树"的问题，才能调动和解放广大林农经营森林的巨大潜能，延伸集体林权制度改革的"释放效应"；只有寓科学采伐管理于森林可持续经营之中，才能挖掘出林地的巨大潜力，激活林业。

二、关于进一步改革和完善集体林采伐管理的意见

集体林权制度改革之后，集体林经营主体和经营模式发生了根本变化，给集体林区发展带来巨大生机和活力。林木采伐管理改革是集体林权配套改革的重要内容，对巩固集体林权制度改革成果、创新林业治理机制、切实赋予林农应有的经营自主权和财产处置权、充分调动其造林育林护林积极性，促进森林资源科学经营、合理利用，实现越采越多、越采越好，确保林业"双增"目标如期实现，具有十分重要的作用。我国集体林地面积占林地总面积的60%，是我国森林资源的重要组成部分，也是生态林业和民生林业建设的重要阵地。根据林业发展的新形势、新要求，2014年5月4日，国家林业局制定了《关于进一步改革和完善集体林采伐管理的意见》（林资发〔2014〕61号，以下简称《采伐意见二》）。《采伐意见二》所称集体林指产权明晰的集体和个人所有的森林、林木，以及其他非国有森林、林木。本意见中涉及国家级公益林、自然保护区和国家级森林公园范围内的森林、林木，其采伐管理执行相关法律、法规和政策的规定。

（一）完善采伐指标的分配管理

各地对集体林不再编制和下达年度木材生产计划，实行采伐限额和木材生产计划并轨，以采伐限额作为统一控制指标。县级林业主管部门要按照公开、公正、公平的原则，科学分配采伐指标，具体可依据森林资源总量、可采资源比例和森林抚育等任务情况，将采伐指标分解到各乡镇、集体林场、相关集体林业合作组织及企事业单位等。采伐指标分配要通过网络、报刊、公告栏等方式及时公示，接受社会公众监督。严禁截留、倒卖采伐指标和将采伐指标分配给没有森林资源的单位和个人。对承包到户的商品林实行封山或禁伐时，应征求林权所有者的意见，切实维护林权所有者的经营自主权和合法收益权。

有条件的地方，提倡采伐指标"进村入户"，重点集体林区县可由所在乡镇林业站将采伐指标进一步分解到行政村、村民小组和农户，让广大林农和森林经营者心中有数。同一行政村的农户所分配的同类型采伐指标，可联户集中使用。

（二）简化林木采伐的审批手续

各级林业主管部门要进一步简化林木采伐申请和审批程序，切实解决林农反映的"办证难"问题。采伐申请表格文书要简洁明了，易于被林农理解、接受。林权所有者申请采伐，可凭林木权属证明及相关材料直接向所在地的县级林业主管部门或乡镇林业站提出。

各地要进一步加强对乡镇林业站的管理和建设，充分发挥其职能作用。要将全国林木采伐管理系统的应用延伸到乡镇林业站，逐步实行网上申请、审核和发证。系统应用尚未延伸到乡镇林业站、但采伐指标已分解到乡镇并具备办证条件的，可由县级林业主管部门派出的乡镇林业站办理林农的采伐审批发证。乡镇林业站不具备办证条件的，可由乡镇林业站对林农的采伐申请集中受理后，再到县级林业主管部门统一审批。对申请材料齐全的采伐申请，发证机关或单位应当依法受理，及时审核和公示，对符合采伐发证条件的及时发证，不得推诿拖延或"搭车收费"。

（三）推行简便易行的伐区设计

各地要本着切合实际、科学规范、简便易行的原则，对集体林采伐设计实行差别化管理。企事业单位和集体经济组织（包括行政村、村民小组、集体林场、相关林业合作组织等）申请采伐，应依据相关技术标准进行伐区调查设计。林农个人申请采伐，可由林农自行或委托他人根据申办林木采伐许可证的基本要求进行简易伐区调查设计，一次采伐蓄积 $5m^3$ 以下的可免于设计。采伐经济林、薪炭林、竹林以及非林地上的林木，可由经营者自行设计，自主决定采伐年龄和方式。各地要积极探索皆伐作业按设计面积、择伐作业按设计蓄积进行控制的伐区管理办法。

（四）改进采伐作业的监管方式

各地要切实转变采伐作业的监管方式，减少监管成本，提高监管效率。林木采伐作业要以经营者自主管理、自我约束为主，不再实行伐前拨交、伐中检查和伐后验收等现场监管方式。对已经明确所有权和经营权的森林、林木，林权所有者和经营者是伐区采伐作业和迹地更新的责任主体。采伐作业要注意保护林地、防止水土流失和周边植被破坏，并及时更新造林、恢复植被。林业主管部门要把工作重点转移到为森林经营者提供优质服务和技术指导，积极引导林农依法依规采伐利用森林资源，督促其按规定及时更新，严肃查处违法采伐和运输案件，依法保护森林资源持续发展等方面。

（五）推进采伐管理与科学经营的紧密结合

采伐管理是控制森林过量消耗的重要手段，也是促进森林科学经营的关键措施。各地要把采伐管理与森林科学经营紧密结合起来，按照严格保护、积极发展、科学经营、持续利用的方针，不断完善采伐限额管理办法和机制，推动集体林场、乡镇或行政村、林业合作组织、相关企事业单位等不同经营主体编制科学可行的森林经营方案，并督促其严格实施，构建以森林经营方案为基础确定森林采伐限额的林木采伐管理体系和森林经营体系。通过合理采伐，调整优化森林结构，提高森林质量，促进森林可持续经营。抚育限额不足的，可以占用主伐或更新采伐限额，或者按规定申请追加。编限单位发生森林火灾、林业有害生物灾害等重大自然灾害确需对受害林木进行清理的，其采伐限额可不分类型集中用于受害木清理。商品林采伐限额可以申请结转使用。

（六）进一步放宽竹林经营利用的监督管理

竹林的经营利用有别于其他森林和林木。自"十一五"以来，国家对竹林采伐管理进行了多次改革，各地反映实际效果很好，经营者普遍赞同，竹林资源快速发展。各地要根据竹林资源的特点和限额已放开的实际，从赋予林农最大经营自主权出发，进一步放宽竹林采伐和竹材运输管理，实行竹林经营利用由经营者自主决策。对竹子采伐可暂不实行林木采伐许可发证；对竹材及其制品的运输，暂停纳入凭证运输管理范围。

（七）进一步规范木材运输检查监管行为

各地要切实加强重点木材检查站建设管理，整合现有木材检查站的数量，进一步优化布局，规范执法检查行为，为落实集体林采伐管理改革有关政策创造良好环境和氛围。重点木材检查站要加强基础装备、人员素质和执法水平建设，肩负起木材流通环节的监督管理责任。对既无编制、又无经费的检查站，应予以整合或者撤销。要进一步创新木材运输监督检查方式，探索木材流通执法与林政综合执法相结合的管理机制。严禁擅自扩大凭证运输范围，严禁超范围实施木材运输检查，严禁乱罚款、乱收费。

第四节　集体林权制度改革后的集体林权流转管理

一、关于切实加强集体林权流转管理工作的意见

集体林权流转事关广大农民群众的切身利益，事关林区社会的和谐稳定，事关集体林权制度改革成效及改革成果的巩固。2009 年 10 月 15 日，国家林业局出台了《关于切实加强集体林权流转管理工作的意见》（林改发〔2009〕232 号，以下简称《流转意见一》），《流转意见一》旨在依法管理和规范流转行为，维护广大农民和林业经营者的合法权益，促进林业又好又快发展。

（一）规范集体林权流转行为

《流转意见一》从五个方面规范了集体林权流转行为：

一是稳定林地家庭承包经营关系。为保护农民平等享有集体林地承包经营权，维护农民合法权益，对适宜家庭承包经营的集体林地应当实行家庭承包经营。要引导农民在获得林地承包经营权后一定期限内自主经营，引导农民依法通过转包、出租、互换、入股等形式流转，防止炒买炒卖林权，防止农民失山失

地，确保农民长期拥有可持续就业和增收的生产资料。

二是建立规范有序的集体林权流转机制。依法采取转让方式流转林地承包经营权的，应当经原发包的集体经济组织同意；采取转包、出租、互换、入股、抵押或者其他方式流转的，应当报原发包的集体经济组织备案。集体统一经营的山林和宜林荒山荒地，在明晰产权、承包到户前，原则上不得流转；确需流转的，应当进行森林资源资产评估，流转方案须在本集体经济组织内提前公示，经村民会议2/3以上成员同意或2/3以上村民代表同意后，报乡镇人民政府批准，并采取招标、拍卖或公开协商等方式流转。在同等条件下，本集体经济组织成员在林权流转时享有优先权。流转共有林权的，应征得林权共有权利人同意。国有单位或乡镇林场经营的集体林地，其林权转让应当征得集体经济组织村民会议和该单位主管部门的同意。

三是加强集体林权流转的引导。林地承包经营权和林木所有权流转，当事人双方应当签订书面合同，需要变更林权的，当事人应及时依法到林权登记机关申请办理林权变更登记。要引导发展农民林业专业合作社、家庭合作林场和股份制林场等林业合作组织，联合经营林地；鼓励广大农民和林业经营者与企业合作造林；鼓励短期限流转、部分林权流转、林木采伐权流转和本集体经济组织内部成员间的流转；鼓励到林业产权交易管理服务机构进行流转。对不宜实行家庭承包经营的，可以将林地承包经营权折股分给本集体经济组织成员后，再实行承包经营或股份合作经营。

四是切实维护集体林权流转秩序。区划界定为公益林的林地、林木，暂不进行转让；但在不改变公益林性质的前提下，允许以转包、出租、入股等方式流转，用于发展林下种养业或森林旅游业。对未明晰产权、未勘界发证、权属不清或者存在争议的林权不得流转；集体林权不得流转给没有林业经营能力的单位和个人；流转后不得改变林地用途；流转期限不得超过原承包经营剩余期限。

五是禁止强迫或妨碍农民流转林权。已经承包到户的山林，农民依法享有经营自主权和处置权，禁止任何组织或个人采取强迫、欺诈等不正当手段迫使农民流转林权，更不得迫使农民低价流转山林。已经承包到户的山林需要流转的，其流转方式、条件、期限等由流转双方依法协商确定，任何一方不得将自己的意志强加给另一方。

（二）集体林权流转的指导和服务

一是依法妥善处理集体林权流转的历史遗留问题。为妥善处理集体林权流转的历史遗留问题，《流转意见一》提出，各地要全面核查集体林权流转的历史遗留问题；本着尊重历史、兼顾现实、注重协商、利益调整的原则，依法妥善处理集体林权流转的历史遗留问题；积极探索解决历史遗留问题的有效形式。

二是做好集体林权流转的金融服务。《流转意见一》要求，各地要切实加强集体林权流转服务平台建设，做好集体林权流转服务，做好流转森林资源资产评估工作，做好集体林权流转的金融服务工作。与此同时，通过加强集体林权流转登记、集体林权纠纷调处和仲裁、集体林权流转合同管理、集体林权流转收益管理和集体林权流转监管六个方面的工作，进一步强化集体林权流转管理。

二、关于进一步加强集体林权流转管理工作的通知

随着集体林权制度改革不断推进，集体林权流转对发展适度规模经营、推动现代林业建设和增加农民收入发挥了积极的作用，但同时有些地方不同程度地存在流转行为不规范、侵害农民林地承包经营权益、流转合同纠纷增多、擅自改变林地用途，以及林权流转管理和服务不到位等问题。为进一步加强林权流转管理，防范林权流转风险，保障广大农民、林业经营者和投资者的合法权益，规范集体林权流转，2013 年 3 月 21 日，国家林业局制定了《关于进一步加强集体林权流转管理工作的通》（林改发〔2013〕39 号，以下简称《流转意见二》）。

（一）坚持依法、自愿、有偿流转原则

开展集体林权流转，必须在坚持农村集体林地承包经营制度的前提下，按照依法、自愿、有偿原则流转，承包方有权依法自主决定林权是否流转和流转的方式，任何组织和个人都不得限制或者强行农民进行林权流转。《流转意见二》要求各级林业主管部门要统一认识，一定要充分尊重农民林权流转的主体地位，按照"流不流转是农民的事，转多转少是市场的事，规不规范是政府的事"的要求规范林权流转，不得把林权流转指标作为评判集体林权制度改革是否成功的标准，不得将流转规模作为工作政绩，更不得把促成流转作为招商引资优惠条件强行推动，确保林权流转严格按照有关法律法规和中央的政策进行。

（二）规范林权流转秩序

《流转意见二》要求各地应加大林权流转引导和规范。依法抵押的未经抵押权人同意的不得流转；采伐迹地在未完成更新造林任务或者未明确更新造林责任前不得流转；集体统一经营管理的林地经营权和林木所有权进行林权流转的，流转方案须在本集体经济组织内公示，经村民会议 2/3 以上成员或者 2/3 以上村民代表同意后，报乡镇人民政府批准，到林权管理服务机构挂牌流转，或者采取招标、拍卖、公开协商等方式流转。对工商企业等社会组织在林业产前、产中、产后服务等方面投资开发林业，带动农户发展林业产业化经营的，要充分尊重农民意愿，防止出现以"林地开发"名义搞资本炒作或"炒林"现象，探索建立工商企业流转林权的准入和监管制度，对流转后闲置浪费流转林地影响林业生产、恶意囤积林地和擅自改变林地用途等行为要予以制止，要责令其依法纠正，情节严重

的要追究法律责任。禁止国家公职人员利用职务之便，违法参与林权流转谋取私利。《流转意见二》指出违法流转导致农民的林权流转收益受损等问题要依法纠正，对因林权流转引发的农村林地承包经营纠纷要依法调解调处仲裁。

（三）加强林地承包经营权流转监管工作

《流转意见二》要求各级林业主管部门要按照《中共中央　国务院关于全面推进集体林权制度改革的意见》和《国家林业局关于切实加强集体林权流转管理工作的意见》等有关政策法律规定要求，建立健全林权流转监管制度，保障林权流转有序健康发展。要尽快建立健全林权流转管理和服务制度，为规范林权流转行为提供制度保证。要建立"村有信息员、乡镇有服务窗口、县有服务场所"三级联动的林权流转管理服务网络和互联互通的集体林权流转信息采集系统和共享平台，逐步实现林权流转信息网络化管理。要积极探索林权流转合同制和备案制管理。《流转意见二》提出省级林业主管部门要制定并推行使用林权流转统一合同示范文本，探索开展流转合同签订指导工作。要不断加大林权流转服务，为流转提供有关法律政策宣传、市场信息、价格咨询、资产评估、合同签订等服务，逐步建立和完善流转服务平台和网络，研究发布林权流转信息和流转指导价格并实行动态管理。要切实履行监管职责，按照《国家林业局关于进一步加强和规范林权登记发证管理工作的通知》（林资发〔2007〕33号）和《国家林业局办公室关于办理涉外林权变更登记问题的复函》（办资字〔2011〕214号）要求，对因农村集体林地承包经营权流转而发生的林权变更登记申请依法严格审查，确保林权登记质量。各县（区、市）要设立农村土地承包仲裁委员会、加强专兼职仲裁员队伍建设，依法开展农村土地承包和流转纠纷的调解仲裁工作，要及时了解和掌握涉及农民的林权流转纠纷调解仲裁情况，做好应对预案。加强对林权流转情况的统计和监测，并定期汇总、分析林权流转情况，重点研究不规范林权流转问题的解决办法和政策。

（四）确保林权流转健康有序发展

集体林权流转事关广大农民的切身利益，事关流转市场规范有序，事关生态林业与民生林业发展。《流转意见二》要求各级林业主管部门要高度重视，把林权流转管理工作摆上重要议事日程，切实加强领导。要明确职责，实行领导负责制，层层落实责任，加强监督检查和信息沟通，充分发挥管理、指导、协调和服务职能，把各项工作落到实处。要按照《国务院办公厅关于清理整顿各类交易场所的实施意见》的要求，积极配合当地人民政府做好林权交易场所清理整顿工作和林权流转市场监管工作。建立健全面向广大农民的林权流转管理和服务县级林权管理服务机构，配备工作人员和工作场所。要加强业务培训，不断提高流转管理和服务工作人员的整体素质和业务能力，为开展林权流转提供组织和人员保障。

第五节　集体林权制度改革后的金融服务

一、关于做好集体林权制度改革和林业发展金融服务工作的指导意见

2008 年 6 月，中共中央、国务院印发《关于全面推进集体林权制度改革的意见》（中发［2008］10 号），提出要全面推进集体林权制度改革，进一步解放和发展林业生产力，发展现代林业，增加农民收入，建设生态文明。2008 年 12 月，《国务院办公厅关于当前金融促进经济发展的若干意见》（国办发［2008］126 号）明确提出要在扩大农村有效担保物范围的基础上，积极探索发展农村多种形式担保的信贷产品，指导农村金融机构开展林权抵押贷款业务。2009 年 1 月，中共中央、国务院印发《关于 2009 年促进农业稳定发展农民持续增收的若干意见》（中发［2009］1 号），明确要求用 5 年左右时间基本完成明晰产权、承包到户的集体林权制度改革任务。集体林权制度改革已经在全国全面展开。

为贯彻落实党中央国务院关于推进集体制度改革的总体要求，2009 年 4 月，中国人民银行、财政部、银监会、保监会、国家林业局五部门成立了金融支持集体林权制度改革与林业发展联合工作小组，并多次联合召开座谈会和深入林区调研，认真研究相关政策措施。在深入调研和反复讨论修改的基础上，五部门联合发布了《关于做好集体林权制度改革与林业发展金融服务工作的指导意见》（银发［2009］170 号，以下简称《金融指导意见》）。

（一）《金融指导意见》的主要内容

《金融指导意见》分六部分：

一是充分认识做好集体林权制度改革与林业发展金融服务工作的重要意义。《金融指导意见》强调，林业是一项重要的公益事业和基础产业，具有经济效益、生态效益和社会效益。积极做好集体林权制度改革与林业发展的金融服务工作，是金融部门深入学习实践科学发展观、实施强农惠农战略的重要任务之一，是当前实施扩内需、保增长、调结构、惠民生战略的重要举措。

二是切实加大对林业发展的有效信贷投入。《金融指导意见》要求，在已实行集体林权制度改革的地区，各银行业金融机构要积极开办各项林业贷款业务。合理确定贷款期限，林业贷款期限最长可为 10 年。对小额信用贷款、农户联保贷款等小额林农贷款业务，借款人实际承担的利率负担原则上不超过基准利率的 1.3 倍。要促进林区形成多种金融机构参与的贷款市场体系。

三是引导多元化资金支持集体林权制度改革和林业发展。《金融指导意见》鼓励林业企业通过债券市场发行各类债券类融资工具,鼓励林区外的各类经济组织和投资基金等投资林业项目,鼓励各类担保机构开办林业融资担保业务。

四是积极探索建立森林保险体系。《金融指导意见》提出,各地要把森林保险纳入农业保险统筹安排,通过保费补贴等必要的政策手段引导保险公司、林业企业、林业专业合作组织、林农积极参与森林保险,扩大森林投保面积。保险公司要不断完善森林保险险种和服务创新,逐步提升森林保险的服务质量。

五是加强信息共享机制和内控机制建设。《金融指导意见》提出,建立林业部门与金融部门的信息共享机制,推进人民银行征信体系建设,银行业金融机构要正确处理加大对林业发展信贷支持和防范风险的关系。

六是积极营造有利于金融支持集体林权制度改革与林业发展的政策环境。《金融指导意见》提出,加大人民银行对林区中小金融机构再贷款、再贴现的支持力度;鼓励和支持各级地方财政安排专项资金,增加林业贷款贴息和森林保险补贴资金;各级林业主管部门要充分履行职能,为金融机构支持林业发展提供有效的制度和机制保障;林业贷款的考核、呆账核销等政策与涉农贷款保持一致。

(二)《金融指导意见》对银行信贷的具体要求

林业产业投资周期长,前期投入大无回报,而后期收益稳定。针对这些特点,《金融指导意见》对银行信贷提出了具体要求:

一是要求银行业金融机构积极开展林业贷款业务。目前发放林权抵押贷款的金融机构主要是国家开发银行、中国农业发展银行、中国农业银行和农村信用社。《金融指导意见》明确要求,在已实行集体林权制度改革的地区,各银行业金融机构要积极开办林权抵押贷款业务、林农小额信用贷款和林农联保贷款等业务。同时,支持有条件的林业重点县加快推进组建村镇银行、农村资金互助社和贷款公司等新型农村金融机构,积极开展林权抵押贷款业务。鼓励各类金融机构和专业贷款组织通过委托贷款、转贷款、银团贷款、协议转让资金等方式加强林业贷款业务合作,促进林区形成多种金融机构参与的贷款市场体系。

二是针对林业产业特点,合理延长贷款期限。目前银行业金融机构对林农贷款期限一般为 1 年,对林业企业贷款一般不超过 5 年。而林木一般生产周期较长,如杨树、桉树为主的工业原料林生长期限一般为 6 ~ 10 年,而马尾松、杉树为主的用材林生长期长达 12 ~ 20 年。综合考虑林木生长周期与银行业金融机构信贷风险控制,《金融指导意见》要求,银行业金融机构应根据林业的经济特征、林权证期限、资金用途及风险状况等,合理确定林业贷款的期限,林业贷款期限最长可为 10 年。

三是明确小额林农贷款的实际利率负担原则上不超过基准利率的 1.3 倍。

《金融指导意见》要求，银行业金融机构对于符合贷款条件的林权抵押贷款，其利率一般应低于信用贷款利率；对小额信用贷款、农户联保贷款等小额林农贷款业务，借款人实际承担的利率负担原则上不超过中国人民银行规定的同期限贷款基准利率的1.3倍。同时，各级财政要加大对林业贷款的贴息支持力度。

四是改进信贷服务，使林业贷款"贷得到、贷得方便"。《金融指导意见》提出，各银行业金融机构对林业重点县的分支机构要合理扩大林业信贷管理权限，优化审贷程序，简化审批手续，推广金融超市"一站式"服务，要结合实际积极开展面向林区居民和企业的林业金融咨询和相关政策宣传。探索建立村级融资服务协管员制度。

（三）《金融指导意见》对森林保险的支持措施

林业生产经营周期较长，易受各种自然灾害的侵袭，火灾、洪涝、风雹、雨雪冰冻等多种自然灾害都会给林农造成巨大经济损失，严重影响林业的可持续发展。森林保险作为重要的林业风险保障机制，有利于林业生产经营者在灾后迅速恢复生产，促进林业持续经营和稳定发展。但目前由于开办森林保险风险较大，技术难度高，在缺乏必要相应的政策支持下，林农投保积极性不高，造成我国森林保险发展总体滞后。据统计，2008年，全国森林保险承保面积为7720万亩，仅为全部森林面积的2%，保费收入仅8109万元。

针对这些问题，《金融指导意见》明确：

一是各地要把森林保险纳入农业保险统筹安排，通过保费补贴等必要的政策手段引导保险公司、林业企业、林业专业合作组织、林农积极参与森林保险，扩大森林投保面积。

二是保险公司要不断完善森林保险险种和服务创新，有针对性地推出基本险种和可供选择的其他险种，根据实际情况设置不同的保险费率，逐步提升森林保险的服务质量。

三是通过加大森林保险的宣传力度，普及保险知识，提高林农保险意识，鼓励和引导散户林农、小型林业经营者主动参与森林保险，探索建立森林保险风险分散机制，提高森林保险抗风险能力，为林业的可持续发展奠定坚实的基础。

（四）《金融指导意见》对林业产业多元化资金参与的鼓励措施

《金融指导意见》提出通过债券市场直接融资、鼓励各类经济组织和投资基金投资林业、发展林业融资担保业务三个方面引导多元化资金支持林业：

一是鼓励符合条件的林业产业化龙头企业通过债券市场发行各类债券类融资工具，募集生产经营所需资金。鼓励林区从事林业种植、林产品加工且经营业绩好、资信优良的中小企业按市场化原则，发行中小企业集合债券。

二是鼓励林区外的各类经济组织以多种形式投资基础性林业项目。凡是符合贷款条件的企业与个人，按法律和政策规定程序受让集体林权，从事规模化林业种植与加工的，资金不足时，均可申请银行信贷支持。鼓励和支持各类投资基金投资林业种植等产业。支持组建林业产业投资基金。

三是鼓励各类担保机构开办林业融资担保业务，大力推行以专业合作组织为主体，由林业企业和林农自愿入会或出资组建的互助性担保体系。银行业金融机构应结合担保机构的资信实力、第三方外部评级结果和业务合作信用记录，科学确定担保机构的担保放大倍数，对以林权抵押为主要反担保措施的担保公司，担保倍数可放大到 10 倍。鼓励各类担保机构通过再担保、联合担保以及担保与保险相结合等多种方式，积极提供林业生产发展的融资担保服务。

（五）金融支持集体林权制度改革与林业发展的政策环境

一是人民银行要加大对林区中小金融机构再贷款、再贴现的支持力度。对林业贷款发放比例高的农村信用社等县域存款类法人金融机构，可根据其增加林业信贷投放的合理需求，通过增加再贷款、再贴现额度和适当延长再贷款期限等方式，提供流动性支持。

二是鼓励和支持各级地方财政安排专项资金，增加林业贷款贴息和森林保险补贴资金，建立林业贷款风险补偿基金或注资设立或参股担保公司，由担保公司按照市场运作原则，参与林业贷款的抵押、发放和还贷工作。

三是林业主管部门要认真做好森林资源勘界、确权和登记发证工作，保证林权证的真实性与合法性。贷款逾期时，积极协助金融机构做好抵押林权的处置工作。加快建立林权要素交易平台，加强森林资源资产评估管理，大力推进林业专业评估机构、担保机构和森林资源收储机构建设，为金融机构支持林业发展提供有效的制度和机制保障。

四是林业贷款的考核适用《中国银监会关于当前调整部分信贷监管政策促进经济稳健发展的通知》（银监发〔2009〕3 号）对涉农贷款的相关规定。林业贷款的呆账核销、损失准备金提取等适用财政部有关对涉农不良贷款处置的相关规定。

同时，《金融指导意见》还要求，人民银行、财政部、银监会、保监会、林业局建立联合工作小组，加强对集体林权改革与林业发展金融服务工作的协调。建立林业部门与金融部门的信息共享机制，加强林业信贷政策的导向效果评估。各金融机构要逐步建立和完善涉林贷款专项统计制度，加强涉林贷款的统计与监测分析。

二、关于林权抵押贷款的实施意见

林权具有投资期限长、评估困难等特点，操作上存在估值、保险、期限、变现等特点。为改善农村金融服务，支持林业发展，规范林权抵押贷款业务，完善林权登记管理和服务，有效防范信贷风险，中国银监会和国家林业局在 2013 年 7 月 5 日制定了《关于林权抵押贷款的实施意见》（银监发〔2013〕32 号，以下简称《林权贷款意见》），明确提出林农和林业生产经营者可以用承包经营的商品林做抵押，从银行贷款用于林业生产经营的需要，实现了林业资源变资本的历史性突破。《林权贷款意见》的出台，为"林权抵押贷款"提供了政策上的依据和支持。《林权贷款意见》核心在于解决林权贷款长期以来的有效抵押问题，对规范林权抵押登记、林木资产变现提出了明确要求。

（一）对银行业金融机构的要求

一是银行业金融机构可以接受借款人以其本人或第三人合法拥有的林权作抵押担保发放贷款。可抵押林权具体包括用材林、经济林、薪炭林的林木所有权和使用权及相应林地使用权；用材林、经济林、薪炭林的采伐迹地、火烧迹地的林地使用权；国家规定可以抵押的其他森林、林木所有权、使用权和林地使用权。

二是银行业金融机构应遵循依法合规、公平诚信、风险可控、惠农利民的原则，积极探索创新业务品种，加大对林业发展的有效信贷投入。林权抵押贷款要重点满足农民等主体的林业生产经营、森林资源培育和开发、林下经济发展、林产品加工的资金需求，以及借款人其他生产、生活相关的资金需求。

三是银行业金融机构要根据自身实际，结合林权抵押贷款特点，优化审贷程序，对符合条件的客户提供优质服务。

四是银行业金融机构应完善内部控制机制，实行贷款全流程管理，全面了解客户和项目信息，建立有效的风险管理制度和岗位制衡、考核、问责机制。

五是银行业金融机构应根据林权抵押贷款的特点，规定贷款审批各个环节的操作规则和标准要求，做到贷前实地查看、准确测定，贷时审贷分离、独立审批，贷后现场检查、跟踪记录，切实有效防范林权抵押贷款风险。

（二）对林业主管部门的要求

一是各级林业主管部门应完善配套服务体系，规范和健全林权抵押登记、评估、流转和林权收储等机制，协调配合银行业金融机构做好林权抵押贷款业务和其他林业金融服务。

二是有条件的县级以上地方人民政府林业主管部门要建立林权管理服务机构。林权管理服务机构要为开展林权抵押贷款、处置抵押林权提供快捷便利服务，并适当减免抵押权人相关交易费用。

三是各级林业主管部门要为银行业金融机构对抵押林权的核实查证工作提供便利。林权登记机关依法向银行业金融机构提供林权登记信息时，不得收取任何费用。

四是各级林业主管部门要积极协调各级地方人民政府出台必要的引导政策，

对用于林业生产发展的林权抵押贷款业务，要协调财政部门按照国家有关规定给予贴息，适当进行风险补偿。

（三）对抵押林权的要求

一是银行业金融机构受理借款人贷款申请后，要认真履行尽职调查职责，对贷款申请内容和相关情况的真实性、准确性、完整性进行调查核实，形成调查评价意见。尤其要注重调查借款人及其生产经营状况、用于抵押的林权是否合法、权属是否清晰、抵押人是否有权处分等方面。

二是申请办理林权抵押贷款时，银行业金融机构应要求借款人提交林权证原件。银行业金融机构不应接受未依法办理林权登记、权属不清或存在争议的森林、林木和林地作为抵押财产，也不应接受国家规定不得抵押的其他财产作为抵押财产。

三是银行业金融机构不应接受无法处置变现的林权作为抵押财产，包括水源涵养林、水土保持林、防风固沙林、农田和牧场防护林、护岸林、护路林等防护林所有权、使用权及相应的林地使用权，以及国防林、实验林、母树林、环境保护林、风景林、名胜古迹和革命纪念地的林木，自然保护区的森林等特种用途林所有权、使用权及相应的林地使用权。

四是以农村集体经济组织统一经营管理的林权进行抵押的，银行业金融机构应要求抵押人提供依法经本集体经济组织 2/3 以上成员同意或者 2/3 以上村民代表同意的决议，以及该林权所在地乡（镇）人民政府同意抵押的书面证明；林业专业合作社办理林权抵押的，银行业金融机构应要求抵押人提供理事会通过的决议书；有限责任公司、股份有限公司办理林权抵押的，银行业金融机构应要求抵押人提供经股东会、股东大会或董事会通过的决议或决议书。

五是以共有林权抵押的，银行业金融机构应要求抵押人提供其他共有人的书面同意意见书；以承包经营方式取得的林权进行抵押的，银行业金融机构应要求抵押人提供承包合同；以其他方式承包经营或流转取得的林权进行抵押的，银行业金融机构应要求抵押人提供承包合同或流转合同和发包方同意抵押意见书。

六是银行业金融机构要根据抵押目的与借款人、抵押人商定抵押财产的具体范围，并在书面抵押合同中予以明确。以森林或林木资产抵押的，可以要求其林地使用权同时抵押，但不得改变林地的性质和用途。

七是银行业金融机构要根据借款人的生产经营周期、信用状况和贷款用途等因素合理协商确定林权抵押贷款的期限，贷款期限不应超过林地使用权的剩余期限。贷款资金用于林业生产的，贷款期限要与林业生产周期相适应。

八是银行业金融机构开展林权抵押贷款业务，要建立抵押财产价值评估制度，对抵押林权进行价值评估。对于贷款金额在 30 万元以上（含 30 万元）的林权抵押贷款项目，抵押林权价值评估应坚持保本微利原则、按照有关规定执行；具备专业评估能力的银行业金融机构，也可以自行评估。对于贷款金额在 30 万元以下的林权抵押贷款项目，银行业金融机构要参照当地市场价格自行评估，不得向借款人收取评估费。

九是对以已取得林木采伐许可证且尚未实施采伐的林权抵押的，银行业金融机构要明确要求抵押人将已发放的林木采伐许可证原件提交银行业金融机构保管，双方向核发林木采伐许可证的林业主管部门进行备案登记。林权抵押期间，未经抵押权人书面同意，抵押人不得进行林木采伐。

十是银行业金融机构要在抵押借款合同中明确要求借款人在林权抵押贷款合同签订后，及时向属地县级以上林权登记机关申请办理抵押登记。

十一是银行业金融机构要在抵押借款合同中明确，抵押财产价值减少时，抵押权人有权要求恢复抵押财产的价值，或者要求借款人提供与减少的价值相应的担保。借款人不恢复财产也不提供其他担保的，抵押权人有权要求借款人提前清偿债务。

（四）对林权抵押登记的要求

一是县级以上地方人民政府林业主管部门负责办理林权抵押登记。具体程序按照国务院林业主管部门有关规定执行。

二是林权登记机关在受理林权抵押登记申请时，应要求申请人提供林权抵押登记申请书、借款人（抵押人）和抵押权人的身份证明、抵押借款合同、林权证及林权权利人同意抵押意见书、抵押林权价值评估报告（拟抵押林权需要评估的）以及其他材料。林权登记机关应对林权证的真实性、合法性进行确认。

三是林权登记机关受理抵押登记申请后，对经审核符合登记条件的，登记机关应在 10 个工作日内办理完毕。对不符合抵押登记条件的，书面通知申请人不予登记并退回申请材料。办理抵押登记不得收取任何费用。

四是林权登记机关在办理抵押登记时，应在抵押林权的林权证的"注记"栏内载明抵押登记的主要内容，发给抵押权人《林权抵押登记证明书》等证明文件，并在抵押合同上签注编号、日期，经办人签字、加盖公章。

五是变更抵押林权种类、数额或者抵押担保范围的，银行业金融机构要及时要求借款人和抵押人共同持变更合同、《林权抵押登记证明书》和其他证明文件，向原林权登记机关申请办理变更抵押登记。林权登记机关审查核实后应及时给予办理。

六是抵押合同期满、借款人还清全部贷款本息或者抵押人与抵押权人同意提前解除抵押合同的，双方向原登记机关办理注销抵押登记。

七是各级林业登记机关要做好已抵押林权的登记管理工作，将林权抵押登记事项如实记载于林权登记簿，以备查阅。对于已全部抵押的林权，不得重复办理抵押登记。除取得抵押权人书面同意外，不予办理林权变更登记。

（五）对风险评估的要求

一是银行业金融机构要依照信贷管理规定完善林权抵押贷款风险评价机制，采用定量和定性分析方法，全面、动态地进行贷款风险评估，有效地对贷款资金使用、借款人信用及担保变化情况等进行跟踪检查和监控分析，确保贷款安全。

二是银行业金融机构要严格履行对抵押财产的贷后管理责任，对抵押财产定期进行监测，做好林权抵押贷款及抵押财产信息的跟踪记录，同时督促抵押人在林权抵押期间继续管理和培育好森林、林木，维护抵押财产安全。

三是银行业金融机构要建立风险预警和补救机制，发现借款人可能发生违约风险时，要根据合同约定停止或收回贷款。抵押财产发生自然灾害、市场价值明显下降等情况时，要及时采取补救和控制风险措施。

（六）对森林保险的要求

各级林业主管部门要会同有关部门积极推进森林保险工作。鼓励抵押人对抵押财产办理森林保险。抵押期间，抵押财产发生毁损、灭失或者被征收等情形时，银行业金融机构可以根据合同约定就获得的保险金、赔偿金或者补偿金等优先受偿或提存。

（七）对实现抵押权的要求

一是贷款需要展期的，贷款人应在对贷款用途、额度、期限与借款人经营状况、还款能力的匹配程度，以及抵押财产状况进行评估的基础上，决定是否展期。

二是贷款到期后，借款人未清偿债务或出现抵押合同规定的行使抵押权的其他情形时，可通过竞价交易、协议转让、林木采伐或诉讼等途径处置已抵押的林权。通过竞价交易方式处置的，银行业金融机构要与抵押人协商将已抵押林权转让给最高应价者，所得价款由银行业金融机构优先受偿；通过协议转让方式处置的，银行业金融机构要与抵押人协商将所得价款由银行业金融机构优先受偿；通过林木采伐方式处置的，银行业金融机构要与抵押人协商依法向县级以上地方人民政府林业主管部门提出林木采伐申请。

三是银行业金融机构因处置抵押财产需要采伐林木的，采伐审批机关要按国家相关规定优先予以办理林木采伐许可证，满足借款人还贷需要。林权抵押期间，未经抵押权人书面同意，采伐审批机关不得批准或发放林木采伐许可证。

第六节　集体林权制度改革中林下经济和林业专业合作组织发展

一、关于加快林下经济发展的意见

集体林权制度改革以来，各地区大力发展以林下种植、林下养殖、相关产品采集加工和森林景观利用等为主要内容的林下经济，取得了积极成效，对于增加农民收入、巩固集体林权制度改革和生态建设成果、加快林业产业结构调整步伐发挥了重要作用。为加快林下经济发展，经国务院同意，2012年7月30日，国务院办公厅提出了《关于加快林下经济发展的意见》（国办发〔2012〕42号）。

（一）总体目标

努力建成一批规模大、效益好、带动力强的林下经济示范基地，重点扶持一批龙头企业和农民林业专业合作社，逐步形成"一县一业，一村一品"的发展格局，增强农民持续增收能力，林下经济产值和农民林业综合收入实现稳定增长，林下经济产值占林业总产值的比重显著提高。

（二）主要任务

（1）科学规划林下经济发展。要结合国家特色农产品区域布局，制定专项规划，分区域确定林下经济发展的重点产业和目标。要把林下经济发展与森林资源培育、天然林保护、重点防护林体系建设、退耕还林、防沙治沙、野生动植物保护及自然保护区建设等生态建设工程紧密结合，根据当地自然条件和市场需求等情况，充分发挥农民主体作用，尊重农民意愿，突出当地特色，合理确定林下经济发展方向和模式。

（2）推进示范基地建设。积极引进和培育龙头企业，大力推广"龙头企业＋专业合作组织＋基地＋农户"运作模式，因地制宜发展品牌产品，加大产品营销和品牌宣传力度，形成一批各具特色的林下经济示范基地。通过典型示范，推广先进实用技术和发展模式，辐射带动广大农民积极发展林下经济。推动龙头企业集群发展，增强区域经济发展实力。鼓励企业在贫困地区建立基地，帮助扶贫对象参与林下经济发展，加快脱贫致富步伐。

（3）提高科技支撑水平。加大科技扶持和投入力度，重点加强适宜林下经济发展的优势品种的研究与开发。加快构建科技服务平台，切实加强技术指导。积极搭建农民、企业与科研院所合作平台，加快良种选育、病虫害防治、森林防火、林产品加工、储藏保鲜等先进实用技术的转化和科技成果推广。强化人才培养，积极开展龙头企业负责人和农民培训。

（4）健全社会化服务体系。支持农民林业专业合作组织建设，提高农民发展林下经济的组织化水平和抗风险能力。推进林权管理服务机构建设，为农民提供林权评估、交易、融资等服务。鼓励相关专业协会建设，充分发挥其政策咨询、信息服务、科技推广、行业自律等作用。加快社会化中介服务机构建设，为广大农民和林业生产经营者提供方便快捷的服务。

（5）加强市场流通体系建设。积极培育林下经济产品的专业市场，加快市场需求信息公共服务平台建设，健全流通网络，引导产销衔接，降低流通成本，帮助农民规避市场风险。支持连锁经营、物流配送、电子商务、农超对接等现代流通方式向林下经济产品延伸，促进贸易便利化。努力开拓国际市场，提高林下经济对外开放水平。

（6）强化日常监督管理。严格土地用途管制，依法执行林木采伐制度，严禁以发展林下经济为名擅自改变林地性质或乱砍滥伐、毁坏林木。要充分考虑当地生态承载能力，适量、适度、合理发展林下经济。依法加强森林资源资产评估、林地承包经营权和林木所有权流转管理。

（7）提高林下经济发展水平。支持发展市场短缺品种，优化林下经济结构，切实帮助相关企业提高经营管理水平。积极促进林下经济产品深加工，提高产品质量和附加值。不断延伸产业链条，大力发展林业循环经济。开展林下经济产品生态原产地保护工作。完善林下经济产品标准和检测体系，确保产品使用和食用安全。

（三）政策措施

（1）加大投入力度。要逐步建立政府引导，农民、企业和社会为主体的多元化投入机制。充分发挥现代农业生产发展资金、林业科技推广示范资金等专项资金的作用，重点支持林下经济示范基地与综合生产能力建设，促进林下经济技术推广和农民林业专业合作组织发展。通过以奖代补等方式支持林下经济优势产品集中开发。发展改革、财政、水利、农业、商务、林业、扶贫等部门要结合各地林下经济发展的需求和相关资金渠道，对符合条件的项目予以支持。天然林保护、森林抚育、公益林管护、退耕还林、速生丰产用材林基地建设、木本粮油基地建设、农业综合开发、科技富民、新品种新技术推广等项目，以及林业基本建设、技术转让、技术改造等资金，应紧密结合各自项目建设的政策、规划等，扶持林下经济发展。

（2）强化政策扶持。对符合小型微型企业条件的农民林业专业合作社、合作林场等，可享受国家相关扶持政策。符合税收相关规定的农民生产林下经济产品，应依法享受有关税收优惠政策。支持符合条件的龙头企业申请国家相关扶持资金。对生态脆弱区域、少数民族地区和边远地区发展林下经济，要重点予以扶持。

（3）加大金融支持力度。各银行业金融机构要积极开展林权抵押贷款、农民小额信用贷款和农民联保贷款等业务，加大对林下经济发展的有效信贷投入。充分发挥财政贴息政策的带动和引导作用，中央财政对符合条件的林下经济发展项目加大贴息扶持力度。

（4）加快基础设施建设。要加大林下经济相关基础设施的投入力度，将其纳入各地基础设施建设规划并优先安排，结合新农村建设有关要求，加快道路、水利、通信、电力等基础设施建设，切实解决农民发展林下经济基础设施薄弱的难题。

（5）加强组织领导和协调配合。地方各级人民政府要把林下经济发展列入重要议事日程，明确目标任务，完善政策措施；要实行领导负责制，完善激励机制，层层落实责任，并将其纳入干部考核内容；要充分发挥基层组织作用，注重增强村级集体经济实力。各有关部门要依据各自职责，加强监督检查、监测统计和信息沟通，充分发挥管理、指导、协调和服务职能，形成共同支持林下经济发展的合力。

二、关于加快林业专业合作组织发展的通知

为深入贯彻落实《中共中央　国务院关于加快发展现代农业进一步增强农村发展活力的若干意见》和全国深化集体林权制度改革百县经验交流会议精神，进一步深化集体林权制度改革，切实促进林业专业合作组织建设，2013 年 9 月 12日，国家林业局发布了《关于加快林业专业合作组织发展的通知》（林改发〔2013〕153 号）。

（一）加强林业专业合作组织建设的重要意义

当前，我国林业发展进入了一个新的重要战略机遇期，党的十八大作出了建设生态文明的战略部署，绘制了建设美丽中国的宏伟蓝图，提出了发展林业是建设生态文明的首要任务，确保生态安全、推进绿色发展、建设美丽中国，必须培育和壮大林业生产经营组织，充分激发农村林业生产要素潜能。

创建新型林业生产经营组织是推动现代林业发展的核心和保障。《中共中央国务院关于加快发展现代农业进一步增强农村发展活力的若干意见》明确提出，"农民合作社是带动农民进入市场的基本主体，是发展农村集体经济的新型实体，是创新农村社会管理的有效载体"，"培育和壮大新型农业生产经营组织，充分激发农村生产要素潜能"。发展林业专业合作组织是提高林业组织化程度，推动分散经营向专业化、规模化经营转变，为林农服务的最主要的载体，是林业科技推广最重要的载体，是落实强林惠农政策最重要的平台，也是构建现代林业

经营体系的重要基石。发展林业专业合作组织对巩固林业改革成果、带动农民增收致富、发展生态林业与民生林业、建设生态文明，具有十分重要的意义。

（二）落实林业专业合作组织发展政策

各级林业主管部门要按照"积极发展、逐步规范、强化扶持、提升素质"的要求，采取有力措施，加大力度、加快步伐，发展林业专业合作组织。要鼓励农民兴办林业专业合作社、股份合作林场、家庭林场、林业协会等多元化、多类型林业专业合作组织。重点支持林业专业合作组织开展林下经济、造林绿化、森林抚育、苗木花卉、经济林、加工储藏、流通运输、市场营销、生产经营、信息平台建设等生产经营和服务活动。引导林业专业合作社以产品和产业为纽带，开展与科研院所和企业的合作与联合，积极探索组建林业专业合作社联社。各级林业主管部门要积极协调工商管理等有关部门，明确设立林业专业合作社这一登记类型，并在林业专业合作社联社登记管理办法上有新突破。

要强化政策落实，把林业专业合作社示范社作为政策扶持重点。各级林业主管部门要主动加强与发展改革、财政、科技、工商、税务、金融等部门的沟通协调，争取更大的支持，确保各项扶持政策和保障措施落实到位。各地要因地制宜，不断增加对林业专业合作组织发展扶持资金，加大对林区道路、供水、供电、通信、森林防火等基础设施的投入，支持林业专业合作组织改善生产经营条件、增强发展能力。要探索建立涉林项目与林业专业合作组织广泛对接的长效机制，安排部分财政投资项目直接投向符合条件的林业专业合作组织。要逐步扩大造林绿化、森林抚育、林木培育种植、荒漠化治理、山区综合开发、林业科技推广等林业重点生态工程项目由林业专业合作组织承担的规模。要对示范社建设鲜活林产品仓储物流设施、兴办林产品加工业给予补助。要引导国家补助项目形成的资产移交合作社管护，指导合作社建立健全项目资产管护机制。

全面落实"农民专业合作社享受国家规定的对农业生产、加工、流通、服务和其他涉农经济活动相应的税收优惠"的法律规定，进一步研究支持林农专业合作社发展的其他税收优惠政策。要按照国家关于"完善合作社税收优惠政策，把合作社纳入国民经济统计并作为单独纳税主体列入税务登记，做好合作社发票领用等工作"等要求，落实相关政策。要积极争取金融部门在信用评定基础上对示范社开展联合授信，有条件的地方予以贷款贴息，规范林业专业合作社开展信用合作。要协调相关部门做好适合林业专业合作社生产经营特点的保险产品和服务。

要促进规范化建设。各地要抓紧研究制定有关林业专业合作社的认定标准和管理办法。要积极创造条件，启动实施林业专业合作组织信息化建设工程试点，推动林业专业合作组织标准化建设。引导农民开展森林产品、林下经济产品认证，绿色、有机、无公害、地理标志产品的"三品一标"建设，推进品牌建设。

(三)推进林业专业合作组织建设

各级林业主管部门要以贯彻落实中央一号文件为契机，紧紧围绕当地林业改革发展现状和工作实际，研究制定本地区具体实施意见，并组织实施。

要健全工作指导体系。要确定机构和人员专门负责指导林业专业合作组织的建设和发展，构建长效工作机制。要加强调查研究，不断发现新情况、新问题，积极探索新措施、新办法，及时总结经验，研究解决推进林业专业合作组织建设中的重大问题，不断提高建设工作水平。

要推动示范社建设。按照"实行部门联合评定示范社机制，分级建立示范社名录"的要求，做好示范社评定工作，把示范社作为政策扶持重点。今后，国家林业局将继续推进林业专业合作社示范县、示范社建设。规划到 2017 年，将建设 200 个全国林业专业合作社示范县及 2000 个示范社，20% 的农户加入农民林业专业合作组织，经营林地面积占集体林地面积达 20%。根据当地实际，各地要围绕速生丰产林、经济林、林下经济、森林景观利用、苗木花卉、特色驯养繁殖等林产品生产及加工、销售，发现总结并打造一批有品牌、效益好的林业领军社、重点社、典型示范社。

要加强服务体系建设。建立网络信息服务平台。充分发挥林业专业合作社、专业服务公司、专业技术协会、股份合作林场、家庭林场、农民经纪人队伍、涉林企业等林业经营性服务组织的生力军作用，大力开展有害生物防治、动植物疫病防控、森林防火、林木采伐、林权流转、资源评估等方面的生产性服务和市场信息服务，推广新品种、新技术、新机械。鼓励支持高等科研院所与林业专业合作组织开展多种形式的技术合作。采取政府订购、定向委托、奖励补助、招标投标等方式，引导林业专业合作组织为林业生产经营提供低成本、便利化、全方位的公益性服务。开展"专家进社"、"辅导员联系社"送服务行动。

要加强培训。设立林业专业合作组织带头人人才库，建立林业专业合作组织人才培训专项资金，建设林业专业合作组织人才培养实训基地。建立健全辅导员联系合作社制度。广泛开展合作社带头人、经营管理人员和辅导员培训，引导高校毕业生到林业专业合作组织工作，不断提升合作组织素质，使林业专业合作组织不断发展壮大，为发展生态林业和民生林业作出积极贡献。

第 **3** 章

林权改革政策对野生动物及
栖息地保护影响预评估

第一节　野生动物及栖息地保护相关法律

野生动物是人类生存发展的亲密伙伴，是自然生态系统的有机组成部分，是保持大自然生态平衡和稳定的基石，保护野生动物对维持生物多样性及促进自然和谐可持续发展有着非常重要的意义。野生动物资源有着巨大的生态价值、社会价值、美学价值、文化价值和生物学价值等。我国地域辽阔、森林繁茂、地貌复杂多样、河流湖泊丰富，优越的自然环境使得我国野生动物种类齐全、数量巨大，是世界上野生动物资源最为丰富的国家之一。野生动物资源是我国的重要战略资源，保护并合理利用野生动物资源对我国社会经济可持续发展有着重要的意义。野生动物栖息地是野生动物生存繁衍的必备场所和空间，其之于野生动物就如同水之于鱼、根之于木，栖息地环境和生态平衡一旦遭到破坏，野生动物很快就会遭到灭绝的危险。保护野生动物栖息地是保护野生动物的根本性途径。

一、野生动物及栖息地保护相关法律概述

我国野生动物保护法律体系经过新中国成立以来 60 余年的发展已经日趋完善和成熟。目前我国和其他国家一样主要采取公法手段保护野生动物资源。据不完全统计，国家及地方目前已出台的各类野生动物保护法律法规超过 60 部，已经初步形成包括国际条约、宪法、野生动物保护法、刑法及地方法规等保护野生动物的法律体系，构建起了以《宪法》为基础，《中华人民共和国野生动物保护法》为主体，我国《刑法》《环境保护法》《森林法》《物权法》以及国际公约为补充的野生动物保护法律框架。

（一）国际条约及公约

1. 多边法律文件

我国积极参与国际生物多样性保护行动。我国目前缔结或参加与野生动物保护相关的多边国际法律文件主要有《关于特别是作为水禽栖息地的国际重要湿地公约》及其议定书，《保护世界文化和自然遗产公约》《濒危野生动植物种国际贸

易公约》《联合国气候变化框架公约》《联合国防治荒漠化公约》《生物多样性公约》等。

（1）生物多样性公约。

《生物多样性公约》（Convention on Biological Diversity，CBD）于1992年6月在联合国环境与发展大会上由150多个国家政府首脑签署，并于1993年12月29日正式生效。我国于1992年6月11日在巴西里约热内卢签署了该公约，并于同年12月29日正式对我国生效，《公约》的主管部门为国务院环境保护行政主管部门。

《生物多样性公约》的宗旨是保护生物多样性、持续利用其组成部分、公平合理分享由利用遗传资源而产生的惠益。其不仅对我国各级政府、企事业单位以及各类社会团体提出了一种科学的物种保护理念，规定了各缔约国在生物多样性保护上的权利和义务，更为自然保护区这一在自然生态和物种保护工作上承担着举足轻重作用的机构，指明了努力的方向。

《公约》规定，发达国家将以赠送或转让的方式向发展中国家提供新的补充资金以补偿它们为保护生物资源而日益增加的费用，应以更实惠的方式向发展中国家转让技术，从而为保护世界上的生物资源提供便利；签约国应为本国境内的植物和野生动物编目造册，制定计划保护濒危的野生动植物；建立金融机构以帮助发展中国家实施清点和保护动植物的计划；使用一个国家自然资源的国家要与资源拥有国分享研究成果、盈利和技术。

（2）濒危野生动植物种国际贸易公约。

《濒危野生动植物种国际贸易公约》（Convention on International Trade in Endangered Species of Wild Fauna and Flora，CITES）又称《华盛顿公约》。1973年3月3日，21个国家的全权代表受命在华盛顿签署，1975年7月1日《公约》正式生效。我国于1980年12月25日加入了《濒危野生动植物种国际贸易公约》，并于1981年4月8日正式生效。国务院按照公约规定设立了专门的履约管理机构——中华人民共和国濒危物种进出口管理办公室和履约科学机构——中华人民共和国濒危物种科学管理委员会。为切实履行缔约国义务我国还陆续颁布了《森林法》《野生动物保护法》《国家重点保护野生动物名录》以及《濒危野生动植物进出口管理条例》《野生植物保护条例》等作为国内配套执行的法律法规。

CITES的宗旨是通过各缔约国政府间采取有效措施，加强贸易控制来切实保护濒危野生动植物种，确保野生动植物种的持续利用不会因国际贸易而受到影响。CITES将其管辖的物种分为三类，分别列入三个附录中，并采取不同的管理办法，其中附录I包括所有受到和可能受到贸易影响而有灭绝危险的物种，附录II包括所有目前虽未濒临灭绝，但如对其贸易不严加管理，就可能变成有灭绝危险的物种，附录三包括成员国认为属其管辖范围内，应该进行管理以防止或限制开发利用，而需要其他成员国合作控制的物种。

（3）关于特别是作为水禽栖息地的国际重要湿地公约。

《关于特别是作为水禽栖息地的国际重要湿地公约》（Convention of Wetlands of International Importance Especially as Waterfowl Habitats，CWIIEWH，简称《湿地公约》）于1971年2月2日在伊朗拉姆萨尔签订，所以又称《拉姆萨尔公约》（Ramsar Convention），旨在通过各成员国之间的合作加强对世界湿地资源的保护及合理利用，以期实现生态系统的持续发展。湿地是许多珍稀野生动物赖以生存的栖息地，加入《湿地公约》对于野生动物的保护、维护生态平衡以及保护生物多样性有着重要意义。《湿地公约》于1975年12月21日正式生效，目前已经成为国际上重要的自然保护公约，受到各国政府的重视。我国于1992年加入湿地公约，目前该公约已经成为我国湿地类型保护区建设和管理的重要指南。为此，国家林业局专门成立了《湿地公约》履约办公室。2007年9月国务院批准成立中国履行《湿地公约》国家委员会，协调和指导国内相关部门开展履行《湿地公约》相关工作。

（4）保护世界文化和自然遗产公约。

《保护世界文化和自然遗产公约》（Convention Concerning the Protection of the World Cultural and Natural Heritage，CCPWCNH）1972年11月16日在联合国教科文组织（UNECSO）大会第17届会议通过。该公约主要规定了文化遗产和自然遗产的定义，文化和自然遗产的国家保护和国际保护措施等条款。公约规定了各缔约国可自行确定本国领土内的文化和自然遗产，并向世界遗产委员会递交其遗产清单，由世界遗产大会审核和批准。凡是被列入世界文化和自然遗产的地点，都由其所在国家依法严格予以保护。公约的管理机构是联合国教科文组织的世界遗产委员会，该委员会于1976年成立，同时建立了《世界遗产名录》。我国于1985年11月22日年加入《遗产公约》。

2. 双边法律文件

1994年中华人民共和国国家环境保护局、蒙古国自然与环境部和俄罗斯联邦自然保护和自然资源部缔结的《关于建立中、蒙、俄共同自然保护区的协定》。涉及保护候鸟及候鸟栖息地环境的协定主要有：1983年的《中日候鸟及其生境保护协定》，1988年的《中澳保护候鸟及其生境协定》等，主要用于保护迁徙于两国之间及季节性地栖息于两国的候鸟，进行保护和管理候鸟及其栖息地环境等方面的合作。

（二）国内法律

我国新中国成立以来的野生动物保护工作经历了从狩猎和出口利用到保护管

理的阶段性转变。新中国对野生动物资源管理的机构设置始于 50 年代，当时林业部设立狩猎处，负责组织协调和管理全国狩猎活动及资源的调查、规划。1950年 5 月颁布的《关于稀有生物保护办法》，该办法的实施标志着新中国野生动物保护立法工作的开始。1956 年，管理部门拟定了天然林区禁伐区和自然保护区的草案，随后启动了我国自然保护区建设工作。1962 年国务院颁布了《关于积极保护和合理利用野生动物资源的指示》，强调"野生动物资源是国家的自然财富，各级人民委员会必须切实保护，在保护的基础上加以合理利用"。1973 年林业部起草《野生动物资源保护条例》，同年外贸部发布《关于停止珍贵野生动物收购和出口的通知》，规定停止收购和出口禁止猎捕的珍贵野生动物。这段时期的立法主要侧重于从野生动物的狩猎以及出口方面进行规制，针对野生动物进行保护管理的理念比较薄弱。

1979 年后自然及野生动物保护日益受到重视，在野生动物管理和保护领域取得了多方面进展与成效。国务院于 1980 年初，成立野生动物保护处，设立了濒危动植物进出口办公室，成立了全国性的保护组织——中国野生动物保护协会。从 20 世纪 70 年代末至今，所颁布的法律法规也开始注重野生动物管理和保护工作，国家先后以政府指示、行政管理办法、通知、法律、条例和规定的形式对野生动物进行法律保护和管理，从而初步形成了野生动物保护的法律体系。例如 1985 年 7 月 6 日林业部发布实施《森林和野生动物类型自然保护区管理办法》；1986 年，国务院公布了《国家级森林和野生动物类型自然保护区名单》，设立了20 个国家级自然保护区；同年，最高人民法院为制止捕杀大熊猫发出紧急通知；1988 年 11 月人大常务委员会通过了《中华人民共和国野生动物保护法》对野生动物资源的管理、保护、生产、贸易、违法行为的处罚作了详细明确的规定，我国野生动物保护工作开始步入法制化、规范化的轨道；并于 12 月份批准了《国家重点保护野生动物名录》；1992 年 2 月国务院批准《陆生野生动物保护实施条例》；1993 年 9 月国务院批准《水生野生动物保护实施条例》，1994 年国务院颁布《自然保护区条例》。此外，我国《宪法》《物权法》《环境保护法》《海洋环境保护法》《森林法》《草原法》以及《渔业法》等自然资源法中对野生动物的保护做了原则性的规定。同时，我国刑法将破坏野生动物资源的行为规定为犯罪，并且设置了较高的起刑点，试图通过对破坏野生动物资源的行为科以重刑，对那些潜在的犯罪分子和犯罪行为起到遏制作用。在此以后，行政法规、部门规章、地方法规等也对野生动物的保护作出规定，各地分别制定了地方一级的野生动物保护法规规章，进一步完善了我国野生动物保护的法律法规体系。但从野生动物保护现状来看，我国现行法律在野生动物保护方面的局限性越来越明显，使有关规范管理工作难以推行。我国加入《濒危野生动植物种国际贸易公约》已有 20 多年，但还没有针对野生动物的国内贸易立法。

二、野生动物及栖息地保护国内法律分析

(一)《宪法》

我国《宪法》采用明确的立法条文形式对自然资源和珍贵的动植物资源实行保护，并明确地约束了个人和组织的行为，禁止其破坏和侵占自然资源。《宪法》第九条规定：矿藏、水流、森林、山岭、草原、荒地、滩涂等自然资源，都属于国家所有，即全民所有；由法律规定属于集体所有的森林和山岭、草原、荒地、滩涂除外。国家保障自然资源的合理利用，保护珍贵的动物和植物，禁止任何组织或者个人用任何手段侵占或者破坏自然资源。

该条对野生动物特别是对珍贵野生动物的保护工作设立了宪法根据，明确规定了自然资源的国家所有权和国家保护动物资源的义务。可以说这是在宪法层面明确对野生动物资源实行保护，从而将对野生动物资源的保护提高到了一个新的高度。

(二)《刑法》

对于破坏野生动物资源犯罪的刑事立法，1997 年的刑法典较之以往刑法典有了较大的进步，完善了一些对于危害野生动物资源的行为规定，但是从实践的角度来看规定仍然很不全面，缺少对会产生严重破坏野生动物资源行为的详细规定。

我国现行《刑法》针对野生动物资源犯罪的条文共有五个，概括来说有走私珍贵动物、珍贵动物制品罪(第 151 条第 2 款)，非法捕捞水产品罪(第 340 条)，非法捕猎、杀害珍贵、濒危野生动物罪(第 341 条第 1 款)，非法收购、运输、出售野生动物及其制品罪(第 341 条第 1 款)和非法狩猎罪(第 341 条第 2 款)。在司法实践中，存在一些与野生动物保护相关的其他刑法条文，如一些涉及抢劫、盗窃、走私等的严重财产犯罪，但是这是建立在野生动物为财产的前提之下的惩处。正如某些学者所说，《刑法》立法思想是保护人身权或财产权，刑事法律制度主要立足于经济性判断之上，而没有立足于环境效益或环境性方面的考虑。一些与环境资源有关的罪名规定甚至与环境保护的要求格格不入。

尽管我国现行《刑法》对保护野生动物起了积极作用，但是仍然存在许多问题。目前我国普遍存在滥食野生动物的情形，这在威胁人类自身健康的同时，也为非法捕杀、收售野生动物等犯罪行为带来了贸易空间，但是我国刑法对此却未作规定。同时《野生动物保护法》有关刑事立法与现行《刑法》不一致，导致了对野生动物的保护不力。例如，我国《野生动物保护法》是于 1988 年制定、1989 年生效，它的制定是以 1979 年旧《刑法》为蓝本，而 1997 年《刑法》修订工作以及

此后的八部刑法修正案使得现行《刑法》与《野生动物保护法》产生严重脱节。《刑法》规定稍显滞后，使得《刑法》本身在面对破坏野生动物资源犯罪时无法发挥有效自身作用。而且我国《刑法》对破坏野生动物资源犯罪处罚的规定仅仅涉及五个罪名，而与我国《刑法》规定较为相近的德国，则将狩猎权、渔业权和保护区保护动物的权利分别规定在不同的条款，并适用不同的刑罚标准。另有一些国家如朝鲜则专门对野生动物资源的某一方面做了较为详细的规定，甚至有些国家将野生动物资源犯罪的处罚细化到野生动物的引进及生存。所以，我国应当根据当今实际的变化，增设相应的罪名，保护受到危害的野生动物资源，完善刑法对野生动物的保护。

我国《刑法》可以将非法猎捕、杀害珍贵、濒危野生动物罪，非法收购运输、出售珍贵、濒危野生动物、珍贵濒危野生动物制品罪，非法狩猎罪三个罪名合并在一个统一的"破坏野生动物罪"中，以此扩大《刑法》保护野生动物的范围、增加侵害动物的行为类型，并且把非法破坏珍贵、濒危、稀有野生动物的情形作为从重情节予以处罚，这样做既可以保护普通的野生动物，也可以加大对破坏珍贵、濒危的野生动物和国家重点保护野生动物的打击力度。

同时，我国应该加强对野生动物栖息地的刑法保护。目前，我国现有的《自然保护区条例》《森林和野生动物类型自然保护区管理办法》和《水生动植物类型自然保护区管理办法》远远不能满足自然保护区发展的需要，而且《野生动物保护法》在栖息地保护方面也存在很大不足，因此必须加强自然保护区的刑事立法。《刑法》中，有破坏自然环境的罪名，但是应该将破坏野生动物生存环境作为一项重要的加重结果。

（三）《野生动物保护法》

1988 年 11 月 8 日中华人民共和国第七届全国人民代表大会常务委员会第四次会议通过《中华人民共和国野生动物保护法》，并于 2004 年进行了修正，这是我国为全面保护野生动物而订立的第一部法律。该法是我国保护野生动物的主要法律文件和综合性法律，为野生动物保护提供了比较全方位的保障。颁布实施以来，我国野生动物保护工作取得了显著的成就。同时在保护、拯救珍贵、濒危野生动物，保护、发展和合理利用野生动物资源，维护生态平衡作用等方面效果显著。该法结构上分为五部分，包括总则、野生动物保护、野生动物管理、法律责任和附则。这部法律的立法目的就是为了保护一些濒危、珍贵、具备科研价值和经济价值的野生动物。同时，我国各级地方立法机关依据野生动物保护并结合本地资源情况和特点制定了保护野生动物的地方性配套法规及措施。到目前为止，全国除江苏、天津外的其他 29 个省、自治区、直辖市均先后发布实施了野生动物保护的地方性规章及办法，尤其是四川等 9 个省、自治区根据实际情况已进行了多次修订。各地在细化、完善我国《野生动物保护法》有关内容以及增强其可操作性等方面做出了很大成绩，对推进野生动物保护法制建设和发展发挥了巨大作用。

我国《野生动物保护法》的一个重要制度是许可证制度。该制度在我国签署《濒危野生动植物种国际贸易公约》之后被我国《野生动物保护法》所吸收。许可证制度在《野生动物保护法》中集中规定在第三章有关野生动物的管理里面。依据第三章的规定，根据利用野生动物的不同方式，大致可以分为：

（1）针对狩猎非国家重点保护动物的狩猎证（持枪猎捕必须有持枪证）。

（2）特许猎捕证。具体又可以分成：①捕捉、捕捞国家一级保护野生动物时向国务院野生动物行政主管部门申请的许可证；②捕捉、捕捞国家二级保护野生动物时向省级野生动物行政主管部门申请的许可证。

（3）出售、收购、利用许可证。具体可以分成：①国家一级保护野生动物型；②国家二级保护野生动物型。

（4）进出口许可证。

（5）驯养繁殖许可证。

（6）携带、运输许可证等。

外国人在中国境内，对重点保护野生动物进行野外考察、拍摄电影或录像，必须经过国务院野生动物主管部门或授权部门的批准。我国的许可证制度，覆盖了从捕捉、捕捞、驯养、繁殖、出售、收购、狩猎、利用、运输、携带、进出口等有关野生动物产业的每一个环节。如果违反许可证制度将承担的法律责任是：由野生动物行政主管部门或工商行政管理部门吊销其证件，没收违法所得，可以并处罚金。针对特许狩猎许可证、进出口许可证的伪造、倒卖情形，情节严重、构成犯罪的，还需要按照刑法规定追究刑事责任。

《中华人民共和国野生动物保护法》中还规定了野生动物资源档案制度，"第十五条：野生动物行政主管部门应当定期组织对野生动物资源的调查，建立野生动物资源档案。"野生动物资源档案制度能够促进林业行政主管部门及时了解掌握野生动物资源的现实情况并及时制定更新保护、发展和合理利用野生动物资源的规划和措施，从而实现对野生动物的实时有效保护。

虽然《中华人民共和国野生动物保护法》在野生动物保护方面取得了巨大成就，但随着人们环保观念的转变和经济的发展，《中华人民共和国野生动物保护法》在野生动物保护范围、野生动物致人损害赔偿、野生动物保护的执法主体以及野生动物栖息地保护等方面的问题已经日益凸显出来，需要进行研究并提出新的解决办法。

1. 保护动物的范围太窄

从立法上看，我国《野生动物保护法》第二条规定：本法规定保护的野生动物，是指珍贵、濒危的陆生、水生野生动物和有益的或者有重要经济、科学研究价值的陆生野生动物。从实践看，根据国家林业局从 20 世纪 90 年代中期以来开展的调查显示，我国野生动物保护，尤其是国家重点保护物种的保护取得了很大成效，随着自然保护区的建立，有效地保护着我国 300 多种国家重点保护野生动物的主要栖息地和 130 多种珍稀植物的主要分布地。但对于非重点保护物种，尤其是一些经济利用价值较高的非重点保护物种却因过度的开发利用导致了资源减少。导致部分非重点保护野生动物数量明显下降的主要原因，一是由于人口增长、经济发展，过度开垦、放牧、环境污染等原因，使野生动物栖息地面积减少、质量下降和破碎化；二是过度消耗利用资源和乱捕滥猎，直接减少了野生动物资源，尤其是非国家重点保护野生动物，受到不合理利用和乱捕滥猎的影响更大。

2. 野生动物致人损害赔偿问题

在我国大型野生动物造成居民财产、人身损失的案例屡见不鲜，《野生动物保护法》确立了国家对受害人的补偿制度。《野生动物保护法》第十四条规定：“因保护国家和地方重点保护野生动物，造成农作物或者其他损失的，由当地政府给予补偿。补偿办法由省、自治区、直辖市政府制定。”《陆生野生动物保护实施条例》第十条对此作出了进一步规定：有关单位和个人对国家和地方重点保护野生动物可能造成的危害，应当采取防范措施。因保护国家和地方重点保护野生动物受到损失的，可以向当地人民政府野生动物行政主管部门提出补偿要求。经调查属实并确实需要补偿的，由当地人民政府按照省、自治区、直辖市人民政府的有关规定给予补偿。但是国家补偿制度在实施过程中取得的效果甚微，很多因野生动物而遭受的损失并不能得到及时合理的补偿。这其中的原因最主要的包括以下几点：

（1）赔偿主体不明确。法条中只规定了“当地政府”但是没有指明到底是地方哪级政府以及中央政府和地方政府应如何分担补偿责任等，导致这些问题都无法律依据可以遵循，容易造成各级政府对索赔的当事人推诿搪塞的现象。

（2）致害动物范围窄。根据《野生动物保护法》第九条的规定，“国家对珍贵、濒危的野生动物实行重点保护。重点保护的野生动物包括国家和地方两类。国家重点保护的野生动物分为一级保护野生动物和二级保护野生动物。地方重点保护野生动物，是指国家重点保护野生动物以外，由省、自治区、直辖市重点保护的野生动物。”《野生动物保护法》只规定了“因重点保护陆生野生动物造成的人身伤害或财产损失，受害人才可以取得政府补偿的权利”。但是国家保护的“有益的或者有重要经济、科学研究价值的野生动物"致人损害的事件也频繁发生，但这些野生动物有的就不是国家重点保护的野生动物。对于这些非重点保护的野生动物造成的损害补偿，目前还没有明确的法律依据，容易出现受害人索赔无门的情况。

（3）"保护"存在歧义。《野生动物保护法》第十四条规定，因"保护"重点保护野生动物而遭受的损害才能获得补偿。根据该规定，"保护"成为野生动物致害救济的构成要件之一。由此，非因"保护"重点保护野生动物而遭受的损害就不能获得补偿。但是法律并无明文规定"保护"具体指哪些行为才能是保护野生动物的行为，导致在野生动物致害的救济中，"保护"使得救济地实现复杂化。对于承担赔偿责任的原则，《野生动物保护法》采取无过错的原则，即对于野生动物的致害，不予考虑受害人的主观意志，除非存在法定的免责事由，国家都应当承担损害责任。其中法定的免责事由包括第三人的过错和受害人的自甘风险，同时不可抗力不能成为免责事由。

（4）目前规定国家补偿制度的地方立法屈指可数，仅有北京市、云南省、陕西省等几个省制定了相关办法如《云南省重点保护陆生野生动物造成人身财产损害补偿办法》《陕西省重点保护陆生野生动物造成人身财产损害补偿办法》《吉林省重点保护陆生野生动物造成人身财产损害补偿办法》等。多数地区立法在野生动物致害之后的补偿对象、补偿标准、补偿程序等方面目前都还处于空白的状况。

《野生动物保护法》的这些缺陷会为集体林权制度改革带来影响，林权权利人在利用林业资源时难免会遭遇野生动物的袭击或者在保护所辖林区上的野生动物时受到伤害，究竟该怎样平衡野生动物保护和林权权利人利益维护之间的关系，是一个值得深入思考的问题。正确地处理好致害补偿是集体林权制度改革过程中必须面对和解决的课题。

我国《物权法》中规定了野生动物资源的国家所有权，并且第七条规定："物权的取得和行使，应当遵守法律，尊重社会公德，不得损害公共利益和他人合法权益。"由此我们应当建立国家对野生动物致人损害的赔偿制度，弥补《野生动物保护法》中国家补偿制度的不足。首先，应当明确国家是赔偿主体。我国宪法规定野生动物资源属于国家所有。国家作为野生动物资源的所有人和管理者，应当尽到管理人的义务，其管领下的野生动物造成公众的人身、财产损失，理应由代表国家的政府给以足额赔偿，而不是适当补偿。其次，国家之所以对重点保护野生动物造成的损害承担赔偿责任是因为国家可以从这些野生动物的保护中获益，保护野生动物资源最终受益的是全社会和全体公民。如果将野生动物造成的补偿由地方政府负担，就会造成部分政府为全民利益买单的现象，这显然是不公平的，而且现实中野生动物资源丰富的地区多数位于山区，经济普遍不发达，所以它所带来的损失就不能只由少数地方政府、少数公民来承担。野生动物致人损害赔偿应当建立起以中央财政支付为主，以地方财政为辅的赔偿体系。由于地区与地区之间在经济实力方面存在着很大的差异，各个地方政府之间的财政实力差距明显。国家应当根据不同地方的经济水平具体制定中央政府和地方政府之间的赔偿比例。

3. 保护野生动物的执法主体问题

我国保护野生动物的执法主体不明确。《野生动物保护法》第三十五条规定："违反本法规定，出售、收购、运输、携带国家或者地方重点保护野生动物或者其产品的，由工商行政管理部门没收实物和违法所得，可以并处罚款。"可见，保护野生动物的执法主体是工商行政管理部门，在野生动物法中没有明确森林公安机关为执法主体。但是现实实践过程中，保护野生动物离不开森林公安机关所发挥的作用，要保护好野生动物必须有一支高效、有力的执法队伍，我国立法应当明确森林公安机关的独立执法地位。随着社会形势的改变和经济的发展，事实上森林公安机关已经成为野生动物刑事、行政案件的主要执法者。为了使森林公安机关能够更加公正、高效执法、有必要明确森林公安机关在野生动物保护中的刑事、行政执法地位，明确森林公安的财政经费来源，明确森林公安民警的行政编制或公安专项编制，完善森林公安机关的局、分局、支队、大队等各级机构设置。这样，在集体林权制度改革中才能充分森林公安机关协调处理林区发展与野生动物保护之间的关系。

4. 野生动物栖息地保护问题

《野生动物保护法》保护我国野生动物栖息地的原则主要体现在第八条，该条规定"国家保护野生动物及其生存环境，禁止任何单位和个人非法猎捕或者破坏"。该条将擅自从事破坏野生动物栖息地的行为确立为非法行为并禁止实施该行为。依据我国《自然保护区条例》的相关规定，相关人员可以进入自然保护区的实验区从事科学试验、教学实习、参观考察、旅游以及驯化、繁殖珍稀、濒危野生动植物等活动；在不损害自然保护区内的环境质量的前提下，可以对自然保护区的外部保护地带实施项目建设。因而，野生动物资源利用行为符合条件时就是合法的，且适度开发实验区和自然保护区外部地带的资源对研究野生动物的保护也是非常必要的，关键在于权衡利弊，严格执行旅游或建设项目的环境影响评价制度。

另外，《野生动物保护法》将保护野生动物栖息地的主体框架分为自然保护区和禁猎区，并分类施予不同的保护手段。第十条规定："国务院野生动物行政主管部门和省、自治区、直辖市政府，应当在国家和地方重点保护野生动物的主要生息繁衍的地区和水域，划定自然保护区，加强对国家和地方重点保护野生动物及其生存环境的保护管理。"该条从法律上将建设自然保护区确定为政府保护野生动物栖息地的主要方式。第二十条规定："在自然保护区、禁猎区和禁猎期内，禁止猎捕和其他妨碍野生动物生息繁衍的活动。禁猎区和禁猎期以及禁止使用的猎捕工具和方法，由县级以上政府或者其野生动物行政主管部门规定。"

政府主管部门对野生动物栖息地的保护着重于监测、调查和行为规范。《野生动物保护法》第十一条规定："各级野生动物行政主管部门应当监视、监测环境对野生动物的影响。由于环境影响对野生动物造成危害时，野生动物行政主管部门应当会同有关部门进行调查处理。"第十二条规定："建设项目对国家或者地方重点保护野生动物的生存环境产生不利影响的，建设单位应当提交环境影响报告书；环境保护部门在审批时，应当征求同级野生动物行政主管部门的意见。"对野生动物栖息地的监测、调查制度使得野生动物行政主管部门在管理环节上有机会在相关活动或行为可能对野生动物栖息地产生实际损害之前，研究采取相应的措施。

目前，我国野生动物保护面临的最大的问题就是人为开发活动的干扰造成的野生动物栖息地的丧失，比如对森林资源进行破坏，这些破坏活动主要包括盗伐、滥伐、过度毁林开发等，一定程度上使得野生动物失去了栖息地。同时，我国存在着大量的人工栽培林，树种单一，导致生态功能上的不协调，这是造成野生动物栖息地丧失的又一原因，也是集体林权改革需要面对的问题。另外，对湖泊、湿地的破坏，自然保护区建设质量不高以及森林旅游业的快速发展也导致了野生动物栖息地的丧失。总的来看，现阶段我国法律追求的还是一种理想的、单一的生存秩序。尽管《野生动物保护法》对重点保护野生动物主要生息繁衍的地区和水域的保护做出了明确规定，各级政府也做出了很大的努力，但是我国现阶段野生动物栖息地保护还远不能满足野生动物保护的需要。我们应该看到现行野生动物保护法对野生动物栖息地保护力度的不足之处，恢复和保护好野生动物赖以生存的栖息环境。在集体林区改革中不注重野生动物栖息地的保护，会给自然环境造成严重损害，违背生态文明建设，因此应当进一步加强和完善野生动物栖息地保护立法。

（四）《物权法》

法律分工造就传统物权法关注和强调物的经济属性和最大价值，保护物权人对特定的物所享有的直接支配、排他的权利，并以权利为本位。但是，随着自然环境问题的出现和自然资源的日益稀缺，人们开始关注自然资源作为特殊物所具有的生态价值。自然环境保护及社会发展促使物权法在公法、私法相互融合中从纯粹的权利本位向权利本位与社会本位相结合的趋势发展。这种融合与发展体现为构建开放性的权利体系，将不属于传统物权的准物权纳入其调整范畴；为满足社会公共利益，强调权利人行使权利时承担保护自然环境的义务；建立科学完善的自然资源所有权制度，保障自然资源开发利用与保护。加之可持续发展理念影响着私法领域，以权利为本位的物权法开始出现社会化的倾向，各国物权法中出现了林权、探矿权、采矿权、取水权、渔业权、狩猎权等具有公法基因的特许物权。我国《物权法》也顺应历史潮流，为保护环境和野生动物资源提供了应有的基础性法律依据。我国《物权法》对野生动物资源保护的贡献主要表现在两方面：

1. 实行了自然资源有偿使用制度

自然资源有偿使用制度是指国家以自然资源所有者和管理者的双重身份，为实现所有者权益，保障自然资源的可持续利用，向自然资源使用者收取资源使用费的制度。《物权法》第一百一十九条规定，"国家实行自然资源有偿使用制度，但法律另有规定的除外"，从而明确了对于包括野生动物资源在内的自然资源的用益方式是以有偿使用为原则，以无偿使用为例外。在《物权法》确立了自然资源有偿使用制度之前，野生资源使用权的一级取得来自于各个代表国家行使所有权的行政部门，只要申请人符合法定的开发利用条件，不需要其支付任何对价，政府就应当依法颁发许可证，实际上是无偿取得了稀缺的野生动物资源使用权。不难想象，这种缺乏市场价格要素介入的单方面行政许可，会导致被许可人不珍惜野生动物资源，利用过程中造成效率低下、破坏浪费严重的情况。依据《物权法》确立自然资源有偿使用制度，政府可以通过协商、拍卖、招投标等程序公正公开的形式，根据转让价格、开发利用和养护能力等综合标准，在一级市场将特定的野生动物资源物权有偿转让给符合法定条件的市场主体，从而最大化地实现野生动物资源的经济价值和生态价值。

2. 扩充与野生动物相关的用益物权种类

集体林权制度改革中设计了野生动物用益物权问题，但是《物权法》中确立的动物资源用益物权方式只有养殖权、捕捞权两种，这显然远远不能满足现实需要。首先，养殖权、捕捞权针对的都是水生动物，对陆生动物的用益物权方式完全没有涉及。其次，没有涵盖已有法律中规定的野生动物资源利用方式。例如《野生动物保护法》第十六条规定："因科学研究、驯养繁殖、展览或者其他特殊情况，需要捕捉、捕捞国家一级保护野生动物的，必须向国务院野生动物行政主管部门申请特许猎捕证；猎捕国家二级保护野生动物的，必须向省、自治区、直辖市政府野生动物行政主管部门申请特许猎捕证。"第十七条规定："国家鼓励驯养繁殖野生动物。驯养繁殖国家重点保护野生动物的，应当持有许可证。许可证的管理办法由国务院野生动物行政主管部门制定。"第二十七条规定："经营利用野生动物或者其产品的，应当缴纳野生动物资源保护管理费。"可见，《野生动物保护法》中明确规定的野生动物利用方式只包括狩猎、驯养繁殖、经营利用等形式，如果《物权法》不承认以上权利属于用益物权，那么获得上述活动许可的权利人拥有的是什么性质的权利呢？权利人又如何获得法律的保护？因此，《物权法》应当在用益物权的篇章中根据现实需要，增加对水生、陆生动物的用益物权种类，以保障权利人的利益。

3. 确立了野生动物资源国家所有权制度

我国《物权法》第四十九条规定："法律规定属于国家所有的野生动植物资源，属于国家所有"。该规定符合野生动物资源管理使用的客观现状和既有法律体系的统一性，具有一定的科学性。国家所有意味着不能为任何私人拥有，国有野生动物资源是国家专有的财产，不能为他人所拥有，因此是不能通过交换或是赠予等传统流通手段转移所有权。该规定明确表明我国现行的是野生动物所有权国有制。国家是野生动物唯一所有权人，只允许其他的主体在法律范围内对野生动物资源进行开发利用。在集体林权改革中，林权人应当明确其只享有林区内树木和其他植物的使用权、收益权等相关权利，对于承包林区内栖息的野生动物则并不是其私有财产，其无法享有所有、使用和收益权。

《物权法》将野生动物资源规定为国家所有权有利于野生动物的保护。第一，《物权法》对野生动物资源权属做出明确规定具有其必要性和重要的意义。野生动物资源所有权制度决定了其在法律上的归属，以及对野生动物资源开发、利用的方式。所有权制度是建立与之相适应的用益制度、流转制度、保护制度的基础之上的。第二，规定野生动物资源属于国家符合现有立法。我国《宪法》第九条第一款规定："矿藏、水流、森林、山岭、草原、荒地、滩涂等自然资源，都属国家所有，即全民所有；由法律规定属于集体所有的森林和山岭、草原、荒地、滩涂除外。"野生动物资源属于该条中未列明的自然资源，亦属国家所有。这一点在《野生动物保护法》中有很好的体现，该法第三条规定："野生动物资源属于国家所有"。《物权法》中进一步明确野生动物资源的国家所有权，符合对一国的法律体系统一、合理的要求。第三，野生动物保护的严峻形势要求通过立法确立国家所有权来保护和管理野生动物资源。我们认为目前仅靠限制先占制度来保护野生动物资源是远远不够的。国家作为野生动物资源的所有者，也就理所当然地成为其最重要的管理者。第四，现实中不断发生被保护的野生动物造成当地群众的人身、财产损失的案例，如果将野生动物视为无主物，那么遭受损失的人一方面出于公共利益要保护野生动物，一方面又得不到充分赔偿，这既不符合法律所追求的公平正义原则也不利于人们积极主动地保护野生动物。第五，必须明确野生动物资源和野生动物是两个不同的概念。我国相关的法律规定中使用的是野生动物资源。野生动物资源是一个广义的法律概念，是所有野生动物群体和个体的总称，亦包括野生动物的产品。综上所述，我国《物权法》第四十九条确立的野生动物资源国家所有权制度符合野生动物资源管理使用的客观现状和既有法律体系的统一性，具有一定的科学性。

（五）《环境保护法》

我国《环境保护法》对野生动物资源的保护主要体现在第十九条和第四十四条的规定中。该法第十九条："开发利用自然资源，必须采取措施保护生态环境。"（2014 年修订 2015 年 1 月 1 日起施行的新《环境保护法》第三十条开发利用自然资源，应当合理开发，保护生物多样性，保障生态安全，依法制定有关生态保护和恢复治理方案并予以实施。）此条文中的"自然资源"包括野生动物资源和林业资源，集体林权制度改革是对林业资源的开发利用行为，开发过程中难免会出现侵犯野生动物生存环境的现象，因此，必须采取措施保护生态环境，保护好野生动物资源的栖息地。《环境保护法》第四十四条："违反本法规定，造成土地、森林、草原、水、矿产、渔业、野生动物等资源的破坏的，依照有关法律的规定承担法律责任。"（2014 年修订 2015 年 1 月 1 日起施行的新《环境保护法》已删除此条）该条规定明确了破坏野生动物资源的行为应当受到法律惩罚承担法律责任，但是并没有具体规定承担怎样的法律责任，只是依照"有关法律"，这里的"有关法律"主要指的是《野生动物保护法》《刑法》《物权法》中的相关规定。《环境保护法》注重于对整体生态环境的保护，对野生动物及栖息地的保护主要依靠其他法律的适用。

综上所述，目前我们的野生动物保护法律体系比较完善，但是还不能更大程度满足生态形势变化和经济发展的需要，我们可以从以下几个制度方面进行充实和完善：

第一，建立野生动物基金制度。野生动物的有效保护不仅需要宣传教育和法律约束，也需要充足的资金保障野生动物保护的科学研究。尤其是自然灾害发生或其他紧急性疫情发生时，应当有应急资金机制支持野生动物保护。因此，国家不但要配套建立野生动物保护管理支配法律法规，同时要建立野生动物专项资金制度。

第二，建立健全生态安全制度。由于当前科学技术的发展，尤其是生物工程的发展，许多转基因课题被攻关，原始的生物多样性将受到空前的威胁，原始基因也有受到严重污染的可能性。我们应当加强这方面的立法措施保证生态环境的安全。

第三，建立野生动物福利制度。野生动物是人类的朋友，我们在利用野生动物资源的同时也要保持野生动物的可持续发展，应当以文明的方式对待野生动物，减少对野生动物的虐待和残忍屠杀。由于目前的国力所限，我们既不能照搬西方国家的动物福利的高标准，也不能滞留于人类中心主义。提倡文明地不虐待不残忍对待动物的行为，逐步实现野生动物福利。新经济形势下的集体林权制度改革更期待我们对基本法律制度进行全方位思考，以营造经济与生态共同发展，人与自然的和谐相处的良好环境。

（六）《自然保护区条例》

实施野生动物自然保护区建设，对维护国家生态安全、促进国民经济可持续发展、确保中华民族的长远利益具有重大的战略意义。1994 年《自然保护区条例》是我国第一个也是唯一关于自然保护区的综合性的法规。《自然保护区条例》较详细地规定了我国自然保护区建设和管理应遵循的原则，其主要内容有：

（1）自然保护区管理体制；

（2）自然保护区发展规划及建设规划；

（3）自然保护区分级与分区管理；

（4）自然保护区建立条件及审批程序；

（5）自然保护区土地权属；

（6）自然保护区禁止事项；

（7）对自然保护区内开展旅游活动和生产性活动的管理；

（8）自然保护区内及外围环境污染与防治；

（9）自然保护区的监督检查；

（10）罚则。

作为自然保护区领域的"基本法"，自然保护区条例自颁布以来为我国自然保护区建设和管理提供了重要的指导作用。

除了《自然保护区条例》，我国还实施一个行政法规，即 1985 年林业部发布的《森林和野生动物类型自然保护区管理办法》，以及 1995 国家科委和农业部联合发布的《海洋自然保护区管理办法》、1997 年农业部发布的《水生动植物自然保护区管理办法》等两个关于自然保护区的重要部门规章。这些分别对三种不同类型的自然保护区的保护作了详细规定，是对《自然保护区条例》的进一步补充和细化。特别是《森林和野生动物类型自然保护区管理办法》在《自然保护区条例》颁布之前更是发挥着巨大作用，很长一段时间内，自然保护区执法工作都是参照该《管理办法》进行的。这三个《管理办法》在目前自然保护区立法中居较高层次，在未来一段时间内仍将是我国自然保护区法律体系的重要渊源。

另外，各级地方人大、政府也制定了相应的配套法规和规章，有的省区还按照"一区一法"原则专门为保护区颁布了具体的管理办法，林业、环保、地矿、农业、海洋等有关部门也制定了相应的自然保护区行政规章，进一步规范了自然保护区管理，建立了自然保护区晋级的申报和审批制度，完善了自然保护区评审标准。在完善法律的同时，各地也加大了执法的力度。

1999 年 10 月国家林业局组织有关部门和专家对今后 50 年的全国野生动植物及自然保护区建设进行了全面规划和工程建设安排。2001 年 6 月由国家林业局组织编制的《全国野生动植物保护及自然保护区建设工程总体规划》得到国家计委的正式批准，这标志着中国野生动植物保护和自然保护区建设新纪元的开始。

全国野生动植物保护及自然保护区建设工程是一个面向未来，着眼长远，具有多项战略意义的生态保护工程，也是呼应国际大气候、树立我国良好国际形象的"外交工程"。工程内容包括野生动植物保护、自然保护区建设、湿地保护和基因保存。重点开展物种拯救工程、生态系统保护工程、湿地保护和合理利用示范工程、种质基因保存工程等。

国家通过实施全国野生动植物保护及自然保护区建设总体规划，拯救一批国家重点保护野生动植物，扩大、完善和新建一批国家级自然保护区和禁猎区。到建设期末，使我国自然保护区数量达到 2500 个，总面积 1.728 亿 hm^2，占国土面积的 18%。形成一个以自然保护区、重要湿地为主体，布局合理、类型齐全、设施先进、管理高效、具有国际重要影响的自然保护网络。加强科学研究，资源监测，管理机构，法律法规和市场流通体系建设和能力建设，基本上实现野生动植物资源的可持续利用和发展。

2011 年国家林业局为推动自然保护区"量质并重"健康发展，切实强化自然保护区管理，贯彻执行了国务院办公厅《关于做好自然保护区管理有关工作的通知》，着力理顺自然保护区与国家风景名胜区、国家湿地公园、国家森林公园、国家地质公园的关系，还专门下发了《国家林业局关于进一步加强林业系统自然保护区管理工作的通知》，对自然保护区的总体规划、土地权属、机构人员、编制经费、管理体制等提出了要求，一些省（自治区、直辖市）也相继制定了贯彻落实的意见措施。

但是我国立法存在受保护的栖息地范围过于狭窄的问题，将栖息地保护范围称为自然保护区，划定为主要栖息繁衍地区和水域。不属于重点保护的野生动物，如有益的和有重要经济、科学研究价值的野生动物就不能通过划分自然区来保护；重点保护野生动物的非主要生息繁衍地区和水域也不能划为自然保护区。这样，很多具有重要经济、科学价值的一般野生动物或者生存于非主要生息繁衍地区的重点保护野生动物可能因为不处于自然保护区而得不到应有的保护。在集体林权制度改革中，林区中的野生动物栖息地可能由于林权人的逐利行为而导致丧失，因此也应当注重自然保护区之外的野生动物栖息地的保护。

第二节　林改政策对野生动物及其
栖息地保护的可能影响

　　2008年6月，中共中央、国务院发布了《关于全面推进集体林权制度改革的意见》（以下简称《意见》），成为中国集体林权制度改革从试点到全面推进的分水岭，全面铺开了以林权承包经营为目标的集体林权制度改革。然而，集体林权改革的背后也逐步暴露出一些问题。由于林地承包经营权的趋利本质与森林资源（包括森林、林木、林地以及依托森林、林木、林地生存的野生动物、植物和微生物）的公共产品性质之间存在天然的矛盾，且集体林权改革实行的林地承包经营权的出发点又重在落实林地承包人的经济利益，甚至有人提出：集体林权改革是拿生态去赌博。在以确定权属为核心的集体林权制度改革中，其实质就是将利益进行重新分配。因此，有必要实现保护林业经营者的承包经营权与保护环境与森林资源之间的内在平衡，防止因林权改革引发潜在的生态风险。

一、分类经营的影响与评价

　　按照《意见》，公益林权和商品林权同时参与市场经营与流转，在流转过程中，公益林势必处于劣势而面临诸多问题。

（一）对权利的限制导致经营生态公益林的积极性不高

　　谈到林权，人们首先关心的是拥有权利的大小，其本质是占有利益的大小，而不是森林资源本身。林农因为看到经营商品林的巨大经济效益而显著提高经营商品林的积极性，但对公益林则明显积极性不高。从林农来看经营商品林，生长周期快时间短，而且根据相关政策商品林可以采伐利用和流转，有看得见的经济效益。而相对于商品林的生态公益林，却由于生态林生长周期慢时间长，在砍伐政策上也要求经严格批准后才可以进行抚育和更新性砍伐，其处分权和收益权在一定程度上受到限制的特点，老百姓经营生态公益林的积极性因此明显较低。

（二）管理体制不健全导致生态公益林乱砍滥伐

　　政府作为领导主体应承担建设和保护的责任。但在现实中，政府在对公益林的保护方面往往处于被动局面。再加之护林人员队伍的缺乏，乱砍滥伐的现象会依然存在。

　　林改的基本政策导向是："管住公益林，放活商品林"。林改之后，原本属于集体所有的山场即变成了一个明确的经营主体所有。利益驱使下，林农对待自己的经济林爱护有加，对待公益林即站在旁观者的立场，以致在发生林区火灾时也不管不顾。林改的推行，将必然会导致商品林的砍伐放开，而公益林"不破坏生态功能"之下的砍伐制度在法律上却很难界定。同时，为了获得更多的木材，盗砍盗伐、破坏生态公益林的现象也很普遍。目前，我国大部分林农还是以薪炭为主要生活燃料，但大量种植经济林占用了原本为林农提供生活燃料来源的山地，使得生活燃料提供途径受到严重影响；而在当前我国林农生活水平没有显著提高的情况下，改变生活燃料的设想是不现实的。为更方便地获取生活燃料，偷伐公益林便成为其获取途径之一。这不仅不利于发展经济，对生态环境也是一种得不偿失的行为。

二、商品林自主经营的影响与评价

我国林区大多处于交通不便、信息不畅的地区，且林农的可持续发展理念偏弱。林改后，林农享有林木的收益权、管理权，成为固定经营者，何时砍伐林木、砍伐多少，将由林农自己决定。一般情况下，林农急于收回投资，可能会盲目种植、盲目砍伐，违反自然规律造林，想方设法采伐林木，严重影响森林资源质量，进而可能出现两种情况：

（1）林农片面追求经济利益导致我国集体林区的森林不断向人工化、单一化和低质化方向发展。在林权改革过程中，森林产权被赋予林农之后，林农可能基于利益最大化追求经济利益，用经营农业的思维去经营林业。以培育木材为中心的森林抚育、以工业原料林为主要目标的单一种植、以产量为导向的营林措施以及砍好留差的森林逆向选择，导致我国集体林区的森林不断向人工化、单一化和低质化方向发展。从目前林改进程来看，许多地区为响应林改号召，将许多原来的天然林砍光，以供林农种植经济林，南方的天然林被大面积替换成毛竹、果树、桉树等人工林，出现大量"毁林造林""砍树种树"的情况，天然林数量逐渐下降，人工林比重逐步提高。单纯森林面积的增加、覆盖率的上升并不能带来生态效益的提高，甚至人工纯林对天然林的置换会造成一系列环境问题，这造成森林分布的破碎化，森林生态系统的整体稳定性和防护能力的降低，破坏林区的生态本底。

（2）人工林树种单一是造成野生动物对栖息地丧失的原因之一。集体林权主体资格改革后，使以个人为单位的林农拥有更自由的选择苗木和处置林产品的权利。林农为了追求最大化的经济利益，可能以牺牲长远的利益为代价，即会选择生长周期快时间短的苗木，而较少的选择生长周期慢时间长的苗木，这样以其林木为生长摇篮的植物、动物就逐渐濒于灭亡，森林、林木的生长对野生动物的生存环境有很大的影响。有专家指出，我国野生动物保护面临的最大问题是野生动物栖息地的丧失和人为开发活动的干扰。我国大量的栽培人工林，树种单一，造成生态功能上的不协调，也是对野生动物造成栖息地丧失的原因之一。

三、落实处置权的影响与评价

(一)外来资本介入林改可能损害社会公平和生态效益

林权改革同时带来的是林业资源进一步转化为资金和资本,因此林权改革所带来的经济效益几乎是必然的。而问题的关键还在于,从林权改革的实际操作过程来看,资源转化为资金和资本,基本上依赖于市场机制的引入,大规模的外来资本进入林业领域。在已经从林权改革的几个试点省份典型如福建省的试点中都有以上情况。《林改意见》强调了林权改革中初次分配的公平公正性,即均分到户,同时规定落实处置权,鼓励林地和林木的二次流转,而相当多的地区在初次分配中就进行了招标的形式,把集体林权一次性地过渡到少数人手中,由此造成的分配不均等后果已在《林改意见》出台之时即已表现出来。在允许甚至鼓励二次流转的状况下,林权的集中几乎无法避免,这在事实上改变了30多年来农村社会的基本的生产关系,纠纷和矛盾也日益凸现。外来资本特别是商业造林公司的介入客观上可能提高林业的经营效益,但在信息不对称的情况下,农民利益往往难以得到有效保障。而且规模化的经营,在追求经济利益最大化过程中,生态效益往往被忽略。现实中,一些国外公司(如印尼的金光集团)低价收购山林林权建立木材生产原料基地,将大面积天然林置换成人工经济林。当地农民由于视野的局限和信息的欠缺,无法对外来企业的经营行为做出正确的判断,有些林农直接将林地的经营权出租给一些森工企业或矿山企业,任其破坏森林或破毁林地。林农失去基本资源,生态环境受到破坏,得到的仅仅是廉价的租金和被破坏的森林,由此造成巨大的环境危机。

(二)单一速生林树种破坏了原林区区域内的生物多样性

一些纸业集团基于林农的处置权取得了按其生产需要种植单一的速生林树种的权利,这无疑是对森林生物多样的最大破坏。森林的双重属性,即经济属性和生态属性,决定了森林及其资源在林权改革中的重要作用,纸业集团考虑更多的是经营林木给其带来的经济效益,而较少去考虑生态效益。所以,纸业集团必然种植那些生长周期快的速生林木,而对于政府大力推荐的一些更利于防沙治沙、涵养水源、保护地表植被的树种,纸业集团则可能不予理会,从而增加了森林的生态风险。对取得林地使用权的林区实施一次性的对原生林木的砍伐、炼山、剃光头等开发方式严重的破坏的该林区的生态系统,而大面积种植单一树种的速生林木,更是破坏了原林区区域内的生物多样性,加大了该林区的生态风险。

据有关报道,100万吨纸浆项目落户湖北黄冈、咸宁两地,引发民间持续经年的毁林举报,而昔日用于山地垫肥手段的"炼山"手段,更被怀疑用来作为摧毁原生林的快捷手段。炼山是南方山区农民经营森林的经验之一,它通过清除林地原生植被，能够积累部分原始养分，并且有效防止森林病虫害，对于节约森林更新抚育的成本和提高生产量具有显著意义，是林农植树造林的传统做法。但是，炼山行为也存在一些弊端，例如可能导致的水土流失、破坏林区原有生态系统，易引发森林火灾等。再如，速生林桉树（福建永安多有种植）的利弊争论，已经持续了多年。桉树具有以下生态危害：大面积桉树造林会导致水源缺乏，造成居民生产生活用水困难；桉树施用的化工产品毒性强、毒效长，桉树气体有刺激和毒害；桉树具有排他性，大面积桉树造林会导致林下植被稀少，甚至寸草不长；大面积桉树造林会导致土壤板结、土壤肥力下降、地力衰退现象。公众熟知的案例是2004年前后，印尼APP金光集团进军云南后引发的毁林争议。2004年11月，绿色和平组织发布公告，APP公司在云南澜沧、思茅等地圈地2750万亩，种植单一速生树种桉树的行动已经开始，云南大面积生态林面临严重危机。因此，在市场经济的浪潮中，很多经济价值相对较低、生长周期长的林木可能会逐渐被淘汰，这将影响森林物种的多样性，甚至会破坏森林生态系统平衡。

四、生态公益林补偿问题对野生动物及栖息地保护的影响与评价

（一）生态补偿不到位导致生态公益林的丧失

实行生态公益林保护的唯一途径只有通过有效的生态补偿这一制度来实现。但是，目前我国生态补偿机制的效果受制于生态价值的科技评估能力、生态环境行政法律规制的宽严尺度、区域经济发展不平衡性等生态、经济和社会因素，这必然会导致公益林在参与林权改革的市场竞争中会遇到很多问题。而且在实践中，对于生态林的补偿远远达不到林农抚育的费用，使生态公益林补偿资金不足、生态补偿标准偏低的问题日益严重，这将进一步挫伤了林农经营生态林的积极性。

（二）公益林建设与保护的缺陷是林权改革最突出的问题

公益林的生态补偿制度在林权改革过程中地位十分重要，如果政府部门监管不到位，极易发生林农直接将公益林种换成商品林种以提高竞争力的现象。目前，我国生态公益林补偿还存在一些问题。森林生态效益补偿基金制度于2004年正式建立。近年来，中央财政不断加大森林生态效益补偿基金投入，逐步提高了补偿标准。从2010年起，中央财政依据国家级公益林权属实行不同的补偿标准：对国有的国家级公益林补偿标准为每年每亩5元；对属集体和个人所有的国家级公益林补偿标准从原来的每年每亩5元提高到每年每亩10元。2013年，中央财政进一步将属集体和个人所有的国家级公益林补偿标准提高到每年每亩15元。然而，与此同时，荒山林地租金每亩却达到了20～30元，公益林与商品林的效益相比，相差甚大，补偿金甚至不够保护公益林的成本，导致林农在公益

方面合法收益微不足道，甚至是无利可图。因此，这就很容易导致盗伐公益林等破坏行为的产生，直接导致了公益林的丧失。另外，一般公益林补偿缺位也导致了大量公益林的丧失。在我国，一般公益林的分布面积要比国家级公益林大很多。但是，在现行生态补偿体制中，一般公益林的种植是没有补偿的，因而林农一旦分得一般公益林，势必会影响到林农对种植和保护一般公益林的积极性。因此，法律或政策上需要对一般公益林的补偿做一些硬性规定。

第三节　林改政策与野生动物栖息地保护法律的冲突与空缺

　　任何一种自然资源都是其他自然资源存在的物质基础或前提。在整个自然生态系统中，各种自然资源是共生共存的，各种自然资源的功能则是相互影响、相互制约的、相互促进的，一种自然资源的变化会引起另一种或几种自然资源的变化。森林为野生动物提供栖息地，森林的减少必然对野生动物生存环境产生影响。自然资源的整体性要求我们必须用整体和系统的观念看待自然资源，在相关的法律规范设计上也应该有整体性，并以此为基础，推动自然资源立法的体系化发展。集体林权制度改革作为一种新兴政策改革，是中国林业生产力发展的一次质的飞跃。在集体林权制度改革过程中应该从整体和系统的角度开展，确保野生动物及其栖息地的持续发展。

　　集体林权制度改革放活了林地的经营权，实行商品林、公益林分类经营管理，依法把立地条件好、采伐和经营利用不会对生态平衡和生物多样性造成危害区域的森林和林木，划定为商品林；把生态区位重要或生态脆弱区域的森林和林木，划定为公益林。对商品林，农民可依法自主决定经营方向和经营模式，生产的木材自主销售。对公益林，在不破坏生态功能的前提下，可依法合理利用林地资源，开发林下种养业，利用森林景观发展森林旅游业等。集体林权制度改革在营造林投入与森林资源经营管理等方面充分调动了林地人们的积极性。但同时集体林权制度改革与野生动物栖息地保护政策之间必然会存在一定的空缺与冲突，导致野生动物及其栖息地的保护风险增大。根据研究表明，在集体林改实施后，为了追逐利益，一部分原始林地遭到砍伐和破坏，这给野生动物的栖息地和生态环境的稳定带来强大的冲击。因此，集体林权改革所带来的山林资源重组，不仅意味着农村生产关系的变革，而且也意味着林权所有人与野生动物资源权关系的变化。这些亟待破题的新命题，需要通过进一步的改革和野生动物保护法律制度的完善来加以解答。

一、林权制度改革对野生动物栖息地的破碎化影响

林权制度改革可能引起的森林人工化、单一化倾向，在某种程度上是减少了野生动物原适宜栖息地的面积，增加了剩余栖息地斑块之间的隔离，进一步加剧野生动物栖息地破碎化（habitat fragmentation），进而给野生动物的生存与繁衍带来严重的威胁。栖息地破碎化是指在自然干扰或人为活动的影响下，大面积连续分布的栖息地被分隔成小面积不连续的栖息地斑块的过程。这种干扰可以形成多种空间格局，从栖息地被小范围的中断到残余斑块在已经转变了的基质（matrix）中的零星散布，都属于栖息地破碎化。因此，栖息地破碎化既可以理解为栖息地斑块的空间格局，也可以理解为产生这种空间格局的过程。最初的栖息地破碎化概念既包括原栖息地面积的丧失也包括栖息地空间格局的动态变化。近年来，多数学者主张将栖息地丧失与空间格局的变化这两个概念分开，主要原因是栖息地丧失与空间格局变化的物理结果不一样，并且二者对野生动物的生态学效应存在着一定的差异，栖息地破碎化概念用于特指栖息地空间格局的改变。

生物学家和生态学家普遍认为栖息地破碎化有各种各样的消极后果。栖息地破碎化除了缩小原有栖息地的总面积外，栖息地斑块的面积也会逐渐减少，造成栖息地斑块广泛分离，临近边缘的栖息地比例增加，边缘也会变得越来越分明。由于面积效应的作用，致使野生动物的种群数量减少，最终导致某些种类在小面积的斑块中消失，同时还可增加栖息地斑块中种群对干扰的敏感性。由于栖息地斑块的孤立和隔离，致使局部灭绝后的种群重建变得缓慢。有些物种如大型捕食者对这些效应的高度敏感性会导致物种多样性的减少和群落结构的变化。由于边缘效应的作用，残余森林斑块内的种群和群落动态受捕食、寄生和物理干扰等因素的控制。另外，这些变化通常伴随着潜在的间接效应。例如，栖息地破碎化如果影响了昆虫的分布和丰富度，食虫鸟的资源基础就会发生改变。如果大型捕食动物减少，小型食草动物的丰富度就会增加，增加了对植物的破坏力，从而改变了野生动物的栖息地结构。

栖息地破碎化是许多物种濒危和绝灭的重要原因。据估计，在现已确定绝灭原因的64种哺乳动物和53种鸟中，由于栖息地丧失和破碎化引起19种和20种绝灭，分别占30%和38%。因生境丧失和破碎化而受到绝灭威胁的物种比例则更高，在哺乳动物和鸟中约占48%和49%，在两栖动物中则高达64%。

在破碎化的栖息地中，由于原有栖息地被分割成若干栖息地斑块，斑块周围被非适宜生境所包围，野生动物种群受到隔离效应的影响，物种正常的迁移、扩散和建群受到限制。隔离的时间、斑块间的距离和斑块间的通透性均会影响到野生动物的生存。在栖息地破碎化初期，由于野生动物对某一地段的习惯，有些个

体对破碎化效应不会立即做出反应，即可能存在时滞，这会影响隔离效应的出现。在这个时期，栖息地斑块内的物种数可能超出其容纳量，超出的部分将会随着破碎化效应的逐步体现而消失。长期的隔离和孤立，栖息地斑块内的种群会增加近亲繁殖和遗传漂变的概率，种群的遗传多样性下降，进而影响到物种的存活和进化潜力。

野生动物生态廊道是沟通自然保护区及其他野生动物栖息地的桥梁，是野生动物栖息、繁衍的关键区域。加强野生动物廊道建设能够有效减轻栖息地破碎化程度。但是长期以来受经济社会发展的影响，国家针对野生动物生态廊道区域并没有特殊的生态补偿政策，导致野生动物生态廊道建设难度增大，林区居民可能受利益驱动造成野生动物栖息地丧失或破坏。集体林权制度改革中应该明确规定对野生动物栖息地保护，保护野生动物生态廊道，尽量避免造成野生动物栖息地破碎化，增加野生动物破碎化应急措施，从而保障生物多样性。

二、野生动物栖息地统一管理难度加大

集体林权制度改革无论是采取将商品林分到户、公益林均到股的方式，还是采用商品林均股或公益林分山到户的方式，都拓展了林权权利人参与林地管理与经营渠道的主动性。但从野生动物自然保护区及其栖息地的总体发展与保护的角度分析，会导致统一管理难度加大，而应有统一的组织管理才能基本保障栖息地持续健康发展。一般地，野生动物栖息地区域经济社会发展水平相对较低，当地政府及居民决策野生动物保护与经济发展关系时，在利益驱使下不可避免地会选择有利于经济发展的举措。很多野生动物栖息地在集体林权制度改革中分股或分山到户，甚至有些野生动物的栖息地在森林分类区划中划为商品林。这样就加大了野生动物栖息地保护管理难度的负面效应。因此要统一协调好跨市（州）、跨县（市、区）野生动物栖息地及区内集体林统一经营管理问题。

三、野生动物栖息地受人为干扰增大

集体林权制度改革后，林权权利人关心、关注程度增加的同时，林地受到区内人为活动干扰的程度必将增加。人为活动干扰可能来自林业生产经营活动，也可能来自基础设施建设。林业生产活动相对周期短、规模小、影响范围不大，对栖息地内野生动物活动行为的影响可能相对较小；而基础设施建设项目的干扰影响则相对较大。林地分权到户后，林权所有者可能利用林区良好的生态环境快速发展生态旅游等活动，同时开展道路、电力等基础设施建设，这些人为活动和建设将造成野生动物惊吓、栖息地被压缩、活动范围缩小等不利、长期且不可逆转的影响。随着社会经济的日益繁荣和快速发展，林农生产生活以及依赖于集体林

资源的价值取向越来越强烈，对野生动物栖息地的破坏以及对野生动物个体行为的影响日益严重。地方林业主管部门要进一步加强领导，处理好集体林地所有者和使用者之间的关系，正确处理林地私有权与野生动物公共财产资源（公有制）之间的冲突，切实加强对野生动物及其栖息地的保护管理工作，确保栖息地的生态功能不因无序开发遭到破坏，并制定相关政策采取相应措施，使野生动物栖息地得到保护和恢复。

集体林权制度应当加强公益林管理，探索公益林保护利用新机制。林权制度改革后，公益林的管护面临着新的挑战，而公益林是野生动物重要栖息地，因此必须积极创新公益林保护和合理利用的新机制，逐步缓解公益林区群众生产生活与野生动物栖息地保护之间的矛盾；加强引导并鼓励群众发展林下种植业和养殖业，形成以规范化的林业发展基地、综合林产品生产和生态旅游等为主的产业框架结构；建立林地利用林产品生产和野生动物保护之间和谐的流通体系，构建完善的法律制度，推动林地合理利用与野生动物栖息地保护地协调发展；根据生态区位的重要性，对生态公益林实行分区分类管理，注重对野生动物的保护。同时，切实有效地落实公益林补偿制度，鼓励并支持有条件的地方，按照"政府为主负责，受益者合理负担"的原则，从饮用水、水电和旅游门票等收入中划出一定比例用于野生动物保护，同时政府应当弥补被划为生态公益林后给林权人造成的损失。

实现集体林权改革与野生动物保护的协调发展，需要通过宣传教育使人们树立起保护野生动物的守法意识。公众参与是野生动物保护的社会基础，野生动物是人类的朋友，人们应当以文明的方式对待自己的朋友。残害野生动物不符合人类文明的主题，更不符合生态文明和先进生态伦理的要求。我国应明确鼓励非政府组织参与野生动物保护，大力提倡建立民间野生动物的保护组织，放宽野生动物福利社团的建立要求和条件，提高法律舆论支持。同时，也应当建立起完善的宣传教育配套制度措施提高林区居民的守法意识和野生动物保护意识，广泛地进行宣传教育，强化环保国策意识和生态文明意识，扭转一些居民潜意识里非科学的观念，使林权权利人自觉保护野生动物，从而更有效地约束公众破坏野生动物资源的行为。在集体林权制度改革中应该避免走向博弈的极端，做到经济发展与野生动物保护相协调，我国野生动物保护法律体系应该承担保证野生动物最低生存底线的责任，即野生动物种群健康发展时所需的数量与质量，以实现生物多样性，保障人类社会长期可持续发展。

第四节　野生动物及栖息地保护对林改相关法规政策的要求

林权改革赋予林农相对完整的权利，无疑是重大的突破，但林改过程中也产生较大的负面后果，特别是可能造成生态环境的破坏。林权改革给森林资源保护法律研究提供了新的视角，森林资源保护是一项长期艰巨的任务，因而更加需要一个稳定的法律法规体系加以维持。林权改革现在由国家作为一项政策加以推广，与法律规定相比，政策具有一时的功利性和短见性，对森林资源可能存在一定的威胁，这就更加需要通过对森林资源保护法律的完善来进行纠正。纠正问题的同时，也是对林权改革本身的完善。林权改革与森林资源保护之间，相互依赖，相互制约，两者之间应该平行并进。

一、完善现有野生动物及栖息地保护法律

（一）扩大野生动物保护范围并更新受保护野生动物名录

首先，在我国，有些物种的利用已超出了可承受限度而面临枯竭甚至物种濒危，需要抢救性保护；然而，一方面由于我国野生动物资源多数物种并不具备直接作为经济资源的条件，因而必须将野外资源主要作为生态资源对待，实行普遍保护；另一方面，从生态系统内部生态因子相互联系、相互影响的角度出发，野生动植物保护工作也应逐步实现由重点物种的抢救性保护向所有物种的全面保护转变，由物种的抢救性保护向预防性保护转变，保护的途径应以物种途径转向生态系统途径。据此，我国的野生动植物保护法律应把对野生动植物保护的范围扩大到目前不属于保护范围的一般野生物种，取消现行法中对野生动植物"珍贵、濒危"、"有益或有重要经济、科学研究价值"的限定性规定，实行普遍保护原则。

其次，我国《国家重点保护野生动物名录》批准于1988年。20多年来，一些从前没有灭绝危险的动物有可能已经濒临灭绝，而另一些曾经濒临灭绝的动物却由于保护措施的采取或人工繁殖的发展种群数量得到了持续增长，因此需要在科学调查野生动物资源的基础上对国家重点保护野生动物名录进行及时调整。同时在修订《名录》时，可以参考一些国家保护野生动物的通行做法和立法经验，参照我国加入的有关国际公约。例如，我国在1980年加入的《濒危野生动植物种国际贸易公约》将其管辖的物种分为三类，列入三个附录中，附录Ⅰ、Ⅱ、Ⅲ每年都有变化，我国的《国家重点保护野生动物名录》也应定期或不定期进行调整。

（二）加大野生动物及其生存环境保护

针对野生动物栖息地破碎化的现状，首先应在我国的《环境保护法》中规定栖息地或生境的定义以及保护原则，其次在我国的《土地管理法》《森林法》《草原法》以及《野生动物保护法》中都应明确土地利用规划中的栖息地保护，将栖息地保护作为土地利用规划必须考虑的因素之一。如在《森林法》加入对生物多样性保护的规定，从而对栖息地的保护，严格制定森林土地的利用规划，而不仅仅规定森林林木的砍伐和使用。此外，对栖息地的保护还应从程序上进行，在需要保护的特定的环境领域特别是自然保护区域获得土地利用许可应提交环境影响评价。我国《环境影响评价法》主要是从程序上对规划和建设项目对环境造成的影响进行预防，但对社会和公众的监督机制规定的不多，虽然在第五条和第二十一条规定了公众适当参与以及举行听证会，但对于公众参与听证会的具体途径、参与权利的保障以及公众意见在听证意见所占比例的问题都没有涉及，因此需在以后的立法中加以改进。

二、完善林权改革政策的新要求

（一）建立生物多样性保护机制

我国生物多样性存在比较丰富，特别是森林生物多样保护价值较高，而有森林的地方往往是经济发展比较落后，当地政府为了发展不得不依靠本地的森林资源来招商引资，特别是在林权改革后，投资林业经济掀起了一股热潮。林区生物多样性保护本身的特殊性需要法律给予特殊关注。与其他相关环境问题的直观性、经济性不同，林区生物多样性的丧失不仅仅是给人们带来美观上的丧失，更严重的是生态失衡，有引发森林生态风险的可能。林区生物多样性丧失造成的危害具有潜伏期，而且危害结果往往以间接的形式表现出来，如对原始林区的一次性采伐，对林区地表植被及林业生物资源都是毁灭性的破坏。

当然，完全剥夺林地区域政府发展经济的权利也是不合理的，健全林区生物多样性保护与林业经济发展综合决策机制就是要求政府在决策中解决或者缓解生物多样性保护与经济发展的矛盾。生物多样性保护与经济发展的综合决策机制的具体设计应当包括法律监督机制、法律倡导机制和法律责任机制。法律倡导机制是将生物多样性保护与经济发展综合决策以法律的形式予以明确的规定，并做出相应的易于操作的程序性规定；而法律监督机制和法律责任机制则为综合决策机制提供相应的程序与归责保障，从而保证林区生物多样性保护决策的合法、合理与科学的实施。

（二）规范权属的取得和行使方式

我国在野生动物保护中已经建立了国有所有制度。《野生动物保护法》第三条规定，"野生动物资源属于国家所有"。《森林法》第三条规定，"森林资源属于国家所有，由法律规定属于集体所有的除外"。根据有关法律规定，国家所有的财产即全民所有，它神圣不可侵犯，禁止任何组织或个人侵占、哄抢、私分、截留和破坏。因此，应以林权制度改革为契机，进一步明确林地及其产品的各种权属关系，明晰所有权、使用权和经营权之间的界限，规范林地流转机制。

林权的取得、行使和转让都要受到限制，在规制与赋权之间取得平衡，以保障在经济效能发挥的同时，生态社会利益得到维护。首先，要明确林权的取得方式，对外来资本介入林权改革进行规制，建立统一的审查程序和模式，对造林公司、纸浆企业介入林权改革实行严格的审查制度，进行环境影响评价，并保障林区农民等利益相关者的有效参与。其次，要加强对林权流通的监管，防止在信息不对称的情况下，森林资源通过流转向少数人集中，使林农失去基本的生产和生活基础，破坏林改的公平性。第三，对林权经营方式进行规范，对于承包的天然林，严格限制经营方式，禁止"毁林种树"造成的人工林替换的情形。

（三）建立合理的生态补偿制度

对于生态公益林的保护，生态补偿是异常重要且切实可行的途径。但在具体实施中，各地政府应当按照本地的实际情况制定合理的补偿对策。在制定补偿标准方面，应该建立和完善制定生态公益林补偿标准的程序，让受补偿者也能参与到标准的制定中来，保障林农的知情权；在补偿等级方面，应当根据资源保护的特殊法则，根据区位的重要性、林木的生长等级，制定各类林木的具体补偿标准；在补偿方式上，可以通过多种方式进行，因地制宜，因时制宜，尽可能提高林农的补偿效益。

（四）制定利于野生动物及其栖息地保护的森林可持续经营政策

完善和制定基于野生动物及栖息地保护的森林可持续经营技术政策。鼓励改进传统的野生动物资源利用措施，发展生态环境友好型的经营技术；加快珍稀野生动物资源的人工培育和利用；及时编制基于野生动物及其栖息地保护的自然资源可持续经营标准和规划。

（五）推进野生动物栖息地（林地）的分类经营管理

首先要将野生动物及其栖息地保护作为林权改革政策制度实施与评价的重要指标之一。其次，对于位于生态公益林范围或国家重点保护野生动物栖息地，要在对生态影响进行预评估的基础上，合理进行林地经营管理活动。再次，对于我国特产且分布范围极为狭窄的野生动植物栖息地，其现存栖息地范围应严格排除生产经营性的集体林权改革活动，而是尽量采用征用、租赁、赎买等方式进行有效保护。最后，要科学调整涉及野生动植物及栖息地保护的自然保护区面积。

（六）建立集体林权改革生态影响监测体系

我国现有政策法规建立野生动植物及其栖息环境生态影响监测制度。《野生动物保护法》第十一条规定，"各级野生动物行政主管部门应当监视、监测环境对野生动物的影响。由于环境影响对野生动物造成危害时，野生动物行政主管部门应当会同有关部门进行调查处理"；第十二条明确"建设项目对国家或者地方重点保护野生动物的生存环境产生不利影响的，建设单位应当提交环境影响报告书；环境保护部门在审批时，应当征求同级野生动物行政主管部门的意见"。集体林权改革及伴其而来的相关森林经营管理活动，可能会对野生动物及其栖息地带来影响，因此应科学建立生态影响监测体系，及时预防和遏制其不利影响。

（七）建立野生动物及栖息地保护的社区参与机制

首先，充分尊重和保护少数民族地区的文化传统，为周边社区的经济发展留下足够空间，加强冲突管理。让社区参与到野生动物及栖息地保护和管理的决策、实施、监督、调整和收益分享中，协调社区与政府之间的关系，扩大社区参与程度。

其次，完善保障政策。国家要以法律法规的形式规定政府在野生动植物及栖息地保护规划、自然保护区建立以及生物资源开发项目决策过程中的公众参与，形成公众参与的制度。在县级层面建立社区参与机制，建立健全各种规章制度，并由乡或村落实，由村民自发组织建立巡护管理队伍，县和乡管理部门联合出台相关条例，为村民自发保护野生动植物及栖息地提供支撑。同时，应建立科学的生态补偿制度，既要积极开展科学研究，评估野生动植物及其栖息地的经济价值，为生态补偿提供科学依据；也要在对野生动植物及其栖息地价值进行科学评估的基础上，因地、因时制宜制定补偿标准。

第 **4** 章

林权改革对野生动物及其栖息地
影响的案例研究

第一节 人工林与野生动物及其栖息地保护

全球人工林面积在持续增加，预计将从 1995 年的 1.24 亿 hm^2 增加到 2050 年的 2.34 亿 hm^2。虽然我国天然林面积和蓄积均远高于人工林，但我国人工林面积持续增长，每年造林面积持续增大。我国人工林面积约为 6200 万 hm^2，位居世界第一，也是全球人工林面积增长最快的国家。同时，我国集体林权改革中，林农可能会因经济利益而大面积种植单一的人工林，集体林区森林因而也在不断向人工化、单一化和低质化方向发展。这意味着可用于建立保护地的面积将日益减少；这些人工林取代了一部分现有森林，给依赖于现有森林生态系统栖息的野生动物及其栖息地带来一定的影响。

正确认识人工林在生物多样性保护中的作用，将有助于充分发挥人工林这一巨大资源在我国生物多样性保护方面的作用，也将有助于我国林业政策的制定，确保我国人工林快速、健康发展。近些年来人们在人工林经济效益的基础上日益重视其生态效益，探讨其在生物多样性保护中的作用，并将其作为现有保护地系统的有益补充，这就既需要研究现有森林经营方式对野生动物的影响，更需发展与之相适应的人工林管理措施。

一、人工林中野生动物多样性

植物群落组成的变化可影响不同习性动物的种类组成以及其相对密度和种间关系等，进而决定和影响动物的群落结构。虽然所有森林均具有促进生物多样性保护的潜力，但对人工林在生物多样性保护中的潜在作用仍然存在争论。一种观点认为人工林不利于生物多样性保护，甚至对人工林在生物多样性保护中的作用持否定的态度。这种观点认为以木材生产为主、采用集约化经营方式营造的由非乡土树种组成的人工林可能不利于多数野生动物类群的生存，例如有研究表明人工纯林中鸟类的多样性较天然林或半天然林低；在人工云杉（*Picea asperata*）林中步甲科的多样性和丰富度也较低。而另一种观点则认为，人工林作为陆生森林生态系统的重要组成部分，在生物多样性保护中起着重要作用，是天然林的重要补充。例如新西兰的人工林在物种多样性保护、濒危物种保护、退化立地生物多样性保护方面都具有积极意义。很多研究也表明，人工林在其发育早期可以加速退化立地上天然林的恢复进程，且对林分下层微气候环境、植被结构复杂性和枯枝落叶层发育均有影响。

二、人工林与野生动物栖息地和行为

人工林能对野生动物的栖息地选择（如巢址选择）与领域行为产生影响。野生动物对人工林的相对利用受多种因素的影响，包括栖息地片段化、人工林的相对位置与面积、人工林内部的景观特征及临近区域状况、林分内植物物种组成、林分年龄以及是否存在原有林分等。有研究表明，人工林内如果残留有小块天然林或原有林分，则将明显提高人工林对野生动物的吸引力。

有研究也表明，某些鸟类也可以在人工林栖息地中健康生存，尤其是某些雉类。鸟类群落的复杂性与栖息地类型密切相关，人工林林分结构单一，但在广大退化的生态系统及农田生态系统中，大面积人工林的存在，起着"森林岛"的作用，成为鸟类栖息的重要栖息地之一，对鸟类的保护起着积极作用。例如，在湖北省仙居顶林场，人工杉木林是该地区白冠长尾雉活动区及核域内的主要栖息地类型，同时也是春夏季雄性白冠长尾雉偏好的栖息地类型，且不同栖息地类型的植被结构可能是影响白冠长尾雉栖息地利用的主导因子。在浙江乌岩岭国家级自然保护区的3块典型针叶林样地的研究结果显示，择伐及补植以后群落更新加快，生物多样性大幅提高，黄腹角雉（*Tragopan caboti*）在试验区活动频率增加。这说明采用人工林分改造促进自然更新的方式可以加快针叶林向常绿阔叶林植被的演替，有利于黄腹角雉栖息地恢复重建。韩国有关无线电遥测结果显示，在栖息地选择的活动区尺度上，温带森林中花尾榛鸡（*Bonasia bonasia*）的活动区在原生落叶林和人工针叶林的面积最大，其次是针阔混交林、人工落叶林等，原生落叶林和人工针叶林对花尾榛鸡的保护起到了积极的作用。

同时，野生动物对人工林的利用还受自身特性的影响，如地面营巢或靠近地面营巢的鸟类可以更好地适应人工林。人工林也能影响野生动物特别是野生鸟类的营巢成功率和繁殖力，如因人工林增加而引起的片段化给鸟类营巢成功率和繁殖力带来了威胁：边缘地带中，巢捕食率会增加但营巢及繁殖成功率则降低。Lindell 和 Smith（2003）在哥斯达黎加对 39 种鸟类的调查发现 60% 的地上巢位于咖啡林中，其成功率要高于其他树种，且有些鸟类在咖啡林中的繁殖成功率也较高。因此，咖啡林也是某些鸟类良好的繁殖栖息地，而咖啡林中的某些附生植物则是牙买加歌雀(*Euphonia spp.*)能否在其中繁殖的关键因素。

人工林还可以作为某些野生动物在繁殖期的扩散通道。Cohen 和 Lindell (2004)利用无线电遥测在哥斯达黎加南部对白喉知更鸟(*Turdus ciossimilis*)进行的监测，表明白喉知更鸟的巢在林缘的密度较高，幼鸟则会在林缘和森林内部往返活动，其中一些幼鸟会在进入森林内部之前移动到咖啡林内。因此，咖啡林在该地区可能是草地上繁殖鸟类的扩散通道。但当前关于这方面的研究缺少对鸟类在人工林中扩散行为的直接监测。

四、人工林经营管理与野生动物及其栖息地保护

由于人工林中人类活动对自然环境的干预加强，尤其是对生物栖息地的破坏，使其丧失或片断化。栖息地片段化改变了原有栖息地的自然属性，使连续的栖息地断裂，形成面积不等的斑块，使物的种群隔离程度增加。例如，在海南省鹦哥岭自然保护区，由于其内部人工林的种植使天然林破碎化而产生的林缘与天然林林缘不同，鸟类多样性较低。这与人工林林龄较小，人类干扰等因素有关。人工林轮伐期短，树种很难达到自然成熟，一些物种由于扩散所需时间短于轮伐期，或所要求的栖息地在人工林的一个轮伐期内难于形成(如鸟类营巢的树洞等)，使物种难以定居。例如，在1.5km片段化的森林中，由于林木成熟度发生了很大变化，导致了黑榛鸡的种群数量下降。

人工林中的人为干扰活动，例如采伐、抚育、引进草本及天敌、设置人工鸟巢等，不仅有可能影响其林内生物多样性及物种分布格局，也有可能会改变野生动物的种群密度等参数。例如在斯威士兰草地改林地的过程中，在原来长期用于饲养绵羊的草地上，营造由外来的杉木树种组成的人工林，通过合理的营造和保护，使一些野生动物种数量得以提高，欧洲羚羊、豹子和其他哺乳动物种相当常见，并且指出营造混交林有利于增加物种多样性，但在此过程中要特别注意树种的搭配组成，有些混交林对某些物种特别是某些动物是有害的。再如，在不列颠岛，在松林中引种栎树会对松林内的红松鼠造成致命伤害，因为外来的灰松鼠在针阔混交林中更容易生存，而当地的乡土松鼠、红松鼠不能和外来的灰松鼠共存，势必会引起种间斗争，对红松鼠种群造成不利影响。因此，在人工林经营的营林过程中，应综合物种多样性保护需求和人工林经营需求，制定科学有效的管理策略，发挥人工林在生物多样性保护中的价值。

我国以野生动物为例，调查人工林对生物多样性保护的影响已经取得了部分成果，对区域人工林经营具有借鉴意义。例如：张晶虹在《人工林中啮齿动物对蒙古栎种群更新的影响》一文中以啮齿动物为研究对象，分别调查了胡桃楸(*Jug-*

lans mandshurica)林、樟子松(*Pinus sylvestris*)林、水曲柳(*Fraxinus mandschurica*)林和白桦(*Betula platyphylla*)林中蒙古栎(*Quercus mongolica*)种子库的现状和啮齿动物对蒙古栎种子的捕食和搬运结果。研究结果证明，人工林内啮齿动物的分布在不同林型中存在差异，并且啮齿动物的存在，对蒙古栎林的构建存在重要作用。钟杰在《神农架地区不同人工林小型哺乳动物多样性》一文中对神农架地区华山松(*Pinus armandii*)、日本落叶松(*Larix kaempferi*)人工林和次生林、原始林中的小型哺乳动物群落多样性进行对比研究，结果显示不同林型中小型哺乳动物的种群构成、相对密度、物种丰富度、多样性指数均存在差异，不同人工林栖息地可为林内小型哺乳动物提供具有差异性的食物资源和栖息地条件，人工林生态系统的健康状况较低，但对生态系统恢复仍然具有十分重要的意义，建议在人工林种植过程中考虑加大乡土树种种植力度，营造针阔混交林，在提高植被多样性的基础上，为野生动物群落提供更加丰富的食物资源和栖息换将，促进森林生态系统的健康发展。李永昌在《哀牢山国家级自然保护区黑长臂猿栖息地森林群落结构研究》一文中根据黑长臂猿(*Hylobates concolor*)的分布情况，对云南哀牢山国家级自然保护区森林栖息地黑长臂猿栖息地状况进行了调查，结果显示，黑长臂猿活动的森林栖息地中，各群落多处于顶极群落状态，生态较为脆弱，一旦遭到破坏，恢复的可能性极小。保护区边缘由于人为干扰使得栖息地片断化，对黑长臂猿生存影响较大。因此，要全面严格地保护好现存的中山湿性常绿阔叶林。另外，在恢复已破坏了的栖息地时，应根据待恢复地域的海拔、地形、坡向等情况，按接近自然的群落结构进行人工促进天然更新，切忌大面积进行纯林造林，尤其是要避免大面积地造针叶纯林。只有通过封山育林和人工促进天然更新恢复的植被，才能起到过渡性作用和生态走廊作用。

　　基于对人工林中野生动物生态方面的综合分析，Lindenmayer 和 Hobbs(2004)提出开展人工林中野生动物保护工作，应该重点关注景观水平、林分水平及人工林管理等方面的问题，并提出了人工林中野生动物保护工作的三大原则：在景观水平上，要关注的是人工林中是否残留有原有自然栖息地、周边是否存在自然栖息地等；在林分水平上要关注人工林林分年龄及是否残存原有林分等；在人工林管理方面，要关注林业生产与保护之间的利弊权衡、栖息地及景观恢复以及害虫等因素。开展集体林权制度改革，通过明晰产权、放活经营、规范流转，激发了广大林农和各种社会力量投身林业建设的积极性，解放和发展了林业生产力，实现了经济社会的持续健康发展。但是在集体林权改革制度推行之后，林农常面对经济收益和生态收益的艰难选择，找到人工林经营过程中经济效益和生态效益的利益平衡点，有必要采取科学有效的方法和措施评估不同人工林经营模式对林内物种多样性的影响。

第二节   目标物种选取

一、两栖动物

两栖动物在地球上分布广泛，并且与自然环境中的各生态因子关系密切，对环境变化十分敏感。首先，由于两栖动物是由水生到陆生生物的过渡群体，成体在水中产卵，幼体在水中生存，因此两栖动物的栖息地需要适当的水体环境，且要保证水体资源洁净；其次，由于两栖动物皮肤通透性高，保温能力和保水能力都较差，具有昼伏夜出的特性，且白天多隐匿在杂草、土砾等遮蔽物下，夜晚出来活动、觅食，因此两栖动物栖息地需要具备丰富的植被资源，为两栖动物提供适宜的觅食、隐蔽空间；另外，由于两栖动物对环境变化十分敏感，且个体较小，活动范围易受人为活动干扰，迁徙能力差，容易受人为活动干扰而发生个体死亡或种群灭绝。总体上，两栖动物在繁殖、越冬期间对环境变化十分敏感，在此期间对栖息地环境质量要求较高。具体表现在：

（1）繁殖期：我国在蛤什蟆（*Rana chensinensis*）的人工养殖过程中发现，蛤什蟆幼体由于活动能力弱及捕食、耐寒能力较差，为保证蛤什蟆幼体具有丰富的食物来源且保持较低的死亡率，人工养殖过程中要求养殖场周围具有较高的植被覆盖率和密度；并且在成蛙的繁殖、活动区，应避免人为频繁的进行采伐、放牧等活动，减少成蛙的死亡和迁徙；对棘胸蛙（*Quasipaa spinosa*）仿生态繁殖研究的过程中（严清华，2005）也发现，为了使棘胸蛙种群有一个健康的繁殖场所，繁殖过程不受外界影响，要求棘胸蛙的繁殖场所植被茂盛，人为干扰少，并且昆虫资源丰富。

两栖动物生活史大致可以分为卵、蝌蚪和成体三个阶段。其中卵的孵化和蝌蚪的发育必须在水中完成。因此，两栖动物繁殖地的水体质量及水陆交汇地带环境质量对两栖动物的繁殖有直接影响（李成等，2008）。有些两栖动物为降低卵被捕食动物捕食的风险，将卵产在树上或陆地上。如我国四川省峨眉树蛙（*Rhacophorus omeimontis*）和大树蛙（*Rhacophus dennysi*）为避免幼卵被天敌捕食，将卵泡产在靠近水域的乔木或灌丛上（李成等，2005）。因此，保护森林水域环境及水域周围环境安全对保护两栖动物繁殖过程十分重要。

（2）越冬期：冬季气温下降，为抵御食物匮乏、应对寒冷天气对身体机能造成的影响、躲避天敌，两栖动物一般要进行冬眠。冬眠可在水中进行也可在陆地上进行，在陆地上越冬同样需要越冬场所具有丰富的植被资源以及隐蔽的环境，如土洞、瓦砾和其他隐蔽的地下场所。越冬地植被资源越丰富，越能为两栖动物越冬提供较为适宜的越冬环境。如泽陆蛙(*Fejervarya multistriata*)冬眠地点多在水渠、池塘边或者河边(王晶琳等，2006)等植被资源和水资源较为丰富的区域。

综上所述，可以通过对两栖动物健康状况和种群现状的研究评估两栖动物所在地的环境健康状况。

二、雉类及白冠长尾雉

我国是世界上雉类最为丰富的国家，目前已经记录到野生鸡类 2 科 63 种，包括松鸡科 8 种、雉科 55 种(郑光美，2002)，分别占世界总数的 47.06% 和 34.59%，包括 19 个特有种，并且有大量濒危物种(郑光美，王岐山，1998)。栖息地破坏、栖息地丧失、栖息地片断化以及人为干扰是导致雉类濒危的主要因素(张正旺等，2003)。另一方面，雉类是重要的林下鸟类和留鸟，而人工林对于林下鸟类的影响可能最大(Vergara and Simonetti，2006)。

白冠长尾雉隶属于鸡形目雉科长尾雉属，为中国特产雉类(Cheng，1978；1987)。历史上，白冠长尾雉曾广泛分布于我国的中部和北部山区。20 世纪 70 年代以来的野外调查则显示，白冠长尾雉的分布区已大为缩小，仅见于我国的河南、安徽、湖北、湖南、陕西、四川以及贵州等地。周春发等 2011～2012 年的调查(Zhou et al.，2014)结果则表明，我国很多原有白冠长尾雉分布的地点，在野外均没有白冠长尾雉活动的痕迹(图 4-1)，且发现非法捕猎、栖息地丧失和意外毒杀是威胁白冠长尾雉生存的 3 个主要原因。如今，白冠长尾雉已被列为我国国家 II 级重点保护野生动物和世界易危物种(IUCN，2010)。

为了保护白冠长尾雉，从 20 世纪 80 年代开始，我国先后在安徽、河南、湖北等大别山地区建立了若干国家级自然保护区和十几个省级自然保护区。到目前为止，白冠长尾雉很多种群都已经纳入自然保护区范围得到了保护，但仍然有一部分种群个体生活在保护区之外(Xu et al.，2007)。对自然保护区内白冠长尾雉的研究已经受到人们较长时间的关注，但人们很少关注到自然保护区外的白冠长尾雉种群个体生活情况，而对这一部分个的进行研究，将对生物多样性的保护和延续提供更加多样的方式，也将有助于加深对鸟类空间利用行为的了解，从而制定出适宜的栖息地保护措施(康明江，郑光美，2007)。

迄今有关白冠长尾雉栖息地方面已经有过一些研究(吴至康，1979；胡小龙，王岐山，1981；李筑眉等，1988；方成良，丁玉华，1997)，尤其是近些年来，由于研究技术的发展，白冠长尾雉栖息地研究取得了一些重要突破(孙全辉等，2001；孙全辉等，2002；徐基良等，2002；孙全辉等，2003；徐基良等，2005；徐基良等，2006；Xu et al.，2007)。这些资料为本研究的开展奠定了扎实的基础。

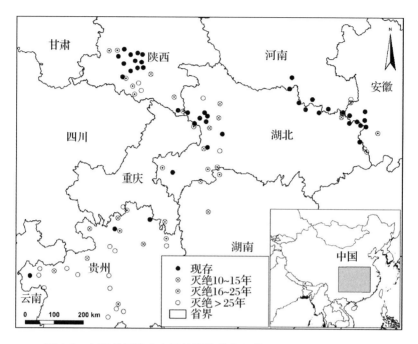

图 4-1　白冠长尾雉在中国的野外分布现状(Zhou et al. , 2014)

第三节　人工林经营方式对两栖动物的影响

　　福建省是我国人工林分布大省，同时也是杉木的中心产区之一，省内杉木人工林面积占全国人工林面积的比例达 7.24%，蓄积量达 5.49%。省内现有两栖动物 46 种，隶属于 2 目 9 科 18 属，占全国两栖动物总数的 14.33%，且具有典型的地域分布特征。因此，以福建省将乐县国有林场的典型杉木人工林作为调查对象(图 4-2)，通过对不同林龄、不同树种组成的杉木人工林内两栖动物群落和植物群落分别进行调查，分析当地人工林内两栖动物行为特征、栖息地选择特点，以及在不同林型内的物种多样性特征，据此分析人工林经营模式对生物多样性的影响，为人工林合理经营、采伐、转变经营模式提供科学依据，为人工林物种多样性保护提供理论支撑。

　　在样地选择过程中，为确保调查出人工林树种组成和林龄对两栖动物群落的影响，减少其他栖息地因子对两栖动物种群的影响，对样地周围环境如郁闭度、土壤腐殖质层厚度、海拔、坡度、坡向等进行严格筛选，选择环境因子较为类似的人工林栖息地作为调查对象。

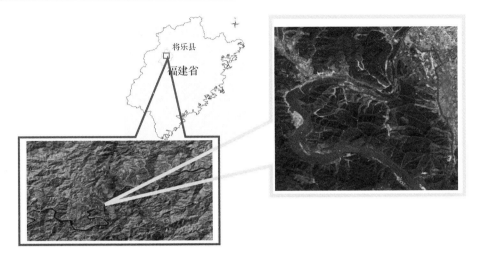

图 4-2　福建将乐国有林场位置图

一、研究区域特征

福建省三明市将乐县国有林场地理坐标为北纬 26°26′~27°04′N、东经 117°05′~117°40′E。地处武夷山脉东南坡，境内山岭耸峙、丘陵起伏，有大片河谷和盆地分布其间；山脉多呈西南——东北走向，与金溪的流向相一致，构成由西南方向向东北方向延伸的山间盆地和峡谷。全县境内山地面积达 288 万亩，占全县面积的 89.13%，是我国南方重点林业县，也是著名的中国毛竹之乡。土壤类型主要以红壤为主，土层较厚。土地利用类型主要可分为有林地和农耕地，金溪贯穿全县，将其划分为南、北两部面积大致相等的区域。

将乐县地处中亚热带地区，属于中亚热带季风气候区，具有海洋性和大陆性气候双重特点。当地气候宜人，夏无酷暑，冬少严寒，雨热同期，干湿明显，但由于受季风及地形影响，常有灾害性天气发生。县内各地四季起止时间及持续天数差异明显，在低海拔河谷平原地区，夏季长冬季短，春秋几乎对等，热量丰富，气候温暖舒适；随着海拔的增高，冬季逐渐延长，夏季不断缩短，气温均温逐渐降低，气候以温凉为主。总体来讲，当地气候温和、雨量充沛，年降水量可达 1697mm，年平均相对湿度 82%，年平均气温 14.6~18.8℃，无霜期 300 天。

将乐县植被区系属亚热带，全县森林覆盖率较高，原有自然植被为常绿阔叶林，由于人类的长期活动已遭到严重破坏并大面积消失，目前被大量人工营造的针叶纯林和混交林取代。将乐县国有林场主要经营树种有杉木、马尾松（*Pinus massoniana*）、湿地松（*Pinus elliottii*）、檫树（*Sassafras tzumu*）以及毛竹（*Phyllostachys pubescens*）、柳杉（*Cryptomeria fortunei*）、樟树（*Cinnamomum camphora*）、木荷(*Schima superba*)等一些具有重要经济价值或生态价值的树种。同时分布有黑松(*Pinus thunbergii*)、火炬松(*Pinus taeda*)、黄山松(*Pinus taiwanensis*)、柳杉(*Cryptomeria fortunei*)、铁杉(*Tsuga chinesis*)、银杏(*Ginkgo biloba*)、长叶榧(*Torreya jackii*)、枫香(*Liquidambar formosana*)、南方泡桐(*Paulowina australis*)、火力楠(*Michelia superba*)等。

林场当地常见的灌木有(小)刚竹(*Phyllostachys viridis*)、粗叶榕(*Ficus hirta*)、长叶冻绿(*Rhamnus crenata*)、短尾越橘(*Vaccinium carlesii*)、安息香(*Benzoinum Styracis*)、天仙果(*Ficus erecta*)、黄毛楤木(*Aralia decaisneana*)、豆腐柴(*Premna microphylla*)、青冈(*Cyclobalanopsis glauca*)、黄瑞木(*Cornus stolonifera*)、南方荚蒾(*Viburnum fordiae*)、乌饭(*Vaccinium bracteatum*)、花榈木(*Ormosia henryi*)、长叶榕(*Ficus henryi*)、火力楠(*Michelia macclurei*)、檵木(*Loropetalum chinensis*)等；常见草本植物有芒萁(*Dicranopteris dichotoma*)、锯蕨(*Micropolypodium okuboi*)、玉叶金花(*Mussaenda pubescens*)、狗脊蕨(*Woodwardia japonica*)、乌蕨(*Stenoloma chusanum*)、黑莎草(*Gahnia tristis*)、显齿蛇葡萄(*Ampelopsis grossedentata*)、鸭跖草(*Commelina communis*)、土茯苓(*Smilacis Glabrae*)、福建莲座蕨(*Angiopteris fokiensis*)、淡竹叶(*Lophatherum gracile*)、锈毛莓(*Rubus reflexus*)、地念(*Melastoma dodecandrum*)、铁线蕨(*Adiantum capillus-veneris*)、深绿卷柏(*Selaginella doederleinii*)、铜锤玉带草(*Pratia nummularia*)、堇菜(*Viola verecunda*)、乌毛蕨(*Blechnum orientale*)、半边旗(*Pteris semipinnata*)、五节芒(*Miscanthus floridulus*)、粗齿桫椤(*Alsophila denticulata*)、魔芋(*Amorphophallus konjac*)、圆叶牵牛(*Pharbitis purpurea*)、华南毛蕨(*Cyclosorus parasiticus*)等。

以往的调查结果显示，将乐县国有林场的林分结构特征如下：

(1)树种组成结构不合理，针叶树所占比重较大，阔叶树所占比重较小。林场内针叶林面积达 86.91%，阔叶林面积仅占 13.09%。

(2)龄组结构不合理，近熟林、成过熟林所占比重较大。仅在用材林中，近熟林、成过熟林所占面积已达 62.36%。

(3)林分蓄积量较高。用材林蓄积量平均为 13.1 m³/亩。其中幼龄林、中龄林、近熟林、成熟林、过熟林平均蓄积量分别为 1.2 m³/亩、10.4 m³/亩、14.9 m³/亩、16.2 m³/亩和 17.8 m³/亩。

(4)有林地立地条件较好，林分生长速度较快。

由此可知，当地林场整体经营条件整体较好，但是由于杉木、马尾松人工林树种组成结构单一，导致地区存在物种多样性下降、水土流失、林分生物量减少等趋势和现象，并且在杉木人工林内问题较为严重。

在当地人工林经营过程中进行的经营管理活动中，炼山整地造林、幼林抚育过程和造林的初植密度等都会影响营林的投资效益。炼山整地造林是造林前期的准备工作，易引起水土流失、地力衰退、木材生产力下降、物种退化等一系列严重后果。自1997年以后，林场内已基本杜绝该做法，使得当地有林地地力恢复，物种多样性保护得以实施，且整个过程中节约了大量营林成本；幼林抚育是人工林经营过程中最为重要的环节，传统的观念认为幼林抚育过程应全面的锄草、松土，但实践证明，这种做法会加剧水肥流失，影响物种多样性，不利于人工林的持续经营，且耗费大量人力、物力、财力。因此，在当前人工林营造过程中，已将重点放在种苗改良工作上，大力提高种苗质量，优化种苗结构，重视乡土树种在人工林营造过程中的作用。但为了实现人工林经营技术的提高仅从种苗改良的角度难以全面实现林下物种多样性的保护，还是有必要从营林方式进行改进，建立全新的营林模式，从源头到过程保证营林的科学、有效，为物种多样性保护提供有力支撑。

二、研究方法

（一）两栖动物群落调查方法

两栖动物野外调查过程中，采用"围栏陷阱法"（Fence with pitfall trap），参考国际上两栖动物捕获装置的设置规格，依据样地实际情况，在6块样地内各设置一个长10m、高1m的拦截带，拦截带两侧各均匀布置3个深1m、直径20cm的陷阱。研究人员于2011年6月至9月和2012年3月至6月，在实验区进行了实地调查。经验证，本陷阱的捕捉效果良好，陷阱面积可拦截样地内数量85%以上两栖动物，陷阱深度可有效避免两栖动物逃脱。实验过程中偶尔会有蛇或者老鼠等动物误入陷阱，或者捕食陷阱内捕获的两栖动物，或者对陷阱及周边环境造成破坏，导致实验数据采集过程中存在误差，但总体影响不大。收集捕获的两栖动物，鉴别物种，测量体长、体重、头宽、眼距、前后肢长等，实在难以鉴定

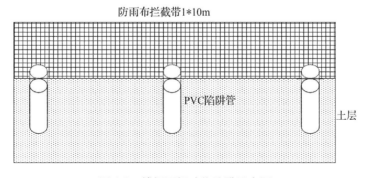

图4-3　捕捉两栖动物陷阱示意图

的经多角度拍照后请有关专家帮助鉴定，测量后将捕捉到的两栖动物在陷阱所在林班释放，并对陷阱进行修护（王恒恒等，2013）。各样地陷阱示意图如图4-3。在两栖动物调查的同时，对样地的环境因子进行了同步调查。

（二）植物群落调查方法

为了了解两栖动物与林下植被的关系，研究人员于2011年6月至9月进行了植被样方调查。在每块样地内分别选择植被覆盖茂盛、无林窗及林道干扰的林下环境，设置1个面积20m×20m的乔木样方，在样方的四角分别设置4个5m×5m的灌木样方，在每个灌木样方下各设置四个1m×1m草本样方。在灌木样方内，调查、记录各灌木物种的名称、株数、高度、地径、盖度、冠幅、生长状况；草本样方中调查、记录各草本物种的名称、株数、高度、盖度、分布状况、生长状况。

三、研究结果

（一）样地基本情况

1. 环境因子

根据调查记录，实验过程各样地温湿度变化结果如图4-4，各林型温、湿度变化范围分别为14～32℃、65%～85%。温湿度变化规律基本一致，表现为温度4～7月不断升高，7月达到最高值，随后逐渐下降；湿度4～6月不断升高，7月下降，之后继续升高。

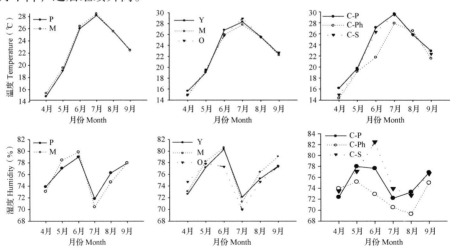

图4-4　各林型温湿度随月份变化

* 上下两组图从左至右依次为人工纯林、混交林温湿度对比图；不同林龄人工林温湿度对比图；不同混交树种人工林温湿度对比图。

结合表4-1所示各样地信息，本实验选择的8块样地分布在海拔210～271m、坡度35°～45°之间的阴坡，并且各样地间腐殖质层厚度及距水源间距离相差不大，因此本实验所选择各实验样地坡度、坡向、海拔等环境条件相似，并且气候因子变化规律基本一致，可排除这些因素对两栖动物群落的影响。

表4-1　样地信息

样地	树种组成	龄级	海拔 m	坡度	坡向	腐殖质层厚度（cm）	距水源距离（m）
样地1	杉木	幼龄林	226	36	阴坡	16.6	12.5～12.8
样地2	杉木	中龄林	211	40	阴坡	16.4	13.2～13.5
样地3	杉木	成过熟林	268	39	阴坡	17.4	12.8～13.1
样地4	杉木、马尾松	成过熟林	220	39	阴坡	18.6	13.5～13.8
样地5	杉木、马尾松	中龄林	218	41	阴坡	17.6	11.2～11.3
样地6	杉木、马尾松	幼龄林	249	36	阴坡	15.8	11.6～11.9
样地7	杉木、毛竹	幼龄林	224	36	阴坡	16.6	8.2～10.2
样地8	杉木、檫树	幼龄林	217	37	阴坡	17.8	10.9～11.2

2. 植物群落概况

当地人工林常见灌木有（小）刚竹（*Phyllostachys viridis*）、粗叶榕（*Ficus hirta*）、长叶冻绿（*Rhamnus crenata*）、短尾越橘（*Vaccinium carlesii*）、安息香（*Benzoinum Styracis*）、天仙果（*Ficus erecta*）、黄毛楤木（*Aralia decaisneana*）等；常见草本植物有芒萁（*Dicranopteris dichotoma*）、锯蕨（*Micropolypodium okuboi*）、玉叶金花（*Mussaenda pubescens*）、狗脊蕨（*Woodwardia japonica*）、乌蕨（*Stenoloma chusanum*）、黑莎草（*Gahnia tristis*）、显齿蛇葡萄（*Ampelopsis grossedentata*）、鸭跖草（*Commelina communis*）、土茯苓（*Smilacis Glabrae*）、福建莲座蕨（*Angiopteris fokiensis*）、淡竹叶（*Lophatherum gracile*）等。

（二）两栖动物基本组成

调查期间共捕获两栖动物8种807只（表4-2），隶属4科7属。其中黑眶蟾蜍（*Bufo Melanostictus*）、中国树蟾（*Hyla chinensis*）、粗皮姬娃（*Microhyla butleri*）、小弧斑姬蛙（*Microhyla heymonsi*）、崇安湍蛙（*Amolops chunganensis*）、沼水蛙（*Hylarana guentheri*）、泽陆蛙（*Fejervarya multistriata*）为国家认证的"三有"物种。并且崇安湍蛙原产福建，中国树蟾为中国特有种。

另捕获爬行类2科3属3种，分别是丽棘蜥（*Acanthosaura lepidogaster*）、光蜥（*Ateuchosaurus chinensis*）、股鳞蜓蜥（*Sphenomorphus incognitus*）。由于爬行动物行动较为迅速并且攀爬能力较强，在野外调查期间捕获数量、种类较少，存在较大误差，对爬行动物栖息地适宜性的评估结果有效性难以预测，故本次结果分析中暂不讨论爬行动物。

表 4-2 两栖动物基本信息

物种	拉丁名	个体数比例(%)	动物区系	分布区
泽陆蛙	*Fejervarya multistriata*	40.89	东洋界	华中区、华南区
沼水蛙	*Hylarana guentheri*	17.10	东洋界	华中区、华南区
镇海林蛙	*Rana zhenhaiensis*	4.34	东洋界	华中区、华南区
崇安湍蛙	*Amolops chunganensis*	6.94	东洋界	华中区
小弧斑姬蛙	*Microhyla heymonsi*	10.04	东洋界	华中区、华南区
粗皮姬蛙	*Microhyla butleri*	4.96	东洋界	华中区、华南区
中国树蟾	*Hyla chinensis*	0.25	东洋界	华中区
黑眶蟾蜍	*Bufo Melanostictus*	15.49	东洋界	华中区、华南区

(三)多样性

对福建省将国有林场县典型人工林内两栖动物群落多样性调查结果(表 4-3)表明,当地人工林内两栖动物物种多样性指数最高的样地是中龄杉木、马尾松混交林,多样性指数为 0.84;两栖动物物种多样性指数最低的样地是成过熟杉木、马尾松混交林,多样性指数为 0.47。

(1)不同林龄杉木纯林中两栖动物多样性指数变化规律表现为:成过熟林(0.61)>幼龄林(0.51)>中龄林(0.48)。

(2)不同林龄杉木、马尾松混交林中两栖动物多样性指数变化规律表现为:中龄林(0.84)>成过熟林(0.47)>幼龄林(0.45)。

(3)幼龄杉木纯林两栖动物多样性指数(0.51)高于幼龄杉木、马尾松混交林(0.45)。

(4)中龄杉木纯林两栖动物多样性指数(0.48)低于杉木、马尾松混交林(0.84)。

(5)成过熟杉木纯林两栖动物多样性指数(0.61)高于杉木、马尾松混交林(0.47)。

表 4-3 各人工林两栖动物物种多样性

树种组成	龄组	种类数	个体数量所占比例(%)	Shannon-Wiener 指数
杉木	幼龄林	7	17.18	0.51
杉木	中龄林	7	11.15	0.48
杉木	成过熟林	6	25.41	0.61
杉木、马尾松	成过熟林	7	14.63	0.47
杉木、马尾松	中龄林	7	23.22	0.84
杉木、马尾松	幼龄林	6	8.41	0.45

　　结果表明，杉木纯林中两栖动物物种多样性指数在中龄林中低于幼龄林和成过熟林，这与杉木、马尾松混交林相反。杉木、马尾松混交林中两栖动物物种多样性指数在中龄林中远高于幼龄林和成过熟林。这一方面是随着林龄的增加，人工林内两栖动物多样性先升高后下降，是由于人工林内林下植被随林分生长时间不断演替，林内灌草、昆虫资源不断变化，灌木层、草本层物种多样性随林龄变化，不断丰富，林内环境愈发适合两栖动物栖息、觅食，可为两栖动物提供更加充足的食物资源和更好的隐蔽场所；另一方面，成过熟林内两栖动物物种多样性低于中龄林，是由于马尾松产脂量随径级的增大而增大（舒文波，2011），为使马尾松采脂收益达到最大值且确保林木生长健康，当地多在马尾松达到中龄以后进行采脂。在夏、秋季节，对中龄林、成过熟林内马尾松进行砍柴、劈草、采脂等人为活动频繁，影响了两栖动物的繁殖过程，破坏了两栖动物的隐蔽场所，大量两栖动物为躲避人为干扰而被迫迁徙或因栖息地破坏甚至直接的人为伤害而死亡，导致中龄林、成过熟林内两栖动物多样性较低。

（三）生态位

　　生态位（niche）是指一个种群在生态系统中，在时间空间上所占据的位置及其与相关种群之间的功能关系与作用，反映了物种对环境资源的需求。生态位宽度（niche breadth）和生态位重叠（niche overlap）是以生态位为基础，反映种群对环境的适应状态、对资源的利用程度、不同物种在生态因子范围内的相似性与对资源的竞争、共存作用的测度指标。生态位宽度可衡量种群对环境资源利用状况的尺度，种群生态位宽度越大，对环境的适应能力越强。

　　1. 不同林型两栖动物群落生态位宽度特征

　　人工林树种组成和林龄对两栖动物的生态位宽度存在不同影响（表4-4、表4-5）。

　　（1）崇安湍蛙个体数量较少，但在纯林和混交林中均占有较宽生态位，分别为0.91和0.89。

　　（2）粗皮姬蛙在纯林和混交林中个体数量均为最少，分别为9和5，并且生态位宽度最小，分别为0.32和0.46。

　　（3）小弧斑姬蛙在纯林中生态位宽度大小适中，为0.66，在混交林中生态位宽度较大，为0.91。

　　（4）黑眶蟾蜍个体数量在杉木纯林和杉—马混交林中仅低于泽陆蛙，生态位宽度低于其他个体数量较少的物种，如镇海林蛙、沼水蛙。

　　（5）泽陆蛙在纯林中生态位宽度较高，为0.93，但在混交林中生态位宽度大小适中，仅为0.70。

　　（6）镇海林蛙个体数量较少，但在纯林和混交林中均占有较宽生态位，分别为0.94和0.93。

（7）沼水蛙个体数量较多，并且生态位宽度较大，接近于1。

表4-4　不同树种组成人工林两栖动物生态位宽度特征

物种	纯林		混交林	
	数量	Bsi	数量	Bsi
崇安湍蛙	29	0.91	14	0.89
粗皮姬蛙	9	0.32	5	0.46
小弧斑姬蛙	24	0.66	37	0.91
黑眶蟾蜍	53	0.77	43	0.81
泽陆蛙	123	0.93	100	0.70
镇海林蛙	10	0.94	16	0.93
沼水蛙	46	0.97	38	0.99

随着林龄的不同，其结果又有所不同（表4-5）：

（1）随林龄增加崇安湍蛙个体数量增加，在幼龄林和中龄林中生态位宽度大小适中，分别为0.58和0.63，但在成过熟林中生态位宽度较小，仅为0.40。

（2）粗皮棘蛙在各林龄人工林中个体数量较小并且生态位宽度较小，在幼龄林和成过熟林中均为0。

（3）小弧斑姬蛙在各林龄人工林个体数量分布较为平均，但生态位宽度较小，均低于0.50。

（4）黑眶蟾蜍个体数量在成过熟林中远高于幼龄林和中龄林，但生态位宽度大小相差不大。

（5）泽陆蛙个体数量最多，但生态位宽度相对较小，不足0.54。

表4-5　不同林龄人工林两栖动物生态位宽度特征

物种	幼龄林		中龄林		成过熟林	
	数量	Bsi	数量	Bsi	数量	Bsi
崇安湍蛙	9	0.58	15	0.63	19	0.40
粗皮姬蛙	8	0	5	0.45	1	0
小弧斑姬蛙	23	0.48	20	0.46	18	0.32
黑眶蟾蜍	15	0.63	17	0.63	64	0.62
泽陆蛙	52	0.53	96	0.50	75	0.42
镇海林蛙	8	0.60	8	0.60	10	0.46
沼水蛙	25	0.63	27	0.63	32	0.59

（6）镇海林蛙个体数量较少，但在幼龄林和中龄林生态位宽度适中，在成过熟林生态位宽度较小。

（7）沼水蛙在各林龄人工林中生态位宽度适中，在各林龄人工林内个体数量分布也较为平均。

2. 不同林型两栖动物群落生态位重叠特征

当两个物种利用同一资源或共同占有某一资源时，就会出现生态位重叠，生态位重叠的两个种在生态因子利用上具有相似性（表4-6、表4-7）。

（1）崇安湍蛙和粗皮棘蛙、小弧斑姬蛙在纯林中生态位重叠较小，但在混交林中生态位重叠较大。并且在纯林中和黑眶蟾蜍生态位完全重叠。

（2）粗皮棘蛙与泽陆蛙之间生态位重叠在混交林中远高于纯林。

（3）小弧斑姬蛙和黑眶蟾蜍之间生态位重叠在混交林远高于纯林。

（4）黑眶蟾蜍和泽陆蛙之间生态位重叠在纯林远高于混交林。

表4-6　不同树种组成人工林内两栖动物生态位重叠特征

林型	物种	崇安湍蛙	粗皮姬蛙	小弧斑姬蛙	黑眶蟾蜍	泽陆蛙	镇海林蛙	沼水蛙
纯林	崇安湍蛙	1						
	粗皮姬蛙	0.37	1					
	小弧斑姬蛙	0.50	0.99	1				
	黑眶蟾蜍	1.00	0.24	0.36	1			
	泽陆蛙	0.98	0.53	0.64	0.95	1		
	镇海林蛙	0.75	0.58	0.68	0.60	0.75	1	
	沼水蛙	0.98	0.52	0.64	0.93	0.99	0.83	1
混交林	崇安湍蛙	1						
	粗皮姬蛙	0.94	1					
	小弧斑姬蛙	0.91	0.84	1				
	黑眶蟾蜍	0.62	0.49	0.88	1			
	泽陆蛙	0.97	0.83	0.83	0.46	1		
	镇海林蛙	0.70	0.49	0.88	0.95	0.53	1	
	沼水蛙	0.94	0.78	0.93	0.77	0.84	0.88	1

（5）在幼龄林和中龄林中，各物种之间的生态位重叠均高于0.5，在成过熟林中大量两栖动物之间生态位重叠减小，低于0.5。

（6）幼龄林中，黑眶蟾蜍和沼水蛙，泽陆蛙和小弧斑姬蛙之间生态位完全重叠；泽陆蛙和崇安湍蛙之间生态位重叠为0.99，几乎完全重叠。

（7）在中龄林中，小弧斑姬蛙和粗皮棘蛙，黑眶蟾蜍和沼水蛙，泽陆蛙和粗皮棘蛙，泽陆蛙和小弧斑姬蛙之间生态位完全重叠；崇安湍蛙和黑眶蟾蜍，沼水蛙和黑眶蟾蜍之间生态位重叠指数为 0.99，几乎完全重叠。

（8）成过熟林中崇安湍蛙和泽陆蛙之间生态位完全重叠，小弧斑姬蛙和粗皮棘蛙，小弧斑姬蛙和镇海林蛙之间生态位重叠指数为 0.99，几乎完全重叠。

表 4-7　不同林龄人工林内两栖动物生态位重叠特征

林型	物种	崇安湍蛙	粗皮姬蛙	小弧斑姬蛙	黑眶蟾蜍	泽陆蛙	镇海林蛙	沼水蛙
幼龄林	崇安湍蛙	1						
	粗皮姬蛙	0.89	1					
	小弧斑姬蛙	0.98	0.96	1				
	黑眶蟾蜍	0.97	0.75	0.90	1			
	泽陆蛙	0.99	0.94	1.00	0.93	1		
	镇海林蛙	0.84	0.51	0.73	0.95	0.78	1	
	沼水蛙	0.96	0.73	0.89	1.00	0.92	0.96	1
中龄林	崇安湍蛙	1						
	粗皮姬蛙	0.89	1					
	小弧斑姬蛙	0.89	1.00	1				
	黑眶蟾蜍	0.99	0.83	0.83	1			
	泽陆蛙	0.92	1.00	1.00	0.86	1		
	镇海林蛙	0.95	0.71	0.71	0.98	0.75	1	
	沼水蛙	1.00	0.91	0.91	0.99	0.93	0.94	1
成过熟林	崇安湍蛙	1						
	粗皮姬蛙	0.18	1					
	小弧斑姬蛙	0.30	0.99	1				
	黑眶蟾蜍	0.89	0.61	0.71	1			
	泽陆蛙	1.00	0.21	0.33	0.90	1		
	镇海林蛙	0.42	0.97	0.99	0.79	0.44	1	
	沼水蛙	0.96	0.46	0.57	0.98	0.96	0.67	1

（四）行　为

以福建省将乐县国有林场典型人工林内两栖动物优势种泽陆蛙为研究对象，根据泽陆蛙种群动态预估当地人工林内两栖动物繁殖、活动规律。结果显示，泽陆蛙在当年 3 月中下旬开始出现，但此时由于气温较低，泽陆蛙偶有重新回洞的现象，4 月份温度升高且较为稳定，冬眠结束的泽陆蛙大量出洞，将乐县当地每年 5 月份进入雨季。随着雨季来临，人工林内的泽陆蛙进入当年的第一个繁殖期。5 月中下旬和 6 月上旬是人工林内泽陆蛙的第一个繁殖高峰期，此时泽陆蛙主要为越冬后的成蛙，数量较少，出洞后觅食竞争压力小，肥满度较高；7 月份新繁殖的泽陆蛙亚成体加入陆地生活，8 月份泽陆蛙进入第二个繁殖高峰期，在此期间种内食物竞争压力增大，并且由于成蛙繁殖消耗大量能量，泽陆蛙群体肥满度降低；9 月份部分泽陆蛙亚成体死亡，泽陆蛙群体肥满度稍有增加。10 月泽陆蛙数量开始出现下降，11 月份泽陆蛙数量大量减少，随后进入育肥期，12 月份泽陆蛙开始冬眠。

据此推测：当地人工林内两栖动物 3 月中下旬结束冬眠开始出洞，在 5 月中下旬和 6 月上旬进入当年第一个繁殖高峰期，7 月份有大量当年生两栖动物加入两栖动物陆地种群，8 月份两栖动物进入第二个繁殖高峰期，9 月份由于两栖动物生活史属于凹形曲线，部分当年生两栖动物亚成体死亡，且在 10 月份两栖动物数量继续下降，进入 11 月份，两栖动物进入育肥阶段，12 月初多数两栖动物开始冬眠。在此期间，两栖动物的肥满度不断变化。在第一次繁殖开始前，两栖动物肥满度随冬眠结束后出洞时间增加而不断增大；繁殖过后，两栖动物肥满度随物种个体数量的增多而减小，但在冬眠结束前的育肥期，两栖动物肥满度再次增加，直至冬眠开始。

此外，由于经济需求，在当地马尾松成过熟人工林中有较多的人为活动（如砍柴、采集松脂等），并且当人工林达到一定生长年限，将被大量采伐，对林内两栖动物和其他生物的生存造成干扰，导致成过熟林内两栖动物的日均捕获量下降。纯林中两栖动物日均捕获量较高，混交林两栖动物肥满度、重长比较大。由于混交林环境复杂，林内昆虫种类、数量更加丰富，可为两栖动物提供更加充足的食物资源，同时天敌、竞争者种类、数量较多，种内、种间竞争更加激烈，对两栖动物分布数量造成影响。与混交林相比，纯林植被、昆虫资源较单一，两栖动物天敌种类、数量较少，因此两栖动物数量较多，但同时肥满度、重长比较低。

（五）栖息地

两栖动物物种多样性在不同林型人工林中随灌木层、草本层物种多样性变化规律可体现两栖动物的栖息地选择特征。对福建省将乐县国有林场典型人工林内灌草层物种调查结果显示，当地人工林内灌草层物种层次分明，草本层物种高度分布从地表到地面 1 m 高左右，灌木层物种高度约分布在地面上 1.5 ~ 2.5 m 高。当地灌木层分布较多的物种有（小）刚竹、短尾越橘、粗叶榕、豆腐柴等；草本层分布有大量蕨类植物，如乌蕨、锯蕨、狗脊蕨和福建莲座蕨等。

对人工林内灌木层、草本层物种多样性的调查结果（表 4-8）对比可知，当地杉木纯林中灌木层、草本层物种多样性分别为 0.51、0.70，高于杉木、马尾松混交林的 0.40 和 0.46。灌木层、草本层物种多样性随林龄增加而增大，分别为

0.21、0.39、0.77和0.36、0.54、0.84。可知，纯林中灌草层物种多样性比混交林中更加丰富，且随林龄增加，灌草层物种丰富度逐渐增大。此外，两栖动物物种多样性在杉木、马尾松混交林中为0.59，高于杉木纯林的0.53。中龄林中两栖动物物种多样性为0.66，高于幼龄林的0.48和成过熟林的0.54。

表4-8　不同林型灌草层物种及两栖动物多样性特征

林型	灌木	草本	两栖动物
纯林	0.51	0.70	0.53
混交林	0.40	0.46	0.59
幼龄林	0.21	0.36	0.48
中龄林	0.39	0.54	0.66
成过熟林	0.77	0.84	0.54

据此可知，当地人工林内两栖动物物种多样性在杉木纯林和杉木、马尾松混交林中的变化规律与灌木、草本层物种多样性变化特征相反。混交林中灌木层、草本层物种多样性下降，原因一方面是人工林抚育锄草过程中将大量灌木、草本层物种除去，导致林下灌木、草本层物种多样性下降；另一方面是混交林中马尾松松脂具有重要经济价值，在人工林经营过程中，对中龄林和成过熟林中马尾松进行采脂，导致虽然混交林中物种种类数较多，但林内人为活动较为频繁，且优势种明显，物种组成很不均匀，杉木、马尾松混交林内林下植被多样性下降，低于杉木纯林。但由于混交林内物种组成种类较多，林中两栖动物物种多样性较纯林仍然更加丰富。

（六）建　议

根据以上对人工林内两栖动物物种多样性特征、行为特征和栖息地选择特征研究可知，当地两栖动物在林下植被物种多样性指数适中的中龄混交林中物种多样性最丰富。究其原因是中林混交林既能满足两栖动物对栖息场所的环境需求，拥有较为丰富的植被环境，为两栖动物提供适宜的隐蔽场所，又因此具备较为丰富的昆虫资源，为两栖动物提供丰富的食物来源，此外和幼龄林、成过熟林相比林下锄草及砍伐活动较少，避免了人为活动对栖息地的干扰和破坏。综合以上条件，结合当地两栖动物的出洞时间、繁殖期和育肥期，现对林权改革制度实行后，人工林的合理经营和采伐环节提供以下建议：

1．种　植

（1）适地适树，营造混交林。为了在满足人工林经营目的的同时，实现生物多样性的保护，防止人工林地力衰退同时保证人工林的成活率，应积极营造针叶树与阔叶树种的混交林。此外，由于人工林不同混交树种组成及不同混交比例不仅能影响林下物种多样性，也能影响地力等其他环境因子。因此，人工林种植过程中，为确定混交树种组成及树种的混交比例，应结合当地的地域特征及土壤酸碱性等现实环境特征，在综合考虑人工林经营目标的前提下，适地适树，合理经营，在达到人工林经营目标的同时达到物种多样性保护的目的。

（2）依据地形，留出缓冲带。由于不同林型之间林下动物和植物的种类、数量存在差异，参考该领域其他学者的建议，在人工林营造过程中应同时在不同林型之间留出"缓冲带"。缓冲带树种可由当地阔叶树种、防火树种或其他本地种组成，在确保人工林内野生动物可在缓冲带生存、避难的同时，也可发挥部分防火作用，避免火灾大发生对人工林经济和物种多样性造成毁灭性的影响。值得注意的是，在缓冲带内尽量避免人为因素干扰，不设采伐年限，以确保缓冲带的健康、良性发展。

2. 管　护

（1）科学管护，避免对环境造成不良影响。人工林的管护过程是确保人工林健康发展的重要环节。人工林林下植被可为两栖动物生存提供生活场所及避难场所，但在人工林生长过程中，为避免林下植被与人工林目标树种产生种间竞争，或由于林下植被的茂盛而在夏季引发火灾等危害人工林安全及物种多样性的事件发生，夏季常对人工林进行锄草管护。在人工林管护过程中，除了应避免锄草活动过程中对林内动物栖息地的影响、破坏，还应注意锄草活动导致的地面裸露，地表水分大量蒸发等严重影响人工林水肥保持的现象发生，甚至应避免使用化学方法锄草，以免化学药物污染人工林内土地、水源，导致林内野生动物大范围死亡。

（2）依据野生动物生活史，合理安排管护时间。对人工林进行管护的人为活动过程，将影响到林内鸟类、两栖类、啮齿类及其他类型野生动物的栖息、活动、觅食，同时也会破坏这些动物的正常活动频率、范围和时间。因此，在管护活动过程中，应结合当地野生动物的生存需求，有选择的清除不利于当地野生动物生存、活动以及其他对当地野生动物生存、活动没有显著影响的植物物种和区域，保留有利于当地野生动物生存的植物物种和区域。一方面确保达到管护的目的，提升人工林发展的空间和质量；另一方面保护林内野生动物生存所需环境，为物种多样性保护提供空间支持。

3. 采　伐

科学采伐，注重方式和时间。森林采伐过程会破坏林内野生动物的陆生环境，造成野生动物栖息地片段化、破碎化甚至栖息地丧失，迫使林内野生动物进行大范围的迁徙，对野生动物物种繁殖过程和多样性保护造成负面影响。因此在人工林采伐过程中，应避开林内重要或大部分野生动物的繁殖期或其他数量较为集中爆发的时期，以防森林采伐过程对林内野生动物种群数量和种群健康产生不利影响。

以对福建省将乐县国有林场典型人工林内两栖动物多样性保护研究为例，在当地进行人工林采伐过程中，根据当地两栖动物的生活周期和生存习性，应调整采伐的方式、时间和范围，尽可能避免在繁殖期、越冬期进行采伐。由于当地人工林最为适宜的采伐期为当年的 9～10 月，但该时间段与当地人工林内两栖动物的育肥期相冲突，因此，在制定采伐方案的过程中，应优先考虑调整人工林的采伐时间，避开两栖动物的育肥期。实在无法避免的，则应在采伐过程中注意方式方法，避免进行大范围的集中采伐，尽量采用择伐、轮伐或小范围皆伐，为两栖动物迁徙、避难留出充足的时间，确保缓冲区可为两栖动物提供充足的避难场所，达到保护人工林的物种多样性及保护人工林内部生态环境特征的目的。

由于不同地区野生动物物种分布特征和物种多样性特征存在较大差异，并且采伐方式对林内物种多样性造成的影响不同，因此，在具体的人工林采伐过程中，应遵循物种多样性保护的目标，结合当地的野生动物资源分布状况、植物资源分布特征、地形地貌特征、采伐需求等不同条件，制定适合当地经济需求和物种多样性保护需求的采伐方案。

4. 法律措施

法律具有规范和约束作用。为了处理好林农在林改过程中遇到的问题，完善林农经济补偿机制，规范林农经营活动，增强野生动物保护力度，有必要将野生动物栖息地保护和集体林权改革管理办法提高到法律高度，严格规范和约束，具体措施主要有：

（1）完善集体公益林监督管理制度。定期对相关工作人员进行业务培训，并采取季度或年度考核。定期向林农宣传林业政策法规，保护好集体公益林的重要性，使林农明确自身职责，认识商品林和集体公益林在产业效益、生态效益、责任义务上的区别。对地形复杂、路途遥远的公益林区域要定期进行监督、指导管理。领导班子因研究制定公益林产业季度、年度计划，指导各林区、各林业项目全面建设，加强合作交流。并对公益林监督管理实行统一监管，责任到人，依法保护、严格管理。

（2）建立合理的生态补偿机制，实行多样公益林管护模式通过相关渠道获得财政补偿基金，建立健全的集体公益林补偿机制，提高每亩公益林补偿费用。可以根据公益林实际维护难度、重要性、面积对补偿费用实行等级划分，按劳分配。切实有效提高林农看护积极性。相关部门对集体公益林做出突出贡献的工作人员或是林农应给予奖励和表彰。

第四节　森林经营方式对白冠长尾雉
种群与行为的影响

集体林权制度改革是我国林业建设发展的一次质的飞跃。林权改革以后，无论是出于保护还是出于经济发展的目的，林地受到区内人为活动干扰的程度必将增加，森林经营方式也相应发生改变转变，这种转变对野生动物将造成一定程度的影响。我们在典型人工林区域，以典型生态性经营（河南董寨国家级自然保护区）和生产性经营（湖北仙居顶林场及平靖关村）两种森林经理方式为依据，在河南董寨国家级自然保护区及其邻近非保护区区域，选择我国珍稀濒危特有种白冠长尾雉为研究对象，以实地调查和模型模拟相结合，对人工林环境下白冠长尾雉的多样性、行为和栖息地进行了研究，探讨该雉在人类干扰环境中的适应对策，这对促进该物种的保护及栖息地的改善具有重要意义，且对于人工林的改造和林权制度改革措施也具有重要的借鉴价值。

一、研究地点

2009～2013年，分别在以白冠长尾雉为主要保护对象的河南董寨国家级自然保护区、湖北仙居顶国有林场及湖北平靖关村三个地方（图4-5）开展了研究。三地地形较为相似，均为低山—丘陵地带，海拔区间为150～500m；植被类型有一定差异，人为干扰程度不一，森林经营方式各异。

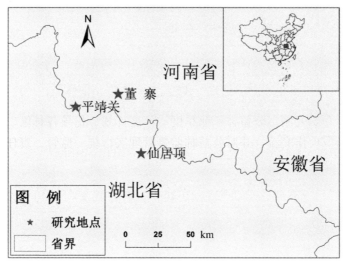

图4-5　白冠长尾雉野外研究地点位置

（一）董寨国家级自然保护区

董寨自然保护区位于河南省信阳市南部的罗山县境内，其前身为1955年建立的董寨国营林场，1982年经河南省政府批准建立自然保护区，2001年批准为国家级自然保护区，是一个以山区森林珍稀鸟类及其栖息地为主要保护对象的野生动物类型自然保护区，地理位置为东经114°18′~114°30′，北纬31°28′~32°09′，区内以次生林为主、无经营状况。该保护区位于河南省南部、大别山北坡西段，总面积为4.68万hm²。由于地处北亚热带边缘，该地区气候温暖湿润，四季分明，年平均气温15.1℃，无霜期227d，年降水量1208.7mm。其植被类型具有明显的南北交汇特征，地带性植被为含有常绿成分的落叶阔叶林。

该自然保护区内野生动物资源丰富，有鸟类17目、44科、233种，兽类6目、16科、37种。常见的留鸟主要有白冠长尾雉、松鸦（Garrulus glandarius）等；常见的夏候鸟有发冠卷尾（Dicrurus hottentottus）、黑卷尾（D. macrocercus）、红翅凤头鹃（Clamator coromandus）等；冬候鸟种类不多，主要是一些鸫亚科（Turdinae）种类。普通鵟（Buteo buteo）是该自然保护区内常年可见的大型猛禽，其数量虽然有限，但却是白冠长尾雉的主要天敌之一。常见的兽类有刺猬（Hemiechinus europaeus）、岩松鼠（Sciurotamias davidianus）、狗獾（Meles meles）、猪獾（Arctonyx collaris）、黄鼬（Mmustela sibirica）、野猪（Sus scrofa）等。两栖爬行类动物中游蛇科种类比较丰富，常见种类有赤链蛇（Dinodon rufozonatum）、王锦蛇（Elaphe carinata）、黑眉锦蛇（Elaphe taeniura）、虎斑游蛇（Natrix tigrina）和乌梢蛇（Zaocys dhumnades）。

研究地区主要集中在董寨自然保护区的白云保护站。该保护站面积约为400hm²，海拔为100~446m，植被分布如图4-6。

（二）仙居顶国有林场

大悟县仙居顶国有林场，位于湖北省大别山山脉北坡，距大悟县城约41km，其坐标为东经114°26′，北纬31°32′，以人工林为主，集体经营。海拔范围300~600m，最高峰680.2m。该林场地处北亚热带边缘，雨量充沛，光照充足，冬冷夏热，四季分明。年平均温度15.4℃，无霜期235d，年均降水1114.9mm。林场所在的仙居山，山脉呈南北走向，且南北延伸较长，东西较窄，整个山体如凤凰展翅。

该林场建于1956年，总面积约2162hm²，有林地1525.73hm²，其中用材林面积为1506.60hm²。建场以来，该区域一直在进行木材生产和经营，人为干扰较为严重。其植被组成（图4-7）主要为杉木林、马尾松林、针阔混交林、板栗林、农田、阔叶林、竹林、灌丛和茶地。乔木林主要由马尾松（Pinus massoniana），落叶松属（Larix spp.），杉木（Cunninghamia lanceolata），水杉（Metasequo

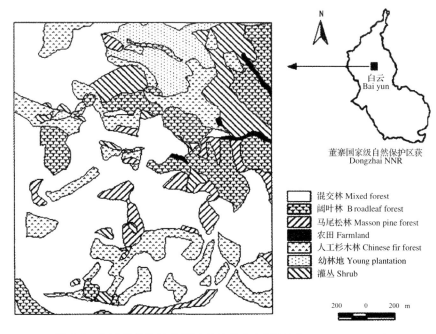

图 4-6　白云保护站的位置及其植被分布图(摘自 Xu et al. 2007)

iaglyptostroboides)和枫杨(*Pterocarya stenoptera*)构成;灌木林的优势种为橡树苗(*Quercus* spp.),枫杨幼苗(*Pterocarya stenoptera*),山胡椒(*Lindera glauca*)和茶树(*Camellia* spp.)。

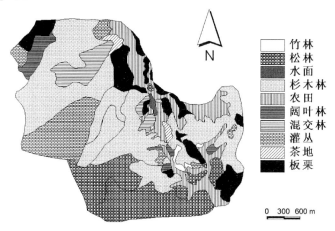

图 4-7　湖北仙居顶林场植被分类图(摘自 Xu et al. 2011)

（三）平靖关

平靖关位于湖北省随州广水市蔡河镇平靖关村，与河南省信阳市浉河区接壤，地理位置为东经113°54′09″~113°55′21″，北纬31°51′03″~31°52′40″，以人工林为主，个体经营。年平均降水量865~1070 mm，年日照时长2009.6~2059.7 h，年平均气温15.5 °C，无霜期220~240 d。植被以灌丛和人工林为主（图4-8）。灌丛主要由油桐（*Vernicia fordii*）、小叶鼠李（*Rhamnus parvifolia*）、野桐（*Mallotus japonicus*）、辽东楤木（*Aralia elata Seem*）和核桃楸（*Juglans mandshuri-ca Maxim*）等组成；人工植被主要有茶叶（*Camellia sinensis*）、板栗（*Castanea mollissima*）、少量毛白杨（*Populus tomentosa*）和毛竹（*Phyllostachys pubescens*）以及少量的马尾松（*Pinus massoniana*）和杉木（*Cunninghamia lanceolata*）。

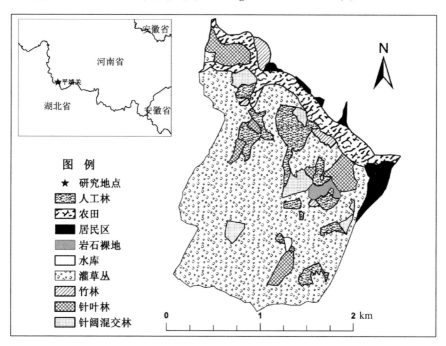

图 4-8　平靖关植被分类图

二、不同林地经营管理模式下白冠长尾雉概况

（一）种群密度

2011年和2012年春季，在河南省董寨国家级自然保护区（以下简称董寨或董寨自然保护区）、湖北仙居顶林场（以下简称仙居顶）和平靖关村（以下简称平靖关）分别设样线11条、6条和13条，长度分别为13.69km、6.59km和

14.39km。样线随机分布在调查区域内并用 GPS 进行定位，采用固定样线法对样线两侧 50m 内的白冠长尾雉实体、羽毛、打蓬点进行记录。根据白冠长尾雉平均活动区的大小，如果两次发现的白冠长尾雉自然脱落的羽毛距离在 250m 以上，则记为两只独立的个体，否则视为一个个体。经计算，董寨、仙居顶和平靖关内白冠长尾雉的种群密度分别为每平方公里 10.96 只、6.07 只和 33.36 只。虽是个体经营，但以农田—人工林为主的平靖关白冠长尾雉密度远远高于另外两个地方，说明不同的森林经营方式对白冠长尾雉可能产生了一定的影响，尤其是人为干扰较为严重的个体经营方式，但这种影响并不总是有害的。

（二）红外相机拍摄率

红外相机的拍摄率（Capture rate，CR）是针对红外相机数据分析种群密度的一个参数。计算公式为：

$$CR = \frac{N}{D} \times 100\%$$

N 为拍摄到的白冠长尾雉的个体数量；D 为相机日；CR 即为每 100 个相机日拍摄到的独立物种数量，拍摄率越高，种群数量相对越大，密度也越高。

2013 年 3 月至 8 月，根据无线电遥测位点的数据，以白冠长尾雉活动最为密集的点为中心点，在董寨和平靖关两个地区分别选取 1km^2 的样地。将 1km × 1km 的样地划分为 200m × 200m 的网格。在每个网格的中心 10m^2 范围内放一台红外相机，两个地区共布设红外相机 50 台。

董寨自然保护区共拍摄到白冠长尾雉 596 只次，平均拍摄率为 17.06（只次/100 天）；雌性平均拍摄率为 4.47，雄性平均拍摄率为 12.60。平靖关拍摄到 620 只次，平均拍摄率为 18.53（只次/100 天）；雌性平均拍摄率为 10.04，雄性平均拍摄率为 8.22。董寨自然保护区拍摄到幼鸟 14 只次，平靖关为 154 只次，多于董寨。董寨雄性个体的拍摄率显著高于雌性，虽然平靖关拍摄到的雌性个体和幼鸟要远多于董寨，但两个地方之间的总拍摄率、雌性之间、雄性之间、幼鸟之间的拍摄率不存在显著差异；平靖关雌雄之间的拍摄率也不存在显著差异。

（三）身体特征

每年的 3 月中旬至下旬在野外捕捉白冠长尾雉。我们采用媒鸟诱捕法和绳套轰赶法（足套法）两种方法。每年白冠长尾雉进入繁殖期后，雄性个体的领域行为明显增强，我们利用其占区好斗的特点，使用雄性媒鸟引诱雄性个体前来进行套捕。绳套轰赶法捕捉白冠长尾雉对雌雄两性个体均具有同等的捕捉效率，请当地曾做过猎人经验丰富的老乡帮忙捕捉。自制的足套包括发杆、机关、踏板和足套四个部分。下套前，通过预查了解白冠长尾雉活动频繁的区域，再通过脚印、粪便、刨痕等活动痕迹找到白冠长尾雉经常活动的道路。当白冠长尾雉的个体经过并踩在踏板上，便会挂住足套，随后带动尼龙绳引发的机关，使被捉住。用此法捕捉，只要绳套长度适中，对野生动物的伤害不大。并且为了减少伤害，我们在下套后通常2~3h巡视1次。捕捉后尽快对其各项体征测量，测量参数包括体重喙长、跗跖长、距长、翅长、尾长及全长等。为防止使其受到惊吓，测量各项体征指标后立即将其在捕捉原地释放，避免影响放飞后的正常活动。

对比不同地区雌雄白冠长尾雉的体征（表4-9）差异表明，雄性白冠长尾雉个体各项体征在董寨自然保护区与仙居顶林场间不存在显著性差异（$P > 0.05$）；董寨自然保护区的雄性个体平均喙长大于平靖关，仙居顶林场雄性个体的平均跗跖长和翅长显著大于平靖关个体，而平均距长则显著小于平靖关个体。

雌性白冠长尾雉个体体征在仙居顶林场与平靖关村之间无明显差异（表4-10，$P > 0.05$）；董寨自然保护区雌性个体平均跗趾长小于仙居顶林场间个体；董寨自然保护区雌性个体在喙长则大于平靖关个体。

表4-9　不同地区雄性白冠长尾雉测量数据比较

体征（mm）	DZ（n=3）	XJD（n=5）	PJG（n=8）	DZ vs. XJD Z值	DZ vs. PJG Z值	XJD vs. PJG Z值
喙长	34.8 ± 1.9	29.4 ± 8.3	22.6 ± 0.9	− 0.447	− 2.478 *	− 0.888
跗跖长	87.2 ± 5.8	85.9 ± 3.3	94.4 ± 7.0	− 0.149	− 1.225	− 2.342 *
距长	25.3 ± 5.3	24.3 ± 2.1	20.4 ± 3.4	− 0.745	− 1.228	− 2.199 *
翅长	276.7 ± 9.0	282 ± 5.3	265.5 ± 7.0	− 0.905	− 1.633	− 2.932 * *
尾长	924.3 ± 644.2	704.0 ± 163.8	895.0 ± 275.3	− 0.447	− 0.745	− 1.984
体长	1245.3 ± 645.0	1019.0 ± 235.6	1249.8 ± 241.9	− 0.354	− 0.745	− 1.715

注：DZ：董寨自然保护区；XJD：仙居顶林场；PJG：平靖关农田－人工林。
Mann-Whitney U 检验 *：$P < 0.05$，* *：$P < 0.01$。

表4-10　不同地区雌性白冠长尾雉测量数据比较

体征（mm）	DZ（n=5）	XJD（n=3）	PJG（n=5）	DZ vs. XJD Z值	DZ vs. PJG Z值	XJD vs. PJG Z值
喙长	31.4 ± 0.8	24.5 ± 6.1	21.5 ± 3.0	− 1.342	− 2.611 * *	− 0.745
跗跖长	67.7 ± 2.8	76.7 ± 2.9	73.0 ± 4.3	− 2.249 *	− 1.776	− 1.050
翅长	234.0 ± 10.2	237.3 ± 13.3	233.8 ± 5.8	− 0.450	0.000	− 0.750
尾长	427.5 ± 23.5	391.3 ± 5.7	358.0 ± 31.1	− 1.938	− 1.936	− 1.732
体长	706.0 ± 32.0	665.3 ± 13.8	661.8 ± 43.5	− 1.640	− 1.776	− 0.447

注：DZ：董寨自然保护区，XJD：仙居顶林场，PJG：平靖关农田—人工林。
Mann-Whitney U 检验 *：$P < 0.05$，* *：$P < 0.01$。

鸟类的各项体征指标主要表征其年龄组成与健康状况，对雄性个体而言，距长、尾长与全长更是判断其年龄组成的重要指标。由于三个研究地区距离较近，不足以产生较大的个体体征差异。但在某些指标上的差异我们推测与以下几点原因有关。

首先，自然保护区内丰富的森林资源可以为白冠长尾雉提供较为充足的食物资源；而林场和村庄的农田—人工林环境，植被较为单一，食物来源相对自然保护区要少。曾有研究认为，农田是白冠长尾雉重要的食物补充地，但前期在董寨自然保护区的研究结果则显示其对农田的利用率较低，我们的研究也在一定程度上支持这一观点。其次，自然保护区的设立，使得生存环境更为安全，人为活动干扰较保护区外要少。我们在仙居顶林场与平靖关农田—人工林调查时发现，林场中的采伐作业、村庄农田中居民的采茶与农耕活动对生性机警的白冠长尾雉造成了很大影响。在两地我们分别于白冠长尾雉经常出现的区域设置了红外相机，但拍到更多的则是人为活动，如砍树、放羊等。

调查中发现，平靖关农田—人工林中有雄性个体在板栗林中被捕兽夹夹腿致死，并在该地的遥测过程中于山顶等地多次发现捕兽夹，同时在当地居民家中多次发现将白冠长尾雉的中央尾羽作为装饰摆设，说明平靖关村的非法盗猎的情况较其他两地更为严重。而仙居顶林场与平靖关农田—人工林中白冠长尾雉个体体征数据较董寨自然保护区的小，可能表明该地种群年龄组成较小外，还意味着人工林环境下的种群更新速度可能较快。

三、不同林地管理模式对白冠长尾雉行为的影响

活动区（home range）又称家域，是动物进行取食、交配和育幼等正常活动所利用的区域。它与领域（territory）不同，活动区允许其他动物个体进入，而领域则受到具排外性的有效保护。动物活动区的大小取决于动物个体的能量需求与栖息地因子之间的相互作用，其不仅受个体差异、栖息地状况、季节变化等诸多因素限制，还受种群密度和捕食风险的影响。动物活动区的大小在一定程度上反映了栖息地的质量状况，其变化是评价野生动物的栖息地质量、估测栖息地的承载量、确定保护有生存力的最小种群所需的栖息地面积的重要参数，因此成为动物行为生态学和保护生物学研究的重要内容。

采用颈圈法安装无线电发射器（Biotrack Ltd，UK），发射器频率分别为216.133~216.937 MHz（董寨国家级自然保护区），147.020~147.311MHz（仙居顶林场），147.000~147.943 MHz（平靖关村），电池设计使用寿命为1.5~2年，个体佩戴的发射器重量均低于个体体重的3%。捕捉及测量过程要力求最短，一般在2小时内将遥测对象于原捕获地附近释放。待其活动趋于正常后，借助天线

和一台无线电接收器(均为 Biotrack Ltd, UK),采用三角定位法(triangulation)对标记个体进行定位。考虑到标记个体的适应过程,在释放 3 天后开始进行遥测,而在此之前只跟踪其活动,不做记录。

三角定位法具体操作过程是:根据当地地形及预调查时白冠长尾雉的大致活动范围,选取多个遥测参考点(固定点),做好标记(A1、A2…B1、B2…)并在GPS 上记录。在 2 个相距不太远的遥测参考点对动物的位置进行遥测,以信号最强时天线所指的方向为遥测角度,记下 2 个固定点的遥测角度。遥测路线选择在山脊或周围较空旷的大路,以减少沟谷对信号的反射干扰引起的角度偏差。由于单人遥测的时候不能同时遥测一组定位数据,为减少由于动物的移动以及遥测多边形的几何形状(polygon geometry)引起的误差,同一组数据的遥测时间小于 5 min,并且方位角的夹角一般在 45°~135°之间才视为可用数据。遥测时间根据白冠长尾雉的活动时间而定,一般于当地日出与日落之间,但也偶有在夜晚对其夜栖地进行遥测。每天对每只个体遥测 2~4 次,每次时间间隔 1 h 以上,以确保采集数据的样本独立性。尽管对每只个体的遥测日期和时间段并非随机,但尽量使遥测位点在每天的不同时间段均有分布。

(一)不同经营类型对白冠长尾雉活动区面积及活动能力的影响

用 100% 最小凸多边形法(100% Minimum Convex Polygon,100% MCP)、95% 固定核心法(95% Fixed Kernel)计算白冠长尾雉的活动区,用 60% 固定核心法(60% Fixed Kernel)所获得的区域作为核心区(core areas),计算得活动区面积和活动能力见表 4-11。

单因素方差分析(One-way ANOVA)结果表明,100% MCP 法计算得到的雄性白冠长尾雉的活动区面积在三个研究地之间差异不显著(表 4-12)。95% Fixed Kernel 法中董寨自然保护区的雄性个体活动区大于居顶林场与平靖关,仙居顶林场与平靖关之间则差异不显著。董寨自然保护区雄性个体核心区大于平靖关(表 4-13)而雄性的活动能力则在三个研究区域内无显著差异。

表 4-11 不同研究地雄性白冠长尾雉活动区面积及活动能力比较

地点 Area	样本量 Sample	活动区 Home Range(hm^2)		核心区 Core area(hm^2)	活动能力 Mobility(m)
		100% MCP	95% FK	60% FK	
董寨	3	53.35 ±6.72	12.28 ±4.82	3.28 ±2.02	684.67 ±193.56
仙居顶	6	41.26 ± 11.58	42.83 ± 10.84	9.64 ± 4.52	615.26 ±93.19
平靖关	3	32.12 ±7.00	43.3 ±9.74	14.36 ±3.42	638.49 ±3.42
F		3.579	11.590	6.274	0.228
P		0.072	0.003 * *	0.020 *	0.800

One-way ANOVA. * : $P < 0.05$, * * : $P < 0.01$。

表 4-12 不同研究地雄性活动区面积（95％FK）两两对比

P	董寨	仙居顶	平靖关
董寨	—	0.004**	0.008**
仙居顶		—	0.097
平靖关		—	—

Tukey HSD ＊：P＜0.05，＊＊：P＜0.01。

表 4-13 不同研究地雄性核心区面积（60％FK）两两对比

P	董寨	仙居顶	平靖关
董寨	—	0.101	0.016*
仙居顶		—	0.246
平靖关		—	—

Tukey HSD ＊：P＜0.05，＊＊：P＜0.01。

95％Fixed Kernel 法计算出的活动区与核心区在不同的研究地间不存在显著差异（表 4-14、图 4-9）。100％MCP 法计算得出的董寨自然保护区雌性个体活动区显著大于仙居顶林场与平靖关村中的个体（表 4-15）。雌性白冠长尾雉的活动能力在三个研究地间的差异同样不显著。

表 4-14 不同研究地雌性白冠长尾雉活动区面积及活动能力比较

地点 Area	样本量 Sample	活动区 Home Range(hm²)		核心区 Core area(hm²)	活动能力 Mobility(m)
		100％ MCP	95％ FK	60％FK	
董寨	3	53.35 ±6.72	12.28 ±4.82	3.28 ±2.02	684.67 ±193.56
仙居顶	2	44.08 ±6.87	48.4 ±14.97	11.79 ±8.07	589.92 ±0.91
平靖关	3	40.11 ±10.30	43.76 ±20.11	9.39 ±7.40	666.2 ±187.16
F	＊	16.988	0.071	0.654	5.519
P		0.006**	0.933	0.559	0.054

One-way ANOVA ．＊＊：P＜0.01。

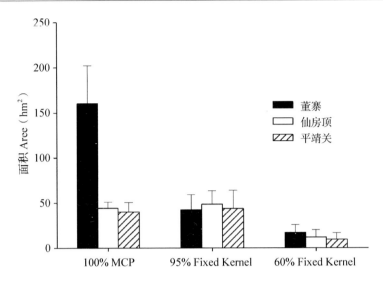

图 4-9 不同研究地雌性白冠长尾雉活动区及核心区面积比较

表 4-15 不同研究地雌性白冠长尾雉活动区面积两两对比结果

P	董寨	仙居顶	平靖关
董寨	—	0.014**	0.007**
仙居顶		—	0.987
平靖关			—

Tukey HSD *: $P < 0.05$, **: $P < 0.01$。

　　动物活动区受诸多因素影响，如个体大小、领域、季节、栖息地质量、食物丰富度和人类干扰等。人类的活动会对森林造成片段化，大面积减少鸟类的栖息地，而且会让森林边缘的鸟类捕食率大幅度提高。一些研究中发现人工林限制了动物的扩散并降低其活动区范围，而且人工林中人类的干扰对还会降低一些雉类种群数量和繁殖成功率。但是有些研究也发现，一些雉类在人工林出现的概率比其他栖息地大，似乎更依赖人工林。

　　研究发现，95% FK 法和 60% KF 法分析白冠长尾雉雄鸟在农田—人工林(仙居顶和平靖关)的活动范围均显著大于次生林地区(董寨自然保护区)。这应与物种习性相关。以往研究表明，白冠长尾雉可以利用多种栖息地类型，针阔混交林是白冠长尾雉主要活动地。育雏期会选择更隐蔽的栖息地。冬季，白冠长尾雉对灌丛也有重要的选择性，白冠长尾雉更偏好灌丛稀疏栖息地。繁殖期，到农田的距离则是其选择重要因子。白冠长尾雉栖息地类型多变的选择使其较为适应多变的环境变化，在农田—人工林里，经常对森林进行砍伐，灌丛盖度低，地区相对开阔，相比董寨自然保护区稠密的灌丛更有利于其活动，使其活动性也增强。另一方面，食物通常是动物栖息地选择的一个重要因子，由于农田—人工林中的白冠长尾雉栖息地食物密度低，白冠长尾雉不得不扩大活动区面积以获得更多资源。而董寨自然保护区内的植被结构较农田—人工林中更为完整，阔叶林盖度大，为白冠长尾雉提供了更为丰富的食物资源。同时，由于仙居顶林场定期进行采伐与幼林的种植，平靖关人工林中经常有附近村民进行耕种活动，两地的人为活动干扰较为严重，使得白冠长尾雉可能增加活动范围以躲避人为活动干扰。

研究中我们还发现，白冠长尾雉雄性个体在仙居顶农田—人工林的活动区范围与2003年的研究相比明显增大。据了解，2003年以后仙居顶林场的森林砍伐更为严重，林地面积一直在缩小，人为干扰强度大，使白冠长尾雉适宜栖息地面积减少，造成其需要更大的活动面积来满足其生存需要。

（二）雌雄两性活动区面积及活动能力的差异

对不同林地管理模式下雌雄两性白冠长尾雉活动区和活动能力的对比发现，董寨自然保护区雌性个体的活动区面积显著大于雄性个体，其他地区其他变量相互之间均不显著（表4-16）。三地白冠长尾雉的活动能力比较如图4-10。

表4-16　不同研究地遥测个体雌雄之间活动区面积及活动能力的差异

地点 Area	活动区 Home Range（hm²）		核心区 Core area（hm²）	活动能力 Mobility（m）
	100% MCP	95% FK	60% FK	
董寨	18.466*	8.846*	6.660	4.419
仙居顶	0.100	0.344	0.248	0.133
平靖关	1.235	0.001	1.115	0.033

One-way ANOVA. F 值，*：$P < 0.01$。

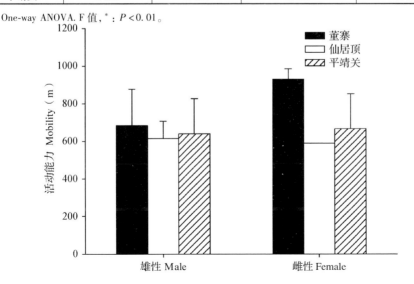

图4-10　不同研究地白冠长尾雉活动能力

性别也是影响动物活动区一个重要因子。在雉类扩散研究中发现，黑琴鸡雌鸟的扩散能力大于雄鸟，但是也有研究表明，一些雉类雄性在扩散距离比雌性更远，如花尾榛鸡（*Bonasa bonasia*）。

有研究发现雌性白冠长尾雉个体的活动区、核心区的面积和活动能力均明显大于同期遥测的雄性个体。在繁殖早期，白冠长尾雉的越冬群体解体，雄鸟占据领域，通过俗称"打蓬"的鼓翅行为发出的声音吸引异性；雌鸟在繁殖前期根据雄鸟发出的求偶信号造访不同的雄鸟活动区，增加与雄鸟交配的可能性。而其根本原因是雌雄个体受到不同的性选择压力。白冠长尾雉雌雄个体的体型差异较大，雄性羽色艳丽，尾羽极长，其一雄多雌的婚配制度势必造成繁殖期雄性个体之间的性内选择异常激烈，其在求偶炫耀、维持领域上的能力支出相对较多，对其领域也具有一定的依赖性。雌性个体较小，羽色较暗，常通过造访不同雄鸟的领域来选择配偶。由此可见，白冠长尾雉雌雄的活动区差异可能主要受到繁殖行为的影响。

而仙居顶林场与平靖关农田—人工林中白冠长尾雉活动区、核心区在雌雄两性间差异不明显的情况类似，两地与董寨自然保护区的结果有很大不同。造成这一结果的原因很可能与当地白冠长尾雉的栖息地有关。在董寨自然保护区，占区雄鸟出现的栖息地依次为混交林、杉木林、松林、灌丛、阔叶林；食物资源充足，可以在小领域范围内活动满足其需要。而仙居顶林场和平靖关村大面积的人工林使得白冠长尾雉原有的栖息地片段化、破碎化，雄性个体不得不在有限的栖息地中获取更多的领地与食物资源，需要扩大其活动范围。

（三）三地白冠长尾雉活动区的重叠

白冠长尾雉的活动区平均重叠率达到 80%，董寨自然保护区最低为 40%，仙居顶林场和平靖关均为 100%，三个地区其中 ♂♂ 间重叠率最高为 44.29%，其次是 ♂♀ 间重叠率为 24.52%，♀♀ 间重叠率为 11.19%（表 4-17）。董寨 ♂♂ 重叠面积显著小于仙居顶，平靖关 ♂♂ 重叠面积极显著小于仙居顶（表 4-18）。

表 4-17　不同地区白冠长尾雉活动区的重叠率分析

重叠率（%）	DZ	XJD	PJG	Average
♂♂	30.00	42.86	60.00	44.29
♂♀	0.00	53.57	20.00	24.52
♀♀	10.00	3.57	20.00	11.19
合计	40.00	100.00	100.00	80

注：DZ：董寨自然保护区，XJD：仙居顶林场，PJG：平靖关农田—人工林。

表4-18 不同地区白冠长尾雉活动区的重叠指数比较

重叠指数	DZ	XJD	PJG	DZvs XJD Z值	DZvs PJG Z值	XJDvs PJG Z值
♂♂	40.42 ± 7.67	67.56 ± 15.68	30.05 ± 18.16	-2.309*	-0.277	-2.984**
♂♀	—	62.70 ± 17.68	41.53 ± 21.03	—	—	-1.599
♀♀	64.64	63.22	36.63 ± 9.87	—	—	—

注：DZ：董寨自然保护区，XJD：仙居顶林场，PJG：平靖关农田—人工林。

Mann-Whitney U 检验*：$P < 0.05$，**：$P < 0.01$。

白冠长尾雉活动区重叠率较高（80%），并且在不同地区雄鸟之间的重叠存在差异，仙居顶雄鸟之间重叠面积显著大于董寨和平靖关。这与以往的白冠长尾雉研究以及白颈长尾雉的研究相似。以前在董寨自然保护区中的研究表明，白冠长尾雉个体在冬、春、夏季的活动区普遍存在重叠现象。

白冠长尾雉雄鸟具有很强的领域性，优势个体全年以单独活动或双雄共同活动的方式占据稳定的活动区，一方面这可能是捕食压力的影响，雄性比雌性羽色艳丽，更容易被天敌发现，群体数量增大有利于减少被捕食者发现的概率，雄性之间的集群可以对其保护色有弥补作用。另一方面，雄性之间存在繁殖竞争，雄性重叠一起活动，其活动区质量和后代的数量也由于单只雄性个体，雄性之间的重叠可能是一种合作繁殖的现象。

在繁殖后期，尤其是育雏期，一些雌性个体的活动区重叠程度上升，而这种重叠有可能导致不同的育雏群在非繁殖期内的集群。以往研究也发现，雌雄和雌性之间有不同程度的重叠，主要原因一方面是雌性与雄性不存在竞争，雌性造访雄性的领域所致。另一方面也可能因为其婚配制度造成的，有调查发现，白冠长尾雉雌雄比例为2.18:1，其婚配制度通常认为是一雄一雌，但是也存在一雄二雌和一雄三雌的现象，这种婚配制度造成其雌雌与雌雄之间的活动区重叠。

不同地区雄鸟之间的重叠存在差异。仙居顶雄鸟之间重叠面积显著大于董寨和平靖关。这个与当地的栖息地密切相关，仙居顶多为采伐区，其开阔地相比其他两个地区要大，林缘地区鸟类面临捕食危险相对林区要大。雄性之间重叠度增加，更有利于其安全。

（四）日活动节律

两个地方的白冠长尾雉活动都具有明显的节律性。

董寨自然保护区内，白冠长尾雉的活动从5点开始，到6点达到高峰期，之后逐渐下降，到9点后基本保持稳定，到17点，有一个活动低谷期，到18点，又有一次活动高峰期，最晚的活动时间是19点；相比于雄性，雌性在中午13点有一个活动高峰期。在平靖关，白冠长尾雉活动从 4 点开始，至 11 点，活动强度呈现上升趋势，但在 7 点和 10 点的时候有以活动低谷期，16 点至 18 点，又有一次活动高峰期；雄性上午的活动高峰期要早于雌性 2～3 个小时，的活动时间也是 19 点。

　　对比两个地方相同性别之间的活动规律，雌性个体在两个地方之间没有明显的差异性；雄性个体的活动强度趋势基本吻合，但董寨上午的活动最高峰出现在 6 点，而平靖关则是 11 点，且董寨雄性个体在 17 点的时候有一个活动低谷期，平靖关没有（图 4-11）。

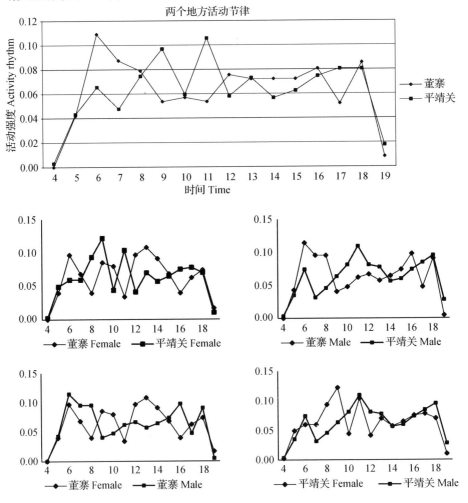

图 4-11　董寨、平靖关冠长尾雉日活动节律

（五）行为的日时间分配

董寨自然保护区内，白冠长尾雉的主要行为是移动和觅食，分别占到总频次的47.06％和24.22%，其余6种行为依次为：警戒15.57%，梳理6.06%，休息3.29%，其他1.56%，对抗1.21%，育幼1.04%。在平靖关村，白冠长尾雉的主要行为是也是移动和觅食，分别占到总频次的39.81％和27.09%，其余6种行为依次为：警戒15.87%，梳理5.88%，育幼4.10%，休息3.56%，其他2.33%，对抗1.37%。

虽然两个地方雌性之间和雄性之间各行为频次比例均不存在显著差异（P＜0.05），但董寨自然保护区内雌雄个体的取食、梳理行为比例要高于平靖关雌性个体，休息和育幼行为比例则低于平靖关；董寨自然保护区内雄性个体移动行为比例要高于平靖关，取食行为比例则低于平靖关。在董寨自然保护区，雄性个体移动行为明显高于雌性，休息行为则低于雌性；平靖关雌性个体之间各行为频次比例均无显著差异。雄性个体的移动行为频次比例在两个地方均高于雌性，警戒行为则正好相反（图4-12）。

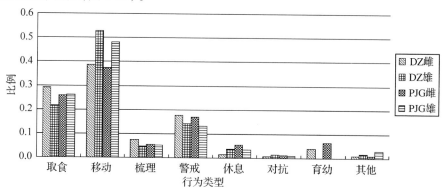

图4-12　董寨自然保护区和平靖关村白冠长尾雉行为时间分配

（六）集群行为

1. 集群的数量特征

平靖关村和董寨自然保护区两地集群群体的个体数量分别在2～6只和2～7只范围内波动。从两组数据中可以发现，不同的集群群体中个体数量为2只的群体所占比例最大，分别占总体的68.23%和72.79%。个体数量4只及以上的群体集群现象比较少见，分别仅占15.88%和7.36%（表4-16）。

卡方检验发现，白冠长尾雉在平靖关的集群数量有极显著差异（x^2 = 322.776，df = 4，$P < 0.001$），在董寨的集群数量也存在极显著差异（x^2 = 252.750，df = 4，$P < 0.001$）。

表 4-16　两个研究区域内 2013 年白冠长尾雉集群数量及频次

地点		集群数量（只）					
		2	3	4	5	6	7
平靖关	观察频次（次）	146	34	18	13	3	—
	所占比例（%）	68.23	15.89	8.41	6.07	1.40	—
董寨	观察频次（次）	99	27	6	2	1	1
	所占比例（%）	72.79	19.85	4.41	1.47	0.74	0.74

　　白冠长尾雉每天的集群活动时间为 5:00～19:00，拍摄到的集群行为每日有两个高峰期，平靖关分别为上午 9:00～11:00，下午 16:00～18:00；董寨高峰期分别为上午 6:00～8:00，下午 15:00～17:00。在所有的集群群体中，以数量为 2 只和 3 只的群体为主（图 4-13）。

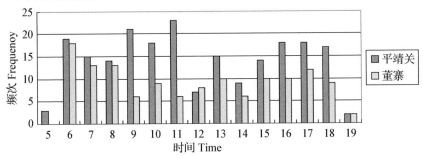

图 4-13　两个研究区域内白冠长尾雉群体日活动频次

　　分析不同地点集群率的月变化可以看出（图 4-14），平靖关在秋季遇见率达到最大值，其中 4 月、7 月～9 月为全年遇见率较大的月份；董寨在春季达到最大值，其中 3 月、5 月和 8 月为遇见率较大的月份。出现集群行为的群体的个体数量主要为 2～4 只，出现频次分别占了总集群次数的 92.96% 和 97.06%。

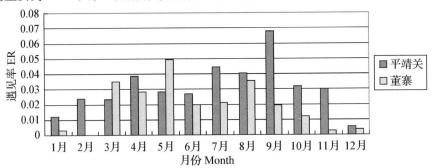

图 4-14　两个研究区域不同月份白冠长尾雉集群遇见率

2. 集群倾向

白冠长尾雉集群有三种方式：雄性集群、雌性集群和混合集群，混合集群又有一雄一雌、一雄多雌、多雄一雌和多雄多雌四种方式。其中单性集群为主要集群方式，混合集群频次较少。研究表明，单性集群现象在一年四季都很常见，而混合集群多出现于夏季，偶尔出现在春季和秋季，在两组数据中没有冬季出现混合集群的记录。

在平靖关村，雌群在春季和冬季的遇见率较低，从春季到夏季有明显的增加趋势且夏季和秋季的遇见率接近；雄性在夏季和冬季的遇见率较低，与雌性正好相反，从春季到夏季的遇见率明显下降且春季为一年中遇见率最大的季节；混合集群只出现于春、夏、秋季且遇见率很低，拍摄到的视频数量也很少（图4-15）。全年拍摄的雌雄群次数比分别为1:3.08、2.71:1、1.09:1 和1:3.67。

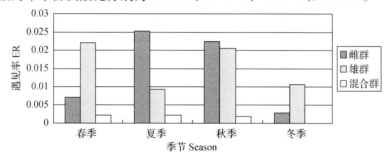

图4-15　平靖关白冠长尾雉集群倾向的季节变化

在董寨，雌群集中出现在夏季和秋季，春季很少，冬季没发生，在夏季出现较大的遇见率；雄群集中出现在春季且遇见率明显高于其他季节；混合群只在夏季出现且频次数量较低（图4-16）。夏季和秋季拍摄到的雌雄群次数比分别为1.35:1 和1:1.11。

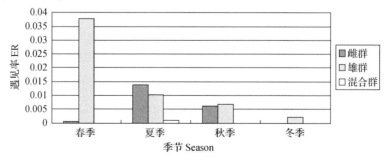

图4-16　董寨国家级自然保护区白冠长尾雉集群的季节变化

对比两个地点在不同季节的集群方式出现频次，雄群夏季在两地点拍摄到的次数接近，秋季和冬季在平靖关的雄性集群均多于董寨，春季达到高峰而冬季达到低谷；全年的雌群集群拍摄次数均为平靖关多于董寨且集中发生在夏季和秋季，冬季和春季的次数很少；混合群出现的次数较少且多以多雄一雌或多雄多雌的形式出现，一雄多雌拍摄次数最少，两年的数据均显示冬季没有混合群集群现象（表 4-17）。

表 4-17   两个研究区域白冠长尾雉集群方式的季节变化

研究地点	春季			夏季			秋季			冬季		
	雌	雄	混合	雌	雄	混合	雌	雄	混合	雌	雄	混合
平靖关	13	40	4	46	17	4	38	35	3	3	11	—
董寨	1	65	—	27	20	2	9	10	—	—	2	—

经卡方检验，在平靖关（$x^2 = 76.607$，df $= 2$，$P < 0.001$）和董寨（$x^2 = 101.838$，df $= 2$，$P < 0.001$）两地的集群方式存在极显著差异性。

3. 集群率和集群强度

（1）日节律变化

白冠长尾雉在不同的时间和地点存在不同的集群率和集群强度高峰期。平靖关的集群强度变化较明显且存在两个高峰期，分别为 9:00～11:00 和 15:00；董寨的集群强度相对平缓，在 6:00、10:00、15:00 和 19:00 为集群强度稍大的时段。平靖关每日集群率变化相对不明显，在 6:00、10:00～11:00 和 18:00 存在三组高峰，而董寨每日变化浮动较大，在 19:00 达到一天中最大值（图 4-17）。

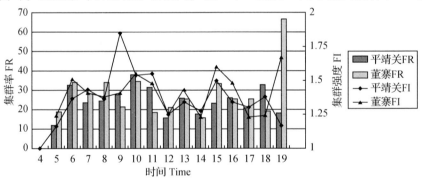

图 4-17   两个研究区域白冠长尾雉集群率和集群强度日活动节律

（2）季节差异

在不同的季节和地点，白冠长尾雉的集群强度和集群率存在差异（图 4-18）。在平靖关村，白冠长尾雉在夏季和冬季的集群强度较春季和秋季明显且在春季和夏季之间有一个较明显的增加趋势，夏季达到最大值。在董寨自然保护区，白冠长尾雉的集群强度在四季间的差异则不明显，全年集群强度变化不大，与平靖关相同，夏季相对较大。在平靖关的集群率夏、秋和冬季相近，冬季达到全年最大值，相比较于平靖关，董寨全年集群率差异不明显。

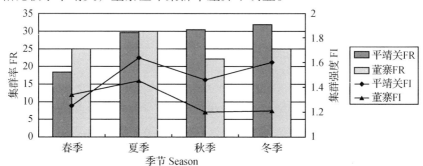

图 4-18　两个研究区域白冠长尾雉集群率和集群强度的季节变化

单因素方差分析得出在平靖关村白冠长尾雉的集群率与季节之间差异不明显（$F_3 = 1.970$，$P = 0.197$），董寨自然保护区内白冠长尾雉的集群率与季节之间差异也不明显（$F_3 = 0.465$，$P = 0.715$）。

（3）繁殖期与非繁殖期差异

两个研究地区在非繁殖期的冬季均达到全年最高的集群强度（图 4-19）。在平靖关村，白冠长尾雉集群强度在繁殖期最低；在董寨自然保护区，白冠长尾雉在繁殖前期的集群强度最小；在繁殖期，两个研究地区白冠长尾雉的集群强度相近。总体上，白冠长尾雉在平靖关村和董寨自然保护区分别在冬季和繁殖前期达到全年集群率的最高值。

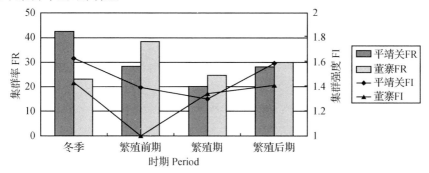

图 4-19　繁殖期与非繁殖期白冠长尾雉集群率和集群强度

（4）集群活动对坡位的偏好

白冠长尾雉在不同时期会有小范围的活动区域变更，其集群行为也不例外，会对不同的坡位有集群偏好。将平靖关和董寨两地安放的红外相机位点进行上、中、下坡位的归类，并分别求算出不同坡位的相机安放日、集群率和平均集群强度。平靖关在上、中、下坡位的集群率分别为 22.77%、27.91% 和 27.44%；董寨在上、中、下坡位的集群率分别为 36.84%、22.15% 和 22.22%。可以看出，在平靖关的白冠长尾雉集群更偏好中坡位，而董寨的白冠长尾雉偏好上坡位，对坡位的偏好存在地域差异性。总体上，平靖关的白冠长尾雉在中坡位集群强度最大，而在董寨上坡位的集群强度最大，说明集群强度在不同地点受到坡位的影响（表 4-18）。

卡方分析结果为，平靖关的集群强度（ $x^2 = 0.500$ ，$\mathrm{d}f = 2$ ，$P = 0.779$ ）与坡位差异不显著，董寨的集群强度（ $x^2 = 0$ ，$\mathrm{d}f = 2$ ，$P = 1$ ）也与坡位差异不显著。

表 4-18   研究区域内白冠长尾雉对坡位的偏好

地点	上坡位集群强度	中坡位集群强度	下坡位集群强度
平靖关	1.37	1.59	1.30
董寨	1.39	1.25	1.27

（5）集群活动对生境的偏好

在平靖关村，板栗林的面积比例落在对应的置信区间内，即白冠长尾雉对该生境既不选择也不偏好；灌丛和竹林的面积比例落在置信区间左侧，即对这两种生境显著偏好；针阔混交林、杉木林和乔灌丛的面积比例落在置信区间右侧，即对这三种生境显著回避（表 4-19）。

表 4-19   平靖关白冠长尾雉对不同生境的偏好

生境	面积比例	集群频次	集群分布比例	置信区间
板栗林	0.1754	45	0.2103	$0.1370 \leqslant p_1 \leqslant 0.2836$
灌丛	0.0487	139	0.6495	$0.5637 \leqslant p_2 \leqslant 0.7353$
针阔混交林	0.0809	2	0.0093	$-0.0080 \leqslant p_3 \leqslant 0.0266$
杉木林	0.0318	2	0.0093	$-0.0080 \leqslant p_4 \leqslant 0.0266$
乔灌丛	0.6541	11	0.0514	$0.0117 \leqslant p_5 \leqslant 0.0911$
竹林	0.0091	15	0.0700	$0.0241 \leqslant p_6 \leqslant 0.1159$

在董寨自然保护区，白冠长尾雉没有在板栗林集群，灌丛的面积比例落在对应的置信区间内，即白冠长尾雉对该生境既不选择也不偏好；针阔混交林和针叶林的面积比例均落在对应的置信区间左侧，即对这两种生境显著偏好；杉木林和阔叶林的面积比例落在置信区间右侧，即对这两种生境显著回避（表 4-20）。

表 4-20   董寨国家级自然保护区白冠长尾雉对不同生境的偏好

生境	面积比例	集群频次	集群分布比例	置信区间
板栗林	0.0019	—	—	
灌丛	0.0705	10	0.0741	$0.0148 \leqslant p_2 \leqslant 0.1333$
针阔混交林	0.1106	48	0.3555	$0.2472 \leqslant p_3 \leqslant 0.4638$
杉木林	0.1455	11	0.0815	$0.0196 \leqslant p_4 \leqslant 0.1434$
阔叶林	0.6679	29	0.2148	$0.1218 \leqslant p_5 \leqslant 0.3078$
针叶林	0.0050	37	0.2741	$0.1731 \leqslant p_6 \leqslant 0.3751$

四、林权改革对白冠长尾雉栖息地影响预评估

栖息地是野生动物赖以生存的场所。对鸟类，栖息地就是个体、种群或群落在其某一生活史阶段（比如繁殖期，越冬期）所占据的环境类型，是其各种生命活动的场所。不同物种以一定的方式生活于某一特定的栖息地内，并从中获得其所需的食物、隐蔽处和水等生存条件以及生活和繁殖场所，逐渐形成对特定栖息地的适应，进而产生栖息地的偏好性和选择性。栖息地的大小和质量直接影响到鸟类的生存和繁衍。已有研究发现，鸟类的繁殖成功率及存活率与其选择的栖息地特征密切相关。

一直以来，栖息地都是生态学与保护生物学研究的重点。随着近年来人类活动的加剧和世界人口的快速增长，导致越来越多的野生动物丧失了其原来的栖息地或栖息地出现严重退化和破碎化，许多动物因此而变为濒危物种。因此，如何保护濒危物种适宜的栖息地，减缓物种的灭绝速率，已成为保护生物学研究的重要问题之一。

由于鸟类的栖息地特征与其分布有着必然联系。开展栖息地适宜性评估可以为濒危鸟类的保护提供有价值的线索。通过借助地理信息系统，寻找鸟类与各个生态因子的内在联系，可以预测其空间分布格局，建立物种与栖息地的关系模型，并可确定物种的适宜栖息地。栖息地适宜度模型可以定量评估物种与环境因子之间的关系，对濒危物种保护方案的制定和实施起着关键的指导作用。

我们选择河南董寨国家级自然保护区作为研究白冠长尾雉适宜栖息地特征的研究地点，通过多尺度比较来选择最佳的尺度，建立栖息地适宜度模型，以便为自然保护区规划设计、林权制度改革实施措施及提高自然保护区管理水平提供有效的科学支撑。

（一）研究方法

研究主要采用二元分布的逻辑斯蒂回归模型对白冠长尾雉分布点与伪非分布点的环境因子进行分析，筛选影响其分布的因子，建立多尺度栖息地适宜度模型，并利用最佳模型生成白冠长尾雉在该保护区内的栖息地适宜图。

1. 物种分布位点获取及对照点的生成

白冠长尾雉的分布位点主要来源于 2011 年在该保护区系统调查所收集的数据。根据以往的研究，白冠长尾雉适宜栖息地中需要高大乔木、冠层盖度高以及林下开阔的环境这一栖息地需求，对保护区内所有可能有白冠长尾雉分布的森林斑块进行了调查。考虑到空间自相关的影响以及根据白冠长尾雉活动区大小分布位点太近可能会产生假重复，对收集的分布位点进行了稀疏，以白冠长尾雉的活

动区半径250m，剔除了一部分距离太近的位点，最后共获得白冠长尾雉分布点372个，其中250个用于模型构建，122个用于模型评估

使用Arcgis10.1缓冲区分析，生成分布点活动区范围（250m半径）的缓冲区并将其从伪非分布点随机生成的背景数据中剔除。然后以250m间距生成随机分布点450个，其中300个用于模型构建，150个用于模型评估。

2. 遥感数据解译及环境因子处理

以该保护区规划所用的Quickbird卫星多光谱遥感影像（2008年5月，分辨率为2.5m）为数据源，辅以保护区植被区划图在ENVI4.7（ITTVIS Inc，2009）下进行支持向量机监督分类获取研究区域的土地覆盖类型，并将其分为针叶林、阔叶林、灌木林、耕地、水体、道路和居民点。为了便于后期结合地形数据进行分析，对分类后的结果进行空间二元线性重采样，将其空间分辨率调整为25m。地形数据来源于USGS-EROS的数字高程数据（ASTER V2 DEM），并在Arc-GIS10.1软件计算坡度。根据以往对白冠长尾雉栖息地选择的研究，将环境因子分为人为干扰数据、地形数据和土地覆盖数据。其中人为干扰分为线状数据（道路）和点状数据（居民点），计算保护区内各点到道路（乡间土路、公路和高速公路）和居民点（村庄、乡镇和城市）的距离；计算保护区内各点到针叶林、阔叶林、灌木林和耕地的距离，同时为了研究尺度对模型拟合的影响，选择 $5hm^2$（核心活动区面积）、$30hm^2$（平均活动区面积）、$300hm^2$（最小可存活斑块）3个尺度作为研究的多个尺度，分别统计3个尺度范围内（半径分别为125m、250m和1750m）针叶林、阔叶林、灌木林和耕地所占的比例以及地形坡位指数（Topographic Position Index）。其中地形坡位指数是2001年由Andrew Weiss提出，用来描述地形部位的一个地形参数，其基本思想是用某点高程与其周围一定范围内平均高程的差，结合该点的坡度，来确定其在坡面上所处的部位（Jenness，2006）。

3. 环境因子相关性分析

使用Arcgis10.1空间分析中的Extract Values to Points获取模型构建所需分布点和伪非分布点处各环境因子的数值。对所获得的数据首先进行正态分布检验，根据数据的正态性分别采用独立样本t检验和Mann-Whitney U检验比较两组数据是否存在差异。删除无显著差异的变量后，构建单变量逻辑斯蒂回归模型，根据Hosmer & Lemeshow拟合优度检验筛选 $P < 0.25$ 的变量进入后面的分析，并通过广义决定系数 R_N^2 值来确认每个环境因子拟合的最佳尺度。最后进行Spearman相关分析，如果两个变量相关系数超过0.7，则选择对单变量模型 R_N^2 值最大的变量进入后期分析。上述处理在SPSS 21中进行。

4. 适宜栖息地预测

采用最佳子集逻辑斯蒂回归（Best subsets logistic regression）分别构建3个单

一尺度以及1个多尺度的白冠长尾雉栖息地适宜度模型。通过 AIC 值来评估各模型的拟合能力。上述处理在 STATISTICA 10 中进行。

5. 物种适宜栖息地预测精度评估

采用 Kappa 指数、真实技巧统计指数(true skill statistic, TSS)和受试者工作特征曲线(Receive operating characteristic, ROC)的下部面积(Area under curve, AUC)3个指数来衡量模型的预测精度。

Kappa 指数是一种计算分类精度的方法, 最初用于遥感影像分类后的精度评价, 通常需要指定一个阈值把物种发生概率转化为分布/非分布(presence/absence)。选择敏感度(sensitivity)与特异度(specificity)之和最大时的函数值作为最佳阈值。Kappa 值评估标准为: 0.8~1.0, 表示模型拟合极好; 0.6~0.8, 表示模型拟合好; 0.4~0.6, 表示模型拟合一般; <0.4, 表示模型拟合较差。

TSS 指数也是一种计算分类精度的方法, 它克服了 Kappa 值对物种存在率呈现单峰曲线响应的弱点, 又继承了 Kappa 指数计算的优点(Allouche et al., 2006), 可通过敏感度(sensitivity)和特异度(specificity)来计算, 其公式为 TSS = specificity + specificity −1, 取值也为 −1 到 1。

AUC 是一种不依赖于阈值选择的模型评估指标。当 AUC <0.5 时, 表示模型预测的结果与随机选择的相同; 当 0.5 < AUC <0.7 时, 表示模型预测的结果较差; 当 0.7 < AUC <0.9 时, 表示模型预测的结果较好; 当 AUC >0.9 时, 表示模型预测的结果非常好(Swets, 1988)。

利用 R 软件程序包 PresenceAbsence 的 *optimal. threshold* 函数选择敏感度(sensitivity)与特异度(specificity)之和最大时的函数值作为最佳阈值, 然后根据选择的阈值, 利用 *presence. absence. accuracy* 函数计算各模型的敏感度(sensitivity)、特异度(specificity)、Kappa 值以及 AUC 值。

通过综合考虑模型的拟合能力和预测精度来选择最佳的模型作为白冠长尾雉栖息地适宜度模型。最后根据 R 软件程序包 PresenceAbsence 分析提供的阈值将栖息地适宜度转化为适宜/不适宜的形式, 计算适宜栖息地总面积、适宜栖息地比例, 斑块数和平均斑块面积。同时与保护区功能区划进行比较, 分析适宜栖息地在核心区、缓冲区和实验区所占的面积。

(二)研究结果

1. 影响白冠长尾雉栖息地适宜度的主要因素

研究结果表明, 除半径125m 和250m 范围内地形坡位指数、半径125m 和250m 范围内阔叶林的比例、半径125m 范围内灌木林的比例以及到阔叶林、灌木林、乡镇和城市的距离外, 其余变量均存在显著性差异。Hosmer & Lemeshow 拟合优度检验结果显示半径1750m 范围内阔叶林的比例的 *P* 值为 0.812, 大于

0.25，故未进入最后的模型分析。Spearman 相关性分析表明，半径 125m 和 250m 范围内针叶林的比例和耕地的比例相关性系数大于 0.7；半径 250m 和 1750m 范围内针叶林的比例、耕地的比例和灌木林的比例相关系数大于 0.7（表 4-21）。故在构建多尺度模型，应先根据因子对模型构建的贡献值大小筛选最佳因子。

表 4-21　8 个环境变量间 Spearman 相关性分析结果

	freconifer1	freconifer2	freconifer3	frepaddy1	frepaddy2	frepaddy3	freshrub2	freshrub3
freconifer1	1.000							
freconifer2	0.890 *	1.000						
freconifer3	0.644	0.757 *	1.000					
frepaddy1	−0.218	−0.188	−0.085	1.000				
frepaddy2	−0.224	−0.217	−0.108	0.829 *	1.000			
frepaddy3	−0.047	−0.037	−0.020	0.663	−0.767 *	1.000		
freshrub2	−0.150	−0.223	−0.223	−0.434	−0.456	−0.467	1.000	
freshrub3	−0.159	−0.239	−0.239	−0.508	−0.537	−0.640	0.747 *	1.000

注：freconifer1，半径 125m 针叶林的比例；freconifer2，半径 250m 针叶林的比例；freconifer3，半径 1750m 针叶林的比例；frepaddy1，半径 125m 耕地的比例；frepaddy2，半径 250m 耕地的比例；frepaddy3，半径 1750m 耕地的比例；freshrub2，半径 250m 灌木林的比例；freshrub3，半径 1750m 灌木林的比例。* 相关系数大于 0.7。

单变量模型分析结果表明，各环境因子的拟合能力及尺度效应均不同。其中针叶林和耕地在 3 个尺度所占的比例以及到针叶林和耕地的距离的 $R_N{}^2$ 值都在 0.25 以上，拟合能力较强，尤其是针叶林和耕地在活动区范围内所占的比例拟合能力最强，均超过 0.4（表 4-22）。其余因子的拟合能力较差，均小于 0.1。在尺度上，针叶林和耕地所占的比例在 3 个尺度上拟合能力出现先增加后减少趋势，变化幅度较小；阔叶林所占的比例递减趋势且拟合能力较差；灌木林所占的比例递增趋势，变化幅度大；地形坡位指数出现先减少后增加趋势，变化幅度较大。

表 4-22　不同尺度各环境因子的拟合能力比较（$R_N{}^2$ 值）

环境因子	尺度 1（半径 125m）	尺度 2（半径 250m）	尺度 3（半径 1750m）
针叶林所占的比例	0.370	0.426	0.343
耕地所占的比例	0.368	0.434	0.275
阔叶林所占的比例	0.004	0.004	0.0001
灌木林所占的比例	0.001	0.017	0.039
地形坡位指数	0.003	0.002	0.061

2. 尺度对模型拟合及预测精度的影响

多变量逻辑斯蒂回归分析表明，3 个单尺度以及多尺度的模型拟合能力有所不同，多尺度的拟合能力稍好，其次为活动区尺度（表4-23）。采用 R 软件程序包 PresenceAbsence 分析结果表明，3 个单尺度以及多尺度的模型预测精度也有所不同，其检测的 Kappa 值均在 0.75 以上；TSS 指数均在 0.50 以上；AUC 值均在0.85 以上。各个模型都较好的预测了白冠长尾雉在董寨自然保护区的栖息地适宜度水平。在尺度上，单尺度模型拟合能力的变化趋势与预测精度的变化趋势一致，均先增加后减少，特别是活动区尺度模型的拟合能力和预测精度最高。与单尺度模型相比，多尺度模型的拟合能力稍优，但预测精度与单尺度模型基本一致。因此，活动区尺度模型为最佳单尺度模型，而多尺度模型优于单尺度模型。选择两者作为最终模型。其栖息地适宜度公式分别为：

活动区单尺度模型：

$$HSI = 1.239 - DSC * 0.005 - DSP * 0.001 - DSR * 0.001$$
$$+ DSPA * 0.001 + FRC2 * 0.014 - FRP2 * 0.040$$

多尺度模型：

$$HSI = 1.013 - TPI3 * 0.005 - DSC * 0.006 - DSP * 0.001 - DSR * 0.001$$
$$+ DSPA * 0.002 + FRC2 * 0.015 - FRP2 * 0.041$$

其中 DSC 为任意一点到针叶林的距离；DSP 为任意一点到乡间土路的距离；DSR 为任意一点到公路的距离；DSPA 为任意一点到耕地的距离；FRC2 为针叶林在活动区范围内所占的比例；FRP2 为耕地在活动区范围内所占的比例；TPI3为半径 1750m 范围内的地形坡位指数。两模型中影响最大的因子为正相关的FRC2 和负相关的 FRP2，表明白冠长尾雉喜欢活动区内针叶林比例高的环境而不选择耕地比例高的环境。

表 4-23 不同尺度最佳模型的拟合能力及预测精度比较

尺度	k	AIC	Kappa	TSS	AUC
尺度 1	9	391.229	0.779	0.569	0.851
尺度 2	7	310.080	0.836	0.671	0.904
尺度 3	10	368.789	0.764	0.534	0.850
多尺度	8	309.404	0.836	0.671	0.902

注：尺度 1 为核心活动区尺度；尺度 2 为活动区尺度；尺度 3 为最小可存活斑块尺度。

3. 适宜栖息地的空间分布

选择模型敏感度与特异度之和最大时的函数值作为最佳阈值，将上述两个模型生成的栖息地适宜图转化为适宜栖息地分布图（图 4-20）。两个模型预测的结果基本相同。白冠长尾雉适宜栖息地的面积占保护区总面积的 21.5% ~ 24.1%，其适宜栖息地主要分布在保护区中部，其次为南部和北部。

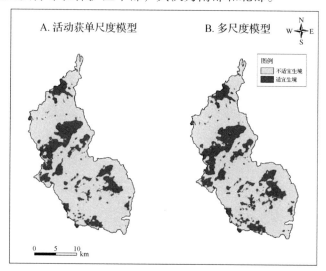

图 4-20　活动区尺度及多尺度栖息地适宜度预测图

但是两个模型也存在差异，活动区尺度的模型预测结果破碎化更为严重，适宜栖息地斑块数多于多尺度模型，而适宜栖息地总面积却少于多尺度模型（表 4-24）。显然多尺度模型保留了更多的可能性，比单尺度模型的预测结果更为稳定。

表 4-24　活动区尺度和多尺度模型预测结果的景观特征比较

尺度	适宜栖息地总面积(hm²)	面积百分比(%)	斑块数	平均斑块面积(hm²)
活动区	10612	21.5	312	34.01
多尺度	11890	24.1	275	43.24

将多尺度模型预测的适宜栖息地与保护区功能规划图叠加分析发现，只有 36.32% 的适宜栖息地在核心区内，而 44.80% 的适宜栖息地却在实验区内（图 4-21）。核心区适宜分布面积小于实验区内的适宜分布面积。

以此为基准，并依据现行自然保护区相关条例，结合当前林改的动向，以木材生产和农民薪柴需求设两种情景：

情景 1：木材生产是将实验区集体林中的灌丛替换为针叶林，保护区内适宜栖息地的面积将增加到 11292hm²（图 4-22）。

情景 2：薪柴需求是把实验区集体林中的针叶林转换为灌丛，保护区内适宜栖息地面积将减少到 8468hm²（图 4-22）。

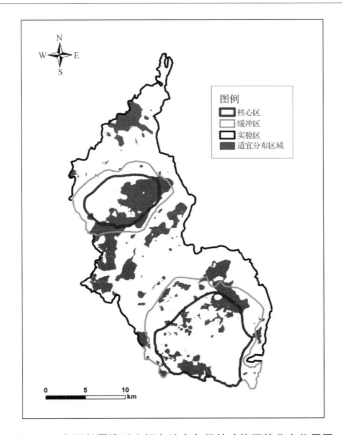

图 4-21 白冠长尾雉适宜栖息地在各保护功能区的分布位置图

图 4-22 董寨国家级自然保护区的情景预测

注：左图为情景 1，右侧为情景 2。图中淡灰色为适宜栖息地，深灰色为不适宜栖息地

五、社区活动对白冠长尾雉的影响

(一)研究方法

2009 年,在河南董寨国家级自然保护区内,通过半结构化访谈对当地管理局和社区群众进行社区现状和白冠长尾雉现状的访谈调查。问卷内容涉及当地社区基本情况,主要包括土地利用类型、资源获取形式、经济发展水平、野生动植物保护现状、保护意识、社区活动方式、范围及时间节律特征、社区活动对白冠长尾雉的影响、白冠长尾雉栖息地和潜在栖息地的干扰统计、保护区管理现状反馈、保护建议等方面。问卷调查中采用分层抽样,按照董寨自然保护区下设的 6 个保护站进行分区,以各个保护站为中心,对保护站周边社区进行随机抽样调查。问卷调查共发出问卷 137 份,回收有效问卷 125 份,有效率91.24%。受访的居民中,平均家庭人口数为 4.59 人,留守人口偏老龄化严重。当地居民的文化程度普遍较低,多为初中及以下。

为了解社区活动与白冠长尾雉年活动年节律之间的冲突叠加情况,结合已有研究结果对白冠长尾雉年活动强度的描述,我们把白冠长尾雉年活动强度划分为3 个等级,分别为高(繁殖期 3～6 月和越冬期 11 月至翌年 1 月)、中(7～9 月)、低(2 月和 10 月)。以问卷调查中受访者在每年的固定季节参与劳作及采伐薪柴所占的比例来表示劳作季节人为活动的强度和薪柴采伐季节人为活动的强度;将农忙劳作季节、采伐薪柴季节的最大活动强度值赋给高级,依次三等分最大赋值,即可得到另外两个等级的赋值。对于人为活动的日活动节律特征则通过计算每天三个固定时间段受访者活动的人数占受调查者的比例来表示。

利用 Excel 2007 对数据进行统计分析。

(二)研究结果

1. 社区居民对保护区及保护的认识

董寨国家级自然保护区的建立,46.40% 的当地居民认为对社区有利,17.60% 的表示不利影响居多,36.00% 的则表示不好评价;27.20% 的当地居民对自然保护区的管理感到满意,13.60% 的感到不满意,59.20% 的则表示不好评价。当地社区认为自然保护区管理局目前对社区的最大贡献是改善了区内社区的交通条件,而最大的不利影响就是自然保护区限制了当地居民传统的生产生活。当地社区居民了解自然保护区保护特别是白冠长尾雉保护主要是通过有关部门关于禁止狩猎的宣传(14.40%)、自然保护区的宣传教育(13.60%)以及参观白冠长尾雉人工圈养种群(6.40%)。

调查发现 72.00% 的当地社区居民表示已不再有盗猎盗伐行为。同时,52.80% 的居民表示应该保护野生动植物,29.60% 的表示要适当利用野生动植物，特别是对野猪等对人类危害性较大的野生动物，17.60%的表示无所谓。对于白冠长尾雉的价值，50.40%的当地居民并不清楚，24.00%的认为保护白冠长尾雉主要是因为其具有美丽的外貌，也有78.40%的当地居民认为人为活动对白冠长尾雉并没有影响，但绝大多数受访者(86.40%)表示应该保护白冠长尾雉。

2. 社区活动对白冠长尾雉的可能影响

当地社区的生产生活主要通过农田、茶园、板栗林的劳作，常住居民点和林区护林员居住点的人类生活，社区居民放牧、护林员巡护、人工林的经营、薪柴砍伐等形式。这些场所也是白冠长尾雉在当地的主要栖息地，如人工林或者灌丛可能是其重要的繁殖地。因此，社区活动行为对白冠长尾雉的生存和保护可能会产生一定的影响。

1）生产生活活动的季节变化

根据社区活动与白冠长尾雉年活动节律之间的冲突叠加情况(图4-23)，当地4～6月和8～10月为主要农忙劳作季节，12月至翌年1月是集中采伐薪柴的季节，分别是当地人为活动较为频繁的三个阶段。4～6月主要为采茶叶和种植水稻季节，8～10月主要为采摘板栗季节。第一个人为活动高峰期正好处于白冠长尾雉的繁殖期，而且正好与白冠长尾雉的繁殖盛期重叠。在季节上，人为劳作高峰季节正好和白冠长尾雉繁殖和活动高峰季节重叠。第二个人为活动高峰期处于繁殖后期，重叠影响程度略有降低，但仍会对其繁殖后期的生存造成较大影响。当地采伐薪柴的季节高峰为入冬之后(12月至翌年1月)，此时社区居民处于农闲时期，农活较少，适合采集薪柴，而这个季节白冠长尾雉已经进入越冬期，其越冬集群活动强度较高，此时上山采集薪柴对其的影响较大。

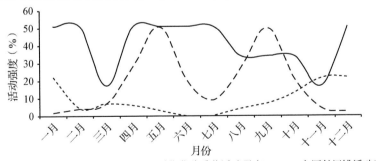

图4-23　董寨自然保护区内人类主要活动与白冠长尾雉主要活动在季节的重叠状况

2）生产生活活动的日变化

在白冠长尾雉每天开始出巢活动的时间段(6:00～6:30)(图4-24)，人为活动比例为16.00%；而在每天白冠长尾雉的两个取食高峰(6:50～9:20和14:

30～17:30），人为活动增加，达到22.40%。因此，从时间上看，除了早上6:00～6:30人为活动和白冠长尾雉的活动时间重叠较少，另外两个白冠长尾雉活动的高峰时间段正好和人类上山劳作的时间段存在明显的重叠冲突。

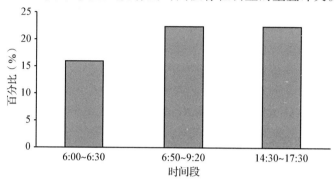

图4-24　白冠长尾雉日活动节律与人为活动的重叠状况

4）其　他

当地的薪柴的采集和砍伐主要来自板栗林除杂或者平时随时上山砍伐和捡拾枯枝。除了采伐薪材的季节活动时间与白冠长尾雉的集群活动重叠较多之外，薪柴采伐也对当地白冠长尾雉的栖息地环境进行着缓慢的细微改造，不同的采伐程度和方式方法会对白冠长尾雉的栖息地产生适宜性的或者破坏性的改造和影响。

受访者中78.40%曾在野外见过白冠长尾雉，平均每年见到约8.912次。13.60%的受访者曾见过白冠长尾雉的卵，其中35.29%的取走卵，其余的64.71%的则尽量不干扰白冠长尾雉的巢和卵。

3. 对区内社区活动的引导

1）规范管理社区居民活动

（1）对保护区内的社区活动形式进行规范，严格限制对白冠长尾雉带来严重影响的行为，如偷挖药材及当地养猪场和茶叶加工厂的废弃物排放。并且，加强对自然保护区内各种社区活动行为的监测，探讨适应于白冠长尾雉保护的自然利用形式。

（2）合理安排人类活动时间。社区人为活动和白冠长尾雉的活动存在着明显的时间节律冲突，因此要尽量减少在白冠长尾雉年活动节律和日活动节律高峰期的时间冲突和人为活动影响。一方面，要尽可能改变人为活动的区域和时间，降低人为活动影响强度的方式。另一方面，应通过农田和经济林置换等方式，将人类活动集中区域尽量迁到自然保护区实验区或外围；通过科学引导或者补偿的方式，减少白冠长尾雉分布集中区域的人为活动强度和范围。

（3）科学引导薪柴的采伐

薪柴是当地社区能源的主要来源，当地每年的薪柴采集季节与白冠长尾雉的活动强度重叠度较高，对白冠长尾雉的影响较大。在当前和未来一段时间内，应加强对当地社区薪柴采集活动的科学引导和管理，倡导当地社区集中在每年白冠长尾雉活动强度低的 2 月和 10 月采集薪柴，禁止大面积砍伐，鼓励清理林下灌丛和枯枝，对密集型林分进行适度清理和采伐。同时，要积极支持和指导替代能源的应用，逐步降低当地社区对薪柴等的依赖。

2）加强社区宣传教育

保护区应积极采取多种有效形式，提高社区参与自然保护区管理的程度和深度，并进一步加强法制宣传和保护意识教育，提高社区居民对自然保护区工作的理解与支持。

第 **5** 章

林改后野生动物栖息地保护与补偿

第一节 我国林业行政补偿制度概述

我国林业行政补偿制度指的是在大林业定义范围内的所有与之相关的补偿制度，根据我国立法与政策实践，主要包括退耕还林(草)补偿制度、天然林保护工程补偿制度、生态公益林补偿制度、退牧还草补偿制度、自然保护区补偿制度以及野生动物致损补偿制度。本章内容主要是论述这些制度的立法情况以及实践情况，并分析其中存在的问题。

一、退耕还林补偿制度

(一)退耕还林补偿制度概述

退耕还林政策是指为了保护和改善西部生态环境，有计划、分步骤地停止耕种易造成水土流失的坡耕地和土地沙化的耕地，本着宜乔则乔、宜灌则灌、宜草则草，乔灌草结合的原则，因地制宜地造林种草，恢复林草植被。退耕还林补偿制度，是指国家对退耕还林进行资金和粮食补贴，即按照核定的退耕地还林面积，在一定期限内无偿向退耕还林者提供适当的补助粮食、种苗造林费和现金(生活费)补助。我国早在 20 世纪末，就已经开展了退耕还林的试点工作，试点区域主要包括四川、山西和甘肃这三个省份；经过三年的经验积累后，制定了退耕还林十年规划。2002 年，国务院颁布实施了《退耕还林条例》，使退耕还林补偿政策以行政法规的形式确定下来，该政策在 2003 年在全国范围内实施起来。2007 年 8 月，国务院决定完善退耕还林(草)政策，发布了《国务院关于完善退耕还林(草)政策的通知》(以下简称《通知》)。根据国家林业局制定的《退耕还林工程规划》实施成果显示，截至 2010 年，全国退耕还林造林总面积达到了 1467 万 hm^2，前后投入的资金高达 3370 亿元。

(二)退耕还林补偿制度具体内容

(1)粮食补助政策。退耕还林会直接导致当地居民的口粮减产。因此，国家在对其补偿过程中，有很大一部分是采取粮食补偿，根据补偿区域的地理因素以及经济发展因素而采取不同的标准，长江流域及南方地区，每退一亩耕地获得补助粮食150kg/年，黄河流域及北方地区，每退一亩耕地获得补助粮食100kg/年。然而，随着我国经济发展水平的提高，粮食补助政策已经废止，而全部改由现金补偿。

(2)现金补偿政策。每亩退耕地每年补助现金20元。另外，从2004年起，原则上向退耕户补助的粮食改为现金补助。中央按每公斤1.4元计算，包干给各省(自治区、直辖市)。在现行补助期满后，根据规定，中央财政安排资金，继续对退耕农户给予适当的现金补助。这个期满后的补助标准为：长江流域及南方地区，每退一亩耕地获得补助粮食105元/年，黄河流域及北方地区，每退一亩耕地获得补助粮食70kg/年，除了原"粮食补助"政策之外的20元/年现金补助，仍继续发放。另外，根据补助生态客体不同而分别规定补助期限，补助期分别为：生态林8年，经济林5年，还草2年。这个标准作为国家指导性规定，主要作用是做全局的指导，在实践中各省、自治区、直辖市仍可以结合本地实际情况与财政能力，以国家规定为最底线，适当提高补助标准。

(3)生态林优先政策。根据补助的生态客体不同而采取先后缓急的政策，总体上，生态林所占的比重要(80%)大于于经济林(20%)，也就是退耕还林以经营生态林为主。至于在这个数据之外多种的经济林，不享受国家规定的粮食补助和现金补助，而只有种苗补助。

(4)种苗和造林费政策。根据国家林业局发布的《关于开展2000年长江上游、黄河中上游地区退耕还林(草)试点工作的通知》：草种和苗木退耕还林(草)和宜林地人工种林种草，由林业部门统一无偿向农民提供。退耕还林、宜林荒山荒地的种苗和造林费补助款由国家提供，具体为退耕地和宜林荒山荒地造林补助标准每亩50元，而对于还未承包到户及休耕的坡耕地，则不享受国家的粮食和现金补偿政策，但这些林地可以做宜林荒山荒地造林，其种苗补助和造林补助每亩按50元。干旱和半干旱地区若遭遇连年干旱等特大自然灾害确需补植或重新造林的，经国家林业局核实后，国家酌情给予补助。种苗和造林补助可看做对农民退耕直接成本的补偿。

(5)科技支撑政策。该政策主要表现在：首先，在科学合理地选择苗木草种，并因地制宜、科学配置，建立起一个科学的种苗结构。其次，根据不同的生态区域、科学合理的播种和营造，生态脆弱的地段全部营造生态林草，在播种完毕后不再进行人工垦殖，全部封育。其他地区在林地条件好，水土流失可能性小的情况下，可以营造适当比例的经济林、用材林和薪炭林，但这种方式必须以保障生态效益为前提。另外，国家按照其基本建设投资的一定比例，给退耕还林还草的科技支撑费用给予一定的补助。

（6）基本口粮田建设政策。《通知》把建设基本口粮田作为解决退耕农户长远生计问题，把建设基本口粮田作为巩固退耕还林成果的关键。并且定下年限时间，实现具备条件的西南地区退耕农户不低于 0.5 亩，西部地区人均不低于 2 亩高产稳产基本良田的目标。对基本口粮田建设，中央安排财政预算内基本建设投资和巩固退耕还林（草）成果专项资金给予补助，其具体补偿标准为：西南地区每亩补助 600 元，西北地区每亩补助 400 元。

（7）延长土地承包经营政策。《通知》在确定土地使用权的基础上，实行"谁退耕、谁造林、谁经营、谁受益"的政策。退耕还林后的承包经营期限可以延长到 70 年。承包经营权到期后，土地承包经营权人可以依有关法律、法规的规定继续承包。退耕还林土地和荒山荒地造林后的承包经营全可以依法继承、转让。

（8）退一还二政策。根据退耕还林政策补助的设计初衷，国家所给予的补助，既包括粮食补助也包括现金补助，这两种补助已经包括了农民生产等粮食需要投入的种子、花费、劳务费用及净产出。因此，退一还二政策要求在有条件的地方，受偿者在得到补助后还应当承担其补助标准的两倍或两倍以上造林和种草任务。

（9）多形式推进政策。关于退耕还林的补偿政策，除了按照规定给予的国家补偿外，《通知》还规定，有条件的地方农村造林专业户、社会团体、企业事业单位等可本着协商、自愿原则进行租赁、承包退耕、还林还草，在利益分配等问题上也有一定的自由空间。除此之外，《通知》还鼓励个人兴办以家庭林场和草场的方式，自主经营、自负盈亏地在有条件的地区实行集中连片造林、种草，对于这些林场和草场的经济权属性质暂无限制性规定，尊重兴办人的个人意愿。只需要待退耕还林任务完成后，报送林业主管部门进行登记与核实，便可得到当地政府发放的林权证，这样以法律的形式明确与保障了受偿人的权利。

二、天然林保护补偿制度

（一）天然林保护补偿制度概述

天然林又称自然林，包括自然形成与人工促进天然更新或萌生所形成的森林。原生林其特点是环境适应力强，森林结构分布较稳定，但成长时间较长。天然林是生态系统的重要组成部分，它基本上可以蕴含一个完整的生态系统，并且由于天然林系统复杂，人迹罕至，野生动植物种类繁多，生物多样性丰富。天然林由于其自身特点而决定了它在生态环境建设中的重要性。我国对纯天然林进行严格管护，禁止以及停止任何形式的采伐；对一般生态公益天然林，虽然可以采伐，但其采伐量却大幅度调减。

天然林保护补偿政策是指为了实施天然林保护工程而影响到天然林林区内的企事业职工以及其他个人、单位团体权益而给予的物质和经济上的补偿。调整天然林保护有两个重要的文件，即《长江上游黄河中上游地区天然林资源保护工程实施方案》和《东北内蒙古等重点国有林区天然林资源保护工程实施方案》。天然林资源保护工程从 1998 年开始试点，该补偿制度内容主要是为天然林保护、造林和对林场职工提供相关资金补偿。天然林保护工程的主要保护对象是天然林，其最本质的目的是解决以砍伐天然林为主要生活方式的林农以及林场职工的生活为题，并最终彻底、有效地对天然林资源的保护。

天然林保护补偿政策取得显著效果，砍伐天然林的现象基本上得到了有效遏制，促进了森林生态系统从破坏到砍伐到保护的转变。森工企业的主要职能从以前的砍伐转变为现在的经营管护，并且其经营活动能够得到国家的财政补助，这一方面使森林生态功能的活动有了经济效益，另一方面也让森工企业职工的生活问题得到了基本保障。该政策实施后，森工企业的富裕职工大部分得到了妥善分流，创造了木材停伐减产后职工转岗就业条件，职工的收入在一定程度上得到保障，林区教育、医疗卫生等社会管理、公共服务在该政策实施下亦能正常运行。另外，原森工企业的职工养老、医疗等社会保险依然存在，这些成果无疑确保了林区社会稳定，同时客观上也维护了社会的稳定。

（二）天然林保护补偿制度具体内容

关于天然林保护补偿政策，主要有以下具体补偿内容：在森林资源管护方面，2012 年国家林业局印发的《天然林资源保护工程森林管护管理办法》（以下简称《办法》）作为指导性规定，工程区森林资源管护采取封山管护，人均管护 380hm²，其补助费为每人 1 万元/hm²；飞播造林的补助费为 750 元/hm²；封山育林的补助费为每年 210 元/hm²，其补偿年限为 5 年，每年连续补助；同时，根据生态区域以及经济发展水平不同，在两个层次上针对人工造林进行补偿，其中长江流域和南方地区的补助费为 3000 元/hm²，黄河流域的补助费为 4500 元/hm²。

同时，天然林保护补偿政策还包括了对森工企业职工养老保险所给予的补助，这首先体现在社会统筹费的补助，即中央和地方财政对森工企业应缴纳的保险给予补助支持；再次，对森工企业社会性支出实行补助，即中央和地方两级财政对过去森工企业承担的公检法司、医疗、卫生、教育以及其他的政府经费给予补助；再次，根据《办法》规定，各省制定统一的补偿标准，并安排专项补助资金，对其下的森工企业下岗职工基本生活保障费用实行补助。对于企业减产后的部分富余人员，采取一次性发放、一次性安置，原则上按不超过职工上一年度平均工资的 3 倍，鼓励林区发展林下产业，对从事种植业、养殖业和多种经营项目的职工，在符合贷款条件的前提下，由商业银行给予贷款支持。最后，对森工企业因木材产量调减造成无力偿还的银行债务，在清理核实无其他人为以及违法因素情况下，通过呆坏账冲销等方式予以解决。另外，中央通过财政转移支付的方式，对由于木材砍量调减而缩水的地方财政收入予以适当补助。

三、生态公益林补偿制度

(一)生态公益林补偿制度概述

生态公益林是指以提供森林生态和社会服务产品为主要经营目的的重点的防护林和特种用途林。生态公益林的范围包括水源涵养林、水土保持林、防风固沙林和护岸林，以及自然保护区的森林和国防林等。生态公益林是以发挥森林的生态功能，提供生态效益为任务的森林，它的主要功能包括涵养水源、水土保持、净化空气、调节气候、防风固沙、游憩保健等，对我国国土生态安全、生物多样性保护和生态文明建设也有至关重要的影响作用。因此，生态公益林保护状况在一定程度上关系到我国经济社会可持续发展，建设生态公益林则是一项服务于社会、全民收益的社会公益事业。然而，由于森林的生态效益外部性和公共物品的特性，这些功能的大部分难以通过传统的市场实现其经济价值，且生态公益林所处生态区域与位置极为重要而又极为脆弱。因此，建立生态公益林补偿制度，国家可因保护生态公益林而对生态公益林的经营者在物质和经济上给予补偿，从而发挥其经济与生态效益。

为切实解决好生态公益林管护、抚育资金缺乏问题，并在一定程度上解决管护人员的经济收益问题，1998 年通过的《森林法修正案》规定，对生态公益林的营造、抚育、保护和管理进行补偿，并建立森林生态效益补偿基金，使公益林补偿制度在国家法律的层面予以确认。随后，在 2000 年 1 月发布的《森林法实施条例》对森林生产经营者获取补偿的权利再次确认。2007 年财政部又会同国家林业局印发了《中央森林生态效益补偿基金管理办法》，对生态公益林的补偿标准、补偿金的使用与管理办法等内容作出了具体的、细致的规定，是调整生态公益林补偿制度的重要文件。并且，该管理办法还附有重点公益林管护合同样本，在样本条款中明确了只有履行管护义务后才能获得补偿。

(二)生态公益林补偿制度具体内容

生态公益林补偿基金是统一由中央财政预算安排的，是对重点公益林管护这发生的营造、抚育、保护和管理支出给予一定补助的专项资金。在编制程序方面，中央补偿基金原则上是需要在地方森林补偿基金安排后，汇总到中央方可统一安排。在生态公益林补偿范围上，中央补偿基金的补偿对象包括国家林业局公布的重点公益林林地，以及荒漠化和水土流失严重地区的疏林地、灌木林地、灌丛地。补偿费主要是用在重点公益林专职管护人员的劳务费或林农的补偿费，还有一部分用在了管护区内的补植苗木、整地和林木抚育方面。在补偿标准上，中央补偿基金平均标准为每年 75 元/hm^2。

以福建省永安市为例。永安市在在 2007 年 4 月出台了《永安市创新生态公益林补偿机制试点工作方案》(以下简称《方案》)，《方案》比较详细的规定了森林生态效益补偿资金的筹集和征收、使用与管理等内容。

(1)在补偿资金的筹集范围方面，按照"政府为主负责，受益单位合理负担"的生态效益补偿原则，试行开征水费附加费、林木采伐森林生态补偿费、旅游风景区森林生态补偿费、水电附加费(指市内小水电部分)。

(2)在补偿资金的征收标准方面，永安市的《方案》作出了详细的规定，比如按照 0.01 元/吨标准征收水费附加费的森林生态补偿费，按照 10 元/m^3 标准征收林木采伐森林生态补偿费，按照门票收入的 8% 标准征收旅游风景区森林生态补偿费。关于补偿资金的征收办法，由市财政从自来水公司上缴的年度利润中于年终一次性划拨市森林生态补偿基金专户，征收水费附加费的森林生态补偿费，该补偿费列入市财政年度预算；林木采伐应征的森林生态补偿费，首先需要永安市林业局通过恢复统一的林业规费计征标准，然后在办理林木采伐许可证时统一计征，计征后上缴国库；旅游风景区应征收的森林生态补偿费，由市财政一次性划拨给市森林生态补偿基金专户，该划拨款主要是从旅游风景区上缴的年度利润中于年终扣除，并列入市财政年度预算。

(3)在森林生态效益补偿资金的使用与管理方面，设立森林生态效益补偿基金专户。该基金专户，除了中央森林生态效益补偿基金、省森林生态效益补偿基金以外，还包括上面所提到的水费附加费、林木采伐生态补偿费等生态补偿费所筹集的专项资金，这些资金一并被列入市财政设立的森林生态效益补偿基金专户，并进行专户管理。

另外，永安市在其出台的规定中，也明确森林生态效益补偿基金的补助对象、范围和标准。对中央森林生态效益补偿基金，按照中央关于该方面的规定办法所明确的对象、范围、和标准进行落实补偿；对省森林生态效益补偿基金，按照福建省关于该方面的管理办法所明确的对象、范围、和标准进行落实补偿；对其他渠道所筹集的森林生态效益补偿基金，比如试行开征的水费生态效益补偿附加费、林木采伐生态补偿费、旅游风景区生态补偿费等。其具体补偿标准为林权所有者40%，林木管护者40%给予补偿，其余的20%则用在非常规性事务，如森林防火、森林公安、森林病虫害防治、森林资源监测、林区道路维修等方面的补助。

四、退牧还草工程补偿制度

（一）退牧还草工程补偿制度概述

近年来，由于过度放牧和超载，我国天然草场的生态环境问题十分严重，很多地方出现天然草场退化、沙化、荒漠化等问题。为修复草原生态环境，我国采取了一系列政策措施来缓解经济活动对草场的压力，并通过轮牧、休牧等措施减少草场的载畜量，恢复生态环境。其中"退牧还草"就是一项非常具有代表性的补偿政策。该政策对我国天然草场的主要分布地区，通过轮牧和休牧并给当地居民进行一定经济补偿，来实现对退化草场的修护与保护。2003 年国家发展与改革委员会、国家粮食局、国务院西部开发办、财政部、农业部、国家林业局、国家工商行政管理总局、中国农业发展银行 8 部门联合下发《退耕还草和禁牧舍饲陈化粮供应监督暂行办法》（以下简称《暂行办法》），作为指导"退牧还草"补偿政策的重要法律文件。退耕还草工程补偿政策具体是指为保护和恢复西北部、青藏高原和内蒙古的草地资源，以及治理京津风沙源，限制牧民放牧并提供粮食补偿的政策。

（二）退牧还草工程补偿制度具体内容

退耕还草的补偿方式是给牧民提供饲料粮食补偿。具体来说，蒙甘宁西部、内蒙古东部、新疆北部的荒漠或者退化草原，季节性休牧的，每年补助 20.6kg/hm^2；全年禁牧的，每年补助 82.5kg/hm^2。内蒙古北部干旱源沙化治理区及珲善达克沙地治理区，其补助标准按全年休牧算，每年补助 82.5kg/hm^2。内蒙古农牧交错带治理区、河北省农牧交错治理区及燕山丘陵山地水源保护区，由于其荒漠化程度相对较轻，补助标准为每年 40.5kg/hm^2。青藏高原东部江河源草原按全年禁牧来算，其补助标准较低，为每年 41.3kg/hm^2。

"退牧还草"和京津风沙源治理工程的饲料粮补助期限均为 5 年。实行退牧还草政策后，内蒙古、宁夏牧民户均草场总面积 2044.47 亩，比实施前增加 50%，当年户均轮牧草地面积 311.34 亩，轮牧比重 15.28%，当年户均禁牧面积 501.99 亩，禁牧比重 24.55%；当年户均休牧面积 277.42 亩，休牧比重 13.57%，休牧、轮牧、禁牧比例合计达到 53.40%，超过半数以上，实现当年退牧还草，当年产生效果的局面。退牧还草政策实施十余年以来，我国草原不论是在量还是在质上，都发生了明显的改变，其中天然草地亩产增长 72.33%，常年可浇草地面积增长 15.38%，围栏面积增长 10.36%，播种当年生牧草面积增长 40.96%，亩产增长 40.88%。粮食作物播种面积增长 83.%，亩产增长 28.75%。

五、自然保护区补偿制度

(一)自然保护区补偿制度概述

自然保护区的建立，也或多或少地对当地居民的传统生产生活方式造成了一定的影响。而自然保护区的补偿政策对协调公益性的自然保护与私利性的的确发展起着重要作用。自然保护区补偿制度是项特殊的林业行政补偿制度，但与其他针对特定生态作物不同，它是针对某一特定区域进行保护和补偿。然而，自然保护区内几乎包含一个完整的生态体系，如森林、水流、野生动植物，包含生物和非生物资源，是进行生物多样性保护和生态服务功能恢复的最重要、最有效措施之一。因此，较之其他林业补偿(针对某一特定自然资源的补偿)制度，自然保护区生态补偿制度的构建更为复杂。由于其涉及很多自然资源，如水流、森林、野生动植物等而很难进行总体评估和划分，并且自然保护区具有生态经济特征，导致其区域内的居民在保护政策所影响下而受到利益的限制也不同。

我国当前并无专门一部关于自然保护区生态补偿制度的立法，其规定多散见于《森林法》《野生动物保护法》《草原法》《自然保护区条例》等相关的自然资源法规之中。同时，中央层面的相关法律法规，例如《自然保护区条例》，它虽然作为一部专门调整自然保护区的行政法规，但其内容主要体现的是对自然保护区的保护，在关于补偿方面的内容仅在其第二十三条和第二十七条有所涉及，且没有规定具体的补偿标准和实施方案，缺乏可操作性。这些零散的法律同时也说明，我国自然保护区生态补偿制度目前尚未形成一个完整体系。由于《自然保护区条例》在第四十三条规定，各地可以根据自身的实际情况再行制定办法。因此，在国家层面的法规指导下，很多地方针对如何践行这一制度制订了地方性法规，如《四川省自然保护区管理条例》《云南省自然保护区管理条例》等，但对未对补偿作出具体规定。国家环保总局在2007出台了《关于开展生态补偿试点工作的指导意见》，首次将自然保护区同水流和矿藏以及重要生态功能区针对补偿制度一起进行试点工作，但该指导意见为推荐性意见，实际执行严重不足。

(二)自然保护区补偿制度具体内容

自然保护区内及周边野生动物致损补偿。在这种情形下，野生动物损害一般都是直接的、有形的、可见的损害，其对象一般也是当地居民的人身或者是财产，因此这种损害发生后所获得的补偿可以说是直接补偿。

对机会利益受损者的补偿。该种补偿方式主要针对的群体是那些生活在自然保护区范围内，或者生活在周边的居民。这些人由于自然保护区的建立，区域上对他们的发展空间造成阻断，导致他们的一些隐性利益或者预期利益受损。目前在我国自然保护区的补偿政策中，已经有些地方开始兼顾机会利益受损的补偿，但由于这种损失多是隐性的、预期的以及难以量化的损失，因此其补偿方式多是非直接的货币或者粮食补偿，如解决就业和免征税费的方式。福建武夷山国家级自然保护区管理局十一五期间积极扶持社区壮大红茶产业，大力挖掘和推广正山小种红茶文化，帮助 100 多户农民建立现代生态茶园，带动了正山小种茶叶市场红火；2011 年保护区内村民人均收入达到 3.5 万元，比"十五"末期的(3795 元)增长了 9.22 倍，是保护区外周边村民人均收入的 2～5 倍。四川国家级九寨沟自然保护区 2005 年前，每年在景区收入中拨出 836 万元专项资金用于区内居民人均 8000 元的生活保障费；2005 年后，每年再从每张门票收入中提取 7 元拥有增加区内居民生活保障费，人均达 1.4 万元/年，加上其他收入，2007 年区内居民人均收入就达到了 2.2 万元；区内建立了唯一的一家就餐点，即诺日朗服务中心，其中社区居民占股 49%、收益分成占 77%；此外，还不断拓宽就业渠道，增加就业岗位，在保护区保护、管理、经营等活动中，优先安排区内居民从事导游、林政、消防、巡山、旅游服务等工作，大力培养、使用当地居民进入管理层，推动了保护区管理机构和当地社区相融互动，社区居民不仅成为保护区保护和发展的重要力量，区内居民的经济收入和文化生活水平得到了极大提高。

六、野生动物致损补偿制度

(一)野生动物致损补偿制度概述

自古以来，在与人类生活接近的地方，很多野生动物都很跟人类发生接触，然而其造成的人身和财产损害情况也不少见。随着我国人口的不断增长，以及由于生产和生活的需要，其活动范围也不断扩张，野生动物活动区域屡遭到当地居民的开垦，野生动物栖息地不断缩小。这导致了野生动物造成农作物损失和人员伤亡的事件频繁发生，并在一定时期内呈增长趋势。因此，为了科学有效地保护野生动物，且能合理解决遭受野生动物侵犯而受损居民的补偿问题，一个科学完善的野生动物致损补偿机制必不可少，而我国对野生动物致损的救济采取行政补偿的途径。

我国目前调整野生动物致损补偿的法律有《野生动物保护法》(1988 年)和《陆生野生动物保护实施条例》(1992 年)。根据这两部法律的规定，国家和地方重点保护野生动物，造成农作物或者其他损失的，向当地人民政府野生动物主管部门(林业行政主管部门)提出补偿要求，由损害发生地的政府给予补偿，而主管部门根据所在的省、自治区、直辖市人民政府的有关规定给予补偿。《野生动物保护法》出台后，各地根据自身的实际情况，相继制定了自己的实施细则或办法，但其内容几乎都模仿国家条例。另外，目前单独出台野生动物致损补偿条例的有云南、吉林、北京等 8 个省市。

（二）野生动物致损补偿制度具体内容

关于野生动物致损补偿范围标准以及方式等，在国家立法层面没有做出具体规定。根据《野生动物保护法》第十四条的规定，一些省、自治区、直辖市制定了自己的详细标准。以北京市为例，北京市作为我国的首都，城市化水平非常高，然而野生动物与人的矛盾亦经常发生，其事故发生地主要是郊区（如延庆、昌平、房山等地区）野生动物栖息地与当地群众生产生活交界地区，尤其是近三年来，矛盾有加重趋势。由于野生动物属于国家所有，而当地居民确实也受到了野生动物侵犯并造成了损失，单独让群众自行承担损失显然不合情理，也与国家相关立法尤其是国家赔偿法等法律文件的立法初衷与立法精神相悖。故此，北京市在 2009 年出台了《重点保护陆生野生动物造成损害补偿办法》（以下简称《办法》）。

根据《办法》规定，北京市野生动物致损补偿的范围，只针对重点野生动物所造成的损害，而所谓的重点保护野生动物，实则是北京市林业主管部门根据国家和本市内的"重点陆生野生动物"名单所确定。野生动物所造成损害补偿的责任主体是各级园林绿化行政主管部门。具体地，作为市一级别主管部门的北京市园林绿化局，负责全市野生动物致损补偿的组织指导工作，并负责监督补偿工作的实施和评估；而野生动物致损的认定、核实和补偿工作，则由区（县）园林绿化行政主管部门负责；乡（镇）人民政府、街道办事作为最低级别的主管部门，主要负责野生动物造成损失情况的调查工作；村民委员会、居民委员会配合做好相关工作。由于区（县）级政府是野生动物致损补偿工作的具体负责部门，因此野生动物致损的补偿经费，由该级人民政府负责编制，且列入本级财政预算，由区（县）级政府的财政负担；在发生较大范围野生动物损害且造成较大数额财产损失时，市级财政才对受害人适当补助。野生动物致损的补偿标准为：农作物损失的，需要以核实损失量为前提，补偿额为全部损失的 60% ~ 80%，全部损失按照当地上一年度该类农作物的市场平均价格计算；家禽（畜）受伤的，补偿实际发生治疗费的 50% ~ 70%，但最高额不超过该类家禽（畜）价值的 50%；家禽（畜）死亡的，补偿额是全损的 60% ~ 80%，全部损失按照当时该类家禽家畜的市场价格计算。另外，除了野生动物直接造成损害需要补偿外，在因保护重点野生动物造成损失的情形下，导致受损人家庭生活困难的，可以依法向当地民政部门申请救济。

第二节　我国当前林业行政补偿制度中存在的问题

一、补偿标准不合理且标准过低

(一)补偿标准不合理

我国幅员辽阔,自然条件千差万别,同时各个地方的林农也有不同的生产生活方式。然而,我国林业行政补偿制度在很多方面都没有根据实际情况作出补偿。例如,退耕还林补偿政策中,各地农民人力资本存在较大差别,人地结合水平不一,最终导致各退耕地差距巨大。并且,各地退耕还林进度、质量和管护情况也各不相同退耕还林工程的单一补偿标准导致不同地区、不同农户从补偿中获得的效果不平衡,农民参与退耕还林工程的积极性差别明显。

补偿标准是否科学合理,直接关系着生态补偿制度是否科学合理,以及是否可行,并能否长远可行。一个科学合理的补偿标准,能够有效地协调补偿主体和受偿主体双方的利益。更重要的是,如果这双方的利益协调不好,不但影响我国生态保护、林业发展、经济增长,更会在一定程度上影响我国社会的稳定。补偿标准不合理主要体现在两点:第一,补偿标准混乱,有的是补偿标准不明确,有的是补偿标准"一刀切"。目前,虽然根据相关文件,我国林业领域内大部分已经有补偿标准,但其标准往往是在一片极大范围的区域内实行统一标准,比如退耕还林和生态公益林补偿制度,其补偿标准仅仅分为南北两个层次,未能科学合理地考虑各地地理环境特别是经济发展的差异等实际情况。这种"一刀切"式的原则性的补偿标准,通常会出现两个极端问题,即补偿不足或过度补偿。目前,我国的林业行政补偿制度中,补偿标准是研究的重点,但至今没有得出一个统一的并且行之有效的解决办法。

(二)补偿标准过低

在我国林业行政补偿制度中,补偿标准过低是一个饱受诟病的问题。当前的补偿标准同我国经济发展水平,以及受偿者所遭受的损失相比,明显偏低。例如,浙江省,它的公益林补偿标准只有每年 105 元/km^2(国家级)和 30 元/km^2(省级);至于其他级别的公益林,则根本没有规定,需要靠其他方式自行解决。浙江省地处我国东南沿海,其经济发展水平一直排在我国前列,经济发达省份的补偿标准尚如此之低,其他地区特别是西部贫困地区的补偿标准则更加低。而补偿标准过低会导致一系列的问题出现,如由于受偿人到手的补偿资金很大程度上低于在同等土地(林地)上农业生产出的价值与效益,因此农民一方面从心理上抵触退耕还林政策,这不利于林业生态的保护和发展;另一方面,农民失去了赖以生存的土地(林地),而获得的补偿相对较少,其后续的生产生活举步维艰,不利于社会的稳定和人民生活水平的提高。森林生态效益补偿标准过低问题,也是政府在执行补偿政策过程中反映比较普遍的一问题。退牧还草工程中,牧民的经济利益很难说得到了合理的补偿,可能会造成牧民减收、甚至返贫等现象。例如,目前甘肃省的补偿政策执行标准每公顷是约合 75 元,按 $1hm^2$ 天然林可以饲养 15 只羊计算,75 元的标准根本无法与 $1hm^2$ 草场所产生的经济效益相比。

在野生动物致损补偿标准也偏低。从国家补偿的角度来看,根据《物权法》第四十九条,野生动植物资源属于国家所有。《物权法》颁布于 2007 年,正是我国市场经济高速发展时期,其制定的理念正是保护公民的私人财产不受侵犯,同时使得国家财产所有权、集体财产所有权以及个人财产所有权在法律地位上得到平等地尊重。因此,当野生动物造成损害时,其权利所有者—国家—应当承当损害赔偿责任,具体落实到地方各级政府。在这个法律关系中,国家和公民之间是平等的民事法律关系,受侵权损害法律关系的约束。该种侵权行为,即国家所有的动物造成他人(人身)损害,已经独立成为一种完全的(或准)民事侵权行为,而与国家在公法上的优先法律地位无关。尽管在理论上支持上述说法,但是在实践中,根据各地出台的补偿办法规定,即使严格按照规定进行了补偿,也会因为原本规定的补偿标准偏低等因素,难以真正、全面地给予与损害相适应的、合理的补偿与救济。以死亡事件所获得的国家补偿金为例,根据《云南省重点保护陆生野生动物造成人身和财产损害补偿办法》第七十七条规定,出现致人死亡的情况下,应当支付死亡补偿金、丧葬费,但其支付的补偿金相比国家赔偿法较低,其总额仅为所在县(市)上年度职工年平均工资的 8 倍,与《国家赔偿法》第三十四条规定的 20 倍差距太大,不仅对死者直接赔偿很少,并且对死者生前扶养的无劳动能力的人支付生活费也没有规定。

二、补偿方式不合理

补偿方式是指以什么样的形式给利益受损者给予补偿。补偿方式不合理之处主要体现在:补偿方式单一。在林业行政补偿补偿政策中,由于我国中西部、北部以及南部水域的区域性地理因素差距很大,各地的经济发展水平也不一样,因此生态补偿的补偿方式也应该多样化,应该根据不同的标准有不同的分类体系。退耕还林和退牧还林这两项工程的政策中,给予受偿人的补偿只有粮食和货币两种形式,有的学者称之为"输血型补偿"。2004 年取消了粮食补助政策,退牧还林的直接补偿方式则全部改为资金补偿。在其他林业领域(如天然林补偿等)也多以货币补偿为主。货币补偿或实物补偿有其自身的特点,即受偿主体可以立即或定期得到现实、直接、可见的资金或实物,这种补偿方式易于操作,且灵活方便，由于当地居民大部分文化程度不高，容易满足眼前利益，因此，这种补偿方式也最受欢迎。

然而，"输血型补偿"有其自身的缺点：受偿主体，尤其是那些生产生活完全受生态保护影响的受偿主体，他们往往在自然保护区建立起来后，就丧失了其原有赖以生存发展的林木等生产资料，在得到政府的一次性或定期资金补助后，由于其文化水平有限，工作技能也有限，导致其未能及时找到其他谋生之道，或者怀抱补助坐吃山空而不愿意找工作。定额的补助款很容易因为受偿主体的惰性和不当消费而最终消耗殆尽，严重影响自己的后续生活。

我国林业行政补偿制度中还有一种补偿方式，即所谓的"造血型补偿"，它是指补偿主体并不单纯给予受偿主体货币或者实物补偿，而是通过发展替代产业和资源，给因为生态保护而利益受损者提供技能培训、就业机会等其他发展空间，从长远角度出发，解决受偿者的生产生活问题，从而也推动当地经济的发展，维护社会稳定。虽然"造血型补偿"显得更加科学合理，对补偿主体和受偿主体来说都可能是一个双赢的方式，但总体上还处于探索阶段，其效果仍待加强。

三、补偿资金来源渠道窄

目前我国林业行政补偿资金的主要来源是财政拨款，中央和地方都按照相关规定建立专项补偿基金。但是在具体实践中，林业行政补偿政策实施效果与当地经济发展水平直接相关。经济发展水平较高的地区相关政策实施较好，如浙江省和福建省；经济发展水平较差的地区，地方政府本来就存在一定的财政压力，故其林业行政补偿政策实施也举步维艰。在我国，经济欠发达地区常常生态系统复杂、生物多样性丰富，也常常是生态保护任务最重要的生态功能区。然而补偿基金不足，会对林业行政补偿政策造成很大影响，最终会影响到这些地区生态功能的维护和发挥，进而可能将威胁到我国生态环境保护成效。

在野生动物致损补偿方面，虽然根据《野生动物保护法》规定，当地政府负责野生动物致损的损失补偿，但我国野生动物致损事故的高发区大多是经济比较落后的老少边穷地区，当地政府财政收入往往不足以发展其他产业，更无能力承担补偿费用。这个问题本质上还是补偿资金不足，来源渠道过窄，仅仅靠政府财政补偿显然是不符合实际的。

四、补偿对象狭窄

我国当下的行政补偿制度本身就存在补偿对象狭窄，补偿范围较小的问题。因此，我国林业行政补偿制度得到对象自然也有诸多限定，这个问题亦反映在林业行政补偿的很多领域内。例如，天然林保护补偿政策设计的一个成功之处是对保护森林的人进行补偿，但是补偿的对象过窄，也会影响政策的实施效果。从天然林保护工程的补偿对象来看，其补偿对象主要是森林管护人或森林企业及其职工。该补偿政策忽视了在天然林林区内，存在生活着很多的农、牧民，他们的生产和生活情况如果对森林的生态功能产生不利的影响就要受到不同程度的限制。根据天然林保护工程的补偿政策，这种限制所造成的经济损失无法得到经济补偿，这难免会影响到当地居民的保护积极性，进而影响天然林保护的效果。若要获得天然林保护的补偿资金，首先需要得到国家的认定，只有通过认定的林地才能纳入天然林保护工程的规划中。目前，天然林认定主要针对的是天然乔木，而对一些同样具有重要生态服务功能的灌木林一般不认定为天然林保护工程的林地范畴，从而导致了一些具有重要生态服务功能的灌木林地保护得不到补偿。

在生态公益林补偿政策方面，根据《中央森林生态效益补偿基金管理办法》规定，只有先需要国家认定的森林是否具有生态公益林的性征，才能享受到森林生态效益补偿。但是其他一些具有重要生态服务功能的林地，因未得到国家有关部门的认定而得不到相应的补偿。以甘肃省天祝县为例，生态公益林补偿政策从2000 年开始，标准是 75 元/hm^2，目前有 28 万 hm^2 生态公益林得到补偿，但仍有 0.8 万 hm^2 的生态公益林得不到补偿，主要原因是这部分林地属于灌木林。但从其所在的生态功能区域即祁连山水源涵养的实际功能出发，灌木林所发挥的作用很接近生态公益林。因此，在生态公益林的认定上，还需要更科学、严谨和公平的方法，减少和避免上述问题的出现。

五、受偿主体现实中的困境

（一）生态维护的贡献者未得到足够的重视

现有的森林生态效益补偿基金的有关政策所给予的利益对象有所偏颇。目前的补偿政策主要是针对重点森林的专职管护人员的劳务费或林农，还有一部分补偿金用于管护区内的补植苗木费、整地费和林木抚育费。但是，这些具有生态公益的森林常常也是一些农民或牧民进行正常生产活动的场所。如果要实施环境保护，必然会伴随着执行一些禁农或禁牧措施，这些无法展开正常生产活动的农牧民的经济损失却没有得到应有的补偿。

生态补偿法律关系的受偿主体主要是当地居民，林业行政补偿针对不同的受偿主体可以分为：直接经济利益受损者的补偿和对机会利益受损者的补偿。生态保护的贡献者，除了林业体制内的职工外，还有很大一部分是林业生态区域内的居民。同林业体制内的职工相比，他们不仅由于保护区的建立和维护直接利益受到损失，其机会利益也受到很大程度的限制。然而根据我国当前的林业行政补偿制度，对于贡献者的补偿基本上仅限于直接利益受损补偿，而对于生活在保护区内和保护区周边的居民，补偿内容鲜有涉及对这些贡献者们的预期经济利益的补偿。

(二)受偿主体的被动受偿地位

在我国林业行政补偿制度的设计理念以及实践操作中，政府一直处于主导地位，从形式上来看，林业补偿是一种单线操作，政府主导制定补偿政策，并且负责补偿政策的具体实施与监督，而受偿主体在该过程中的参与度很少。一方面，政府在制定补偿政策的过程中，信息公开做的不充分，也很少能够做到与受偿者进行交流沟通，很多时候受偿主体对补偿政策的了解不到位；另外一方面，政府在具体实施补偿政策的过程中，其主要职能就是给受偿主体发放补偿金，鲜有其他作为。因此在整个林业行政补偿政策的制定和实施过程中，受偿主体一直出于被动受偿地位。

六、林业行政补偿的法律体系不完善

(一)中央立法层面的缺失

我国目前并没有一部统一的林业行政补偿法律。近几年来，学界热议的《生态补偿条例》，其期望作为一部专门调节生态补偿的行政法规，其中几乎包含了林业行政补偿制度的各项内容，然而《生态补偿条例》从提出立法到起草在到现在已经将近十年，却迟迟未能出台。中央层面缺少关于对林业行政补偿的专门立法，而在其他国家法律中的条款则过于原则性，缺乏可行性，在实践中起不到科学、合理、有效的指导作用，更会造成地方林业行政补偿的混乱局面。

(二)单行法和地方立法的混乱

正如前文所述，我国目前对林业行政补偿制度的立法规范，多散见于《森林法》《森林法实施条例》《自然保护区条例》《野生动物保护法》等其他法律法规以及部门规章和文件之中。这些单行法相互之间常常缺乏协调性。我国林业行政补偿制度内容涉及广泛，其补偿对象的差异也很大，生态区域的功能也千差万别，而具体生态区域内又包含各种生态资源，有的是归林业行政主管部门管理，有的是归环境保护主管部门管理，有的又归水利部门或国土部门管理。这些部门会经常出于对自己部门利益的考虑，出台一些有利于本部门的保护规章和行政补偿规章，不仅经常出现与其他部门不一致的情形，甚至其出台的规定会个其他部门的相冲突。部门之间的单行法规规章的不一致和冲突的现象，会导致生态林业保护区的补偿制度混乱；而地方之间不一致和相互冲突规定，则会造成补偿制度中的不公平和不合理现象。这些问题不仅不利于生态林业保护区的保护和发展，也会在一定程度上影响我国经济的健康平稳发展，影响我国生态环境的保护和社会的稳定。

第三节　林改后野生动物栖息地保护与补偿调查

一、调查地点和被调查者基本情况

为了解林改后野生动植物栖息地保护与补偿的状况，2011 年 7 月至 9 月，课题组在全国 10 个省 76 个县市进行了相关调查，共发放问卷 4047 份，全部收回，其中有效问卷 3967 份，有效率为 98.02%。统计方式上利用了 SPSS 专业统计软件处理，能够科学、真实的反应调查的结果。

被调查省份分为两类，一类是在全国最早开始林改的福建、江西、辽宁、浙江，第二类是比前述四省开始稍晚一些的云南、安徽、河北、湖南、山西、黑龙江，调查地点的选择具有一定的代表性和典型性，既考虑了各省林改推进的深入程度，又考虑了南方和北方的分布，能够比较清楚的展现基层林改的成效，反映林农对林改以及生态保护的认识。具体调查方式采用入户发放和组织集体填写两种。被调查的林农具体情况如下：

（1）性别，男性占 61.6%、女性 36.6%。

（2）户口类型：农业户口占 68.9%；非农 22%，其他 3.4%。

（3）身份：干部占 18%；62.3% 是普通民众。

（4）文化程度（%）：高中及以下学历是主体，共占到调查对象的 73.5%（图 5-1）。

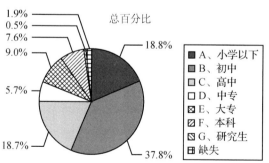

图 5-1　被调查林农的文化程度情况

（5）工作经历：60.7% 一直在家乡；31.6% 在外打过工。

（6）现在职业类型（%）：农民是主体，占所有调查对象的 45.4%（图 5-2）。

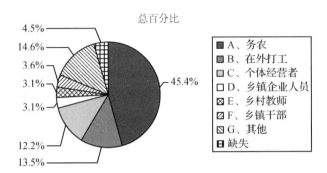

图 5-2　被调查林农的职业类型

二、林农的野生动物栖息地保护意识

（一）多数林农知道受保护的野生动物不能随便捕捉

61.1% 的林农知道本地有哪些受保护的野生动物品种并知道这些动物不能私自捕捉，有 25.9% 的林农虽然不知道本地受保护的野生动物的品种但也知道这些动物不能私自捕捉，知道受保护的野生动物不能随便捕捉的人数占到被调查者的 87.0%（表 5-1）。

表 5-1　您知道本地有哪些受保护的野生动物吗？这些动物能私自捕捉吗？

选项	人数	总百分比（%）
A、知道，可以捕捉	187	4.7
B、知道，不能捕捉	2423	61.1
C、不知道，不能捕捉	1026	25.9
D、不知道，可以随便捕捉	231	5.8

（二）多数林农认为采伐制度放宽会对野生动物的生存环境构成破坏

38.9% 的林农认为采伐制度放宽肯定会对当地的野生动物的生存环境构成破坏，有 35.8% 的林农认为采伐制度放宽会对当地的野生动物的生存环境构成破坏但不会太严重，认为采伐制度放宽会对当地的野生动物的生存环境构成破坏的人数占到被调查者的 74.7%（表 5-2）。

表 5-2　林改后如果采伐制度放宽，是否会对当地的野生动物生存环境构成破坏？

选项	人数	总百分比（%）
A、肯定会	1544	38.9
B、应该会，但不严重	1420	35.8
C、不清楚	671	16.9
D、不会	263	6.6

三、公益林补偿的现状

（一）近半林农接受合理补偿后愿意将自有林木划定为公益林

49.8%的被调查者认为个人投资营造的林木被划为公益林虽然态度上不情愿但补偿合理能接受，表示不情愿的有24.7%，只有18.0%的林农情愿将个人投资营造的林木划入公益林（表5-3）。

表5-3　如果您个人投资营造的林木被划入公益林，您的态度？

选项	人数	总百分比（%）
A、情愿	714	18.0
B、不情愿	980	24.7
C、不情愿但是补偿合理能接受	1976	49.8
D、其他	191	4.8

（二）获得生活补助是林农最希望的补偿方式

当问到："您对个人投资营造的林木被划入重点公益林，林木被禁伐或限伐，经营受到限制，您希望得到政府怎样的帮助？"24.8%的被调查者表示如果个人投资营造的林木被划为公益林希望得到政府的生活补助，13.8%的人希望得到免费的技术培训，11.7%的人希望得到无息或者低息贷款，11.5%的人希望在当地兴建工厂、提供就业机会，9.3%的人希望联系外出打工，6.9%的人希望生态移民。获得生活补助是林农最希望的补偿方式（图5-3）。

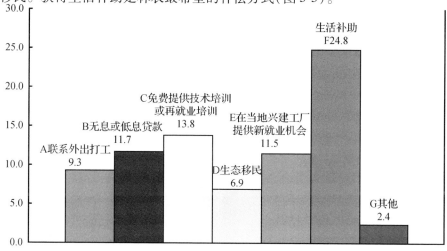

图5-3　林农最希望获得的补偿方式

四、调查中发现的问题

（一）集体林权改革下的生态隐患

集体林权制度改革的主要任务是"明晰产权、放活经营权、落实处置权、保障收益权"，其遵循的两条基本准则是"农民得实惠"和"生态受保护"。目前"林农得实惠"已经取得了一定的成效，但"生态受保护"在林改过程中却出现了一些问题。

1. 速生林取代原生林破坏自然环境

2008 年《林改意见》关于放活经营权的规定是："农民可以依法自主决定经营方向和经营模式，生产的木材自主销售。"这种自主经营，尤其是林木物种的选择，对森林生态会产生难以预料的影响。相比较原生林而言，速生林的生长周期短，有较为明显的经济利益。原生林的生长周期长，经济利益收效慢，林农纷纷种植见效快、收益好、附加值高、市场前景广的速生丰产林。比如，素有"中国林改小岗村"之称的福建省永安市洪田镇洪田村在林改推进过程中就营造了大量的桉树、光皮桦等速生丰产树种。随着分林到户政策的落实，越来越多的林农将天然的原生林替换成速生丰产林。速生林对土地只耗不养，再加上化肥催生、农药杀虫，加剧了土地贫瘠化的速度。在农村，种过速生林的地方，其他植物便很难再生长了。速生林对环境、对土地害大于利。林权改革要求放活林木经营权，大大强化了经营与收益权能，这样必然会使林农对高回报率的树种产生偏好，从而导致林区树种单一，威胁到森林的生态安全。林权改革可能提高的是森林面积和林木数量，而降低的是森林、林木的质量，并有可能会威胁到森林生态系统的生物多样性。

2. 林木采伐制度的放宽将会危及野生动物的生存环境

林权改革从某种程度上会对生物物种（野生动物资源）的减少产生影响。调查表明，林改后林木采伐制度放宽是否会对野生动物的生存环境造成破坏？认为采伐制度放宽会对当地的野生动物的生存环境构成破坏的人数占到被调查者的74.7%。根据 2008 年《林改意见》的规定，"农户承包经营林地的收益，归农户所有。"林地上的林木只有通过砍伐，才能给林农带来看得见的收益。在林权改革下，生态利益不可能完全固守不变，生态保护与个体林农利益必然面临重新"划分地盘"。《物权法》之后的《林改意见》加强了承包经营权处置与收益的保障，必然对基于生态公益和社会公益的《森林法》与《刑法》等规制法产生冲击，林业承包经营法与生态环境保护诸法律之间，都面临重新调整的法律需求。事实上《国家林业局关于改革和完善集体林采伐管理的意见》中已经指出："改革和完善集体林采伐管理是深化集体林权制度改革的必然要求。科学的森林采伐管理是

'放活经营权、落实处置权、保障收益权'的关键。""完善采伐限额管理制度，逐步实现由限额指标管理向采伐备案管理的转变，建立以森林经营方案为基础的森林可持续经营的新体制。"林业部门已经表示，对商品林的采伐要逐步取消采伐许可证，过渡到自由采伐的时代。从原来的森林公法立法过严损及林权利益实现，到将来的林业公法可能让路于物权法，以致可能损害生态利益。

3. 生态补偿不到位影响林农营林护林的积极性

根据 2008 年《林改意见》，与生态保护相关的重要内容就是"放活经营权，实行商品林、公益林分类经营管理。"这样规定的目的是在林权改革中兼顾生态系统保护。而分类经营中的公益林，按照《林改意见》"对公益林，在不破坏生态功能的前提下，可依法合理利用林地资源，开发林下种养业，利用森林景观发展森林旅游业等。"林地分到户后，林权所有者可能利用良好的生态环境发展生态旅游，同时进行道路、电力、庭堂楼馆等基础设施建设，这些人为活动和建设将造成野生动植物栖息地被压缩，活动范围缩小等不利、长期不可逆转的影响。针对野生动植物栖息场所，人类活动越少对动植物的保护越有利。因此，对这种区域只能通过生态补偿一项制度来实现林农的经济利益。当前国家对公益林的补偿标准为每年每亩 10 元，只相当于林农改种毛竹后卖一根毛竹的价格，难以调动林农保护公益林的积极性。调查显示，49.8% 的被调查者认为个人投资营造的林木被划为公益林虽然态度上不情愿但补偿合理能接受，充分证明了公益林补偿偏低。众所周知，与粮食种植的食用性与经济性不同，植树造林不仅只为解决木材生产等经济问题，更重要的作用还在于生态系统保护。在生态补偿机制失灵的前提下，林农有可能直接将公益林种换成商品林种经营以提高竞争能力。如果政府机关监管不到位，这种现象最容易出现，正像我们在环境污染控制中所一直面对的困境：由于守法成本高，违法成本低，污染企业纷纷通过偷排等方式取得了环保监管不到位下的非法利润，林业承包人也可以通过林业监管的不到位，将生态公益林非法砍伐或置换品种。因此，生态补偿在林权改革过程中就显得十分重要。

（二）集体林权改革下野生动物栖息地保护问题

林权改革对野生动物的影响主要是通过人类活动造成的，且这种影响是多方面的，总体可分为直接影响和间接影响。直接影响即是林权改革下人类与野生动物发生的正面冲突；间接影响即是林权改革下人类对环境的利用效果通过环境生物圈以及生物链等方式传导至野生动物。动物无姓名权、名誉权等人身权，人类活动对其影响主要体现为对其生存权的影响，生存权主要是野生动物继续生存以及繁殖的权利，影响主要体现在以下方面：

1. 生存环境突变

生存环境突变，导致野生动物物种非正常衍变。而生存环境突变主要是由于人们对林地的使用，导致林地功能的改变。多数林农认为林业用地只能还是林业用地（表5-4），但对于林业用地尚有不同的使用方式。林业用地是专门用于林业生产的土地的总称。在中国，包括防护林地、用材林地、经济林地、薪炭林地、特种用途林地等有林地及宜林的荒山荒地、沙荒地、采伐迹地、火烧迹地等无林地，灌木林地，疏林地，未成林造林地等。

表5-4   对原来是林业的用地，您认为可以怎样使用？

选项	人数	总百分比（%）
A. 随便开垦种庄稼	343	8.6
B. 盖房子	325	8.2
C. 只能还是林业用地	2458	62.0
D. 不知道	764	19.3

集体林权改革下林地使用权、收益权、处置权归林农所有，不再是集体或联合经营，经营利益直接归林农所有，林农在直接利益的驱动下栽种经济效益好的树木，因此低投入、高产出的经济林将成为大部分林农的选择，经济林得到大范围栽植，替换原本的植被。处于生物链底层的植被的变换必然导致生物链上层生物的变化，从而引起整个林地生态环境变化。生存环境突变，这对于长期生存于林地的野生动物来说是个巨大的冲击。这无疑是将动物带回物种发展早期为生存与环境作斗争的时期，在生存与否的抉择下，野生动物要去适应"新"环境就必须改变旧有的生理特征，在"优胜劣汰"的自然法则下，野生动物物种特征变化，最终导致物种非正常衍变。由于经济技术发展的神速，社会经济要求多且目标多样，与此相适应，人类活动频次高且特征不一，在这种情况下，野生动物物种衍变频次高。区域性显著的非正常的野生动物物种衍变超出了环境的可控范围，最终将不利于环境的正常发展。

2. 生存环境冲突

在集体林权改革下野生动物保护还可能引起环境冲突，即环境污染、环境破坏、资源短缺。

（1）环境污染。集体林权改革下，人们利用林业资源的活动是多样化的，对野生动物生存环境的污染也是多方面的，噪音污染、水体污染、气体污染、固体污染等方面都涉及。生产机器的运作将对周围环境产生一定的影响。另一方面，机器运作时高分贝声音会对某些对声音敏感的野生动物生存产生；生产生活产生废污水，一旦随意排放，会使地面水受到污染，进而影响水生动物生长。

（2）环境破坏。集体林权改革下，人们大范围利用林业资源，主要是林木资源、土壤资源，对资源利用频次过高方法不当，将导致资源超出其可再生能力的范围。植被的破坏、土壤肥力的下降等都将对野生动物生存带来直接影响。

（3）资源短缺。一方面，人们利用林业资源将直接导致野生动物可利用资源量的减少，甚至完全消失。例如，原本人们将经济利益更高的经济林替换原来的林木品种，地表植被的变换将导野生动物赖以生存的栖息地和食物来源的丧失。另一方面，野生动物生存空间资源的丧失，林业经济产出很大程度与其占用的空间大小有关。集体林权改革下，人们利用已有的林业空间资源，甚至以技术为优势开发从前未涉足的林地，林业生产空间资源增加即是野生动物与生存空间资源的减少，这对野生动物生活、繁殖等造成影响。

3. 生存风险加大

野生动物生存风险的加大是指野生动物生存权受侵害的可能性加大。集体林权改革下，野生动物生存风险加大主要是由于与野生动物生存相关的因素受到影响，如食物、栖息地等自然因素的改变，以及人为因素的直接入侵，主要包括：

第一，人们对林业资源的利用导致野生动物赖以生存的栖息地和食物来源的丧失。即人类与动物因争夺林业资源造成其生存风险的加大。资源总量是有限的，而对其需求是无限的。集体林权改革下，人类对林业资源的利用方式更为直接、频率更高，占用或直接使林业资源灭失，相对的，野生动物能占有利用的资源减少。食物的减少，野生动物因此遭受饥饿；栖息地的减少，野生动物生存习性被迫改变，甚至影响其繁殖数量。

第二，人们采取的捕杀、毒杀行为将直接扼杀野生动物生命。人们捕杀、毒杀野生动物主要是出于两个原因。一是在资源争夺中，林农为完全独自占用林业资源，将原生存在林地的野生动物捕杀。对庄稼被野生动物破坏，38.2%的人认为应该找相关部门补偿，33.3%的人认为没有其他办法、只能加大看护力度，仅有10.8%的被调查者选择在野生动物破坏庄稼后会去进行围捕（表5-5）。直接与《野生动物保护法》相关规定相违背的比例仅占一成，多数林农知道野生动物保护的规定。直接采取围捕行为的比例并不大，但是在没有办法的情况下，加大看护力度也不能保护庄稼的情况下，林农的选择或许多为围捕。这是因为人类与动物力量比较中，人类处于优势地位，围捕的难度、成本较低，在没有其他办法的条件下，人们出于生产成本等考虑，会更倾向于围捕；二是为获取林业以外利益，捕杀、毒杀野生动物用作野生动物制品的买卖交易。集体林权制度改革下，林农对林地利用的自主性加大，一旦监控力度不足，以上两种现象都将出现。

表 5-5　如果野生动物破坏您的庄稼，您会怎么办？

选项	人数	总百分比（%）
A. 围捕动物	430	10.8
B. 找相关部门补偿	1517	38.2
C. 没有其他办法，加大看护力度	1322	33.3
D. 其他	281	7.1
E. 不知道	212	5.3

第三，由于人们生产活动开展，将为林地环境带来外来细菌、病毒等，野生动物对此并无预防能力，生存风险加大。

第四，因生产活动的开展进行的基础设施建设，如公路、大型机器设备等，将妨碍野生动物物种繁殖加大生存风险，或是被机器设备直接被袭击致伤致死。

第四节　对策建议

一、完善林业行政补偿制度的建议

行政补偿作为一种具体行为，是在作为国家权力意志代表的行政机关的行为在不违法的情况下对相对人的权利作出限制，公民、法人以及其他企事业单位、团体在私权利受到限制甚至是剥夺的时候，完善的市场经济制度的国家即使在无法可依的情况下，也可以根据市场机制，得到公平、公正的行政补偿。为了建立和完善我国的林业行政补偿制度，我国应该做到以下几个方面：

（一）建立我国林业行政补偿制度的基本原则

1. 公平原则

公平和平等，是法律存在所追求的价值之一，它要求法律调整的对象，以及受法律调整的人群之间利益均衡，平等享有权利与义务。

环境法以现实的不平等为基础来建立公平体系，在承认市场主体资源享赋差异的前提下，给每个主体以相对特权，追求结果大体公平，即以不公平求公平。而行政补偿的本质，不管是基于公平负担说还是特别牺牲说，其目的也是为了追求公平与正义，通过协调相关者的利益而达到一种价值上的公平与正义。国家作为全体公民的利益代表者，它通过一套财产转移与分配机制，使补偿人的利益最小限度地受损。林业行政补偿制度设计的初衷也理应如此。行政补偿相对人在其生产生活的区域变成保护区而利益受到影响后，该区域的生态系统得到了有效的保护，这似乎看起来与其他人群没有直接的利益联系，然而一个保护完整的生态区域，不管是在经济上，还是在社会上以及在美学上等，都对整个国家的经济发展与社会稳定，乃至全民的生活条件有很大的提高。林业自然保护区的建立，使得全国人民甚至全球都受益匪浅，而自然保护区内或者周边的居民利益受到了不少限制。因此，基于公平正义的原则，必须给予利益受损者相关补偿。而这种补偿，包括补偿标准与补偿方式也必须符合公平原则，即补偿需要与受损程度相适应，这种补偿应该是充分、合理而有效的。

2. 透明与协商原则

林业行政补偿作为一个具体行政行为，它势必涉及到行政主体和行政相对人的双方利益。行政补偿的前提是行政行为相对人的利益受到损害，而一个科学合理且能行之有效的行政补偿，必须要以公开透明为前提，让行政法律关系的双方当事人，尤其是利益受到损害的行政相对人获得相关充分的信息。只有在这个情况下，才能表明行政补偿是符合正义价值的。这一要求在林业行政补偿领域内更为突出，因此林业行政补偿的信息公开度与透明度尤为重要。只有在受偿人首先获得充分的相关信息后，才能开始从心理上接受行政补偿，这同样也符合公平正义的价值追求。

政府机关在制定和实施补偿政策中公开透明的前提后，下一步则需要与行政补偿相对人有一个充分的协商过程。只有经过充分协商，行政补偿相对人才能表达自己的意愿和诉求，才能参与整个行政补偿的流程中。这样不仅在表面上使行政补偿相对人得到了国家和政府的尊重，且建构在一个充分协商的基础上的林业行政补偿更加科学合理，让政府机关与当地居民之间建立一个充分相互信任的平台，从而促使受偿人更加积极地参与林业自然保护区的保护和建设工作中。另外，协商的过程也是一个补偿双方相互博弈的过程，补偿主体的政府部门很难做到在协商的过程中完全不顾及受偿人的利益。因此，最终的补偿结果也是一个相互博弈的结果，这种情况明显比补偿主体单方制定和实施补偿标准要更加合理有效。

3. 差异原则

林业行政补偿制度内涵广阔、类型多样且错综复杂。因此，在建立一个科学合理的林业行政补偿体系中，除了保持其完整性外，还应该体现出差异原则。例如，退耕还林补偿政策与自然保护区补偿政策以及野生动物致损补偿政策的补偿标准和补偿方式等均各不相同，应根据不同的林业行政补偿领域的生态特点，采用不同的补偿策略。并且，由于我国地理环境千差万别，在制定补偿政策时也应该因地制宜、因势利导，按需给予补偿，个别林业行政补偿制度待，比如自然保护区，在补偿的时候也要区别对待，突出保护重点。此外，差异原则也应该在林业自然保护区的时间长短上有所体现，比如有的林业自然保护区由于早期的破坏严重而需要长期保护，有的则在短期的时间内就可以恢复其原有的生态水平。

（二）建立和完善林业行政补偿的基本法律体系

我国现在没有一个完整行政补偿法律体系，更没有一个完整的林业行政补偿法律体系。因此，从法律层面考量，在整体上需要构建一个完整化、体系化的生态补偿立法。在国家立法层面，修订现有的《森林法》和《环境保护法》，将其中关于林业生态补偿的内容进行细化，如对补偿的目的、范围、方针、原则、重要措施、救济途径等做出明确规定。另外，现在正在起草的《生态补偿条例》，对补偿标准、补偿方式都有统一规定，解决了我国当前各部门以及各地方之间混乱乃至相互矛盾的现象，并对我国林业行政补偿制度做到一个初步的完善。此外，林业部门在梳理当前林业领域内的行政补偿规范性文件，并结合当前地方的一些成功的林业行政补偿经验，制定一部部门规章。该部门规章作为调整全国林业行政补偿的规范性文件，需要非常细致与科学。完善我国林业行政补偿制度，不仅要在宏观上建立一个完善的林业行政补偿体系，更要把林业行政补偿的要素，科学地制定在林业行政补偿法律法规之中。

（三）建立多元的林业行政补偿主体制度

1. 扩大补偿主体的范围

生态补偿的补偿主体指生态效益的受益者。在当地林业主管部门作为补偿主体的基础上，增加林业自然保护区内可确定的直接受益者作为补偿主体。此类补偿主体主要包括因建立林业自然保护区而直接获得经济利益的组织和个人，如在林业自然保护区内或者周边发展旅游的相关企业与个人，应当根据其利润与盈利情况而收取一定量的林业生态补偿费用。根据行政补偿的"公平负担说"，林业生态区域内的相关居民因所建立的保护区而利益受到限制或者损失，另外该区域的一部分人因所建立的保护区而获得利益，根据公平正义原则，后者应该给予前者合适的补偿。扩大林业行政补偿主体，使非行政性质的补偿参与到林业生态补偿中来，在法理学上并非严格意义上的行政补偿，但是在其目标和宗旨上则是政府职能转变的一种期许，它使得原来的行政补偿由单纯行政机关的行为，逐渐转变为结合市场经济方式的补偿。

2. 提高受偿主体的参与度

第一，补偿主体应该在制定和实施补偿政策的过程中，做到信息公开，使受偿主体对林业行政补偿的各项内容与程序都有一个完整的了解与掌握，对当地文化水平不高、难以理解补偿政策的局面进行普法宣传教育，提高其素质。

第二，在补偿政策制定之前，深入补偿区域进行调研，与当地居民和受偿人进行沟通，认真、耐心听取他们对于补偿政策的意见和建议；在补偿政策的制度实施过程中，充分做到与受偿人进行协商，允许受偿人发表自己的意见；在作出影响当地居民利益的行政行为之前，可以举办听证会，允许利益受影响人和补偿主体就补偿的一些问题进行谈判和博弈，补偿资金的筹集、管理和使用也应接受群众监督；林业自然保护区在提供新的工作岗位时，应允许当地居民有优先获得招聘的权利。

此外，相关环境保护的 NGO 组织，由于其自身拥有一套完整的运行体系，对林业生态补偿政策也有一定的研究，其知识专业程度要比当地居民高。因此，在林业行政补偿政策的制定实施过程中，也可以引入 NGO 组织，它们代表的是当地居民的利益，同补偿人即当地政府部门进行充分有效协商，最终达到一个对受偿人进行合理有效补偿的结果，实现双赢。

（四）建立合理有效的生态补偿方式

在林业行政补偿制度中，补偿方式是除了补偿标准之外的另外一个重要因素，补偿方式是否科学合理会直接影响到补偿效果。应该根据我国各地的实际情况，因地制宜、科学合理地扩充和统筹林业行政补偿方式。在给予货币和粮食补偿之外，结合利用智力、政策和项目等补偿方式，即重视所谓的"造血型补偿"，如给当地受偿居民免费进行普法宣传，提供相关技能培训，推动其再就业，在政策上对受偿者进行优惠；如对受偿者自主创业进行税费减免等，还可以在保护区内或者保护区周边引入相关项目；如引入援助合作项目，有机食品、生态旅游等特色产业，给受偿者提供就业机会。这样不仅可以减少当地政府单纯对受偿者提供资金补偿的财政压力，还可以减少受偿者对资金补偿的依存度，促使受偿者长期有效地实现自身发展。

（五）建立和完善补偿资金机制

1. 畅通多重补偿资金的筹集渠道

在保留原有的财政转移补偿的同时，在市场经济下组织多重渠道的补偿资金，例如向因建立林业自然保护区而受益的组织和个人，收取一定的生态补偿费。生态补偿费是市场而非政府的作用在生态补偿领域的体现。与生态税相比，生态补偿费收费标准的制定具有较大的灵活性，能起到迅速补充生态补偿资金的作用，福建省永安市收取的水费附加费等生态补偿费用，值得全国借鉴。林业生态保护建设是一项惠及全人类的社会公共事业。因此，除根据市场规律扩充补偿资金的来源渠道外，还可以通过一些社会渠道进行融资，比如接受一些社会组织、团体以及个人的捐赠。生态环境的保护不仅是当地政府与居民的责任，更是全国人民乃至全人类需要共同承担的责任。因此，不管是国内组织还是国外团体，都可以对林业自然保护区的保护和建设进行捐助。

2. 完善生态补偿资金的使用与监管

首先，建立林业行政补偿专项基金。凡是通过林业行政补偿融资渠道得到的资金，都应该算入补偿基金。补偿基金仅用于补偿，禁止挪作他用，可建立专门管理委员会，委员会成员从保护区管理人员和当地居民选举产生，管理委员会对补偿基金的来源使用和管理的信息要公开透明，受外界社会监督。其次，提高补偿资金的使用效率。应该减少流通环节，节省时间，更重要的是节省成本。最后，完善补偿资金的监督机制。一个完善的补偿监督体制，需要以信息的透明公开为前提，积极接受社会公众对相关信息的查询，耐心解答；完善补偿资金的档案管理，为受偿者建立信息档案，记录补偿资金去向，并随时随机对受偿主体进行抽查回访，确保补偿资金落实到保护区生态保护的牺牲者手中。

二、解决生态隐患的对策建议

（一）林权改革后对生物多样性保护的对策

当前林农对于林改的主要认识是要增加收入来源以及满足生活需求，并没有把环境保护放在首要位置或者放在与经济效益同等的位置。政府的利益需求则应当是加强森林资源保护，维护公共利益。林农如果认识到原生林所具有的涵养水源、调节气候、保护生物多样性等生态效益，就会从根本上重视对原生林的培育维护。

因此，政府应当强化林农的生态保护意识。在选培树种时，应把对原生林的培育放在首位。对生态脆弱区要保护其原有物种，不破坏其原有自然景观，杜绝人为干扰，做好对幼林新种的培育更新。对生态公益林区实行封山培育，保护珍贵濒危树种的林木、幼苗和幼树，满足濒危野生动植物物种对栖息地数量和质量的特定要求。真正从思想上深化对林权改革的认识，加深对森林生态公益性的理解，将维护生态稳定落实到实处。我国作为《生物多样性公约》的签署国，必须在生物多样性的保护上遵守国际公约的要求。由于林农的逐利性，林权改革后增大的森林面积将大多会是用材林面积，引起物种减少。应从科技标准与科技规范的角度，对林农的生产经营行为进行一定的生态保护导向的指引，对于潜在的物种灭失和单一化，以及因逐利造成的外来物种入侵等生态风险，都应当有一些强制性或禁止性的规定。

（二）林权改革后针对林木采伐制度放宽的对策

林权改革必然对林业采伐制度提出新需求。采伐管理制度是林权改革要重点关注的一个制度，它不仅关系着林农的基本利益，还决定了林区的生态环境，是重要的森林管理制度。按照《森林法》的规定，我国主要采取限额采伐制度和采伐许可证制度。建立科学、动态、区域化、大尺度的生态保护性技术指导机制就显得十分重要。技术导则作为技术性规范应由林业主管部门进行制订，目的是保护一定区域内的生态功能与生态结构的健康性与平衡性。待技术指导机制运行后，国家有必要修改和放宽我国《森林法》的相关规定，发挥市场的资源配置属性，同时加大对商品林更新的政策鼓励与商品林林种选择的行政指导。对于生态功能保护的结果，一定要作监测与评估，并据此对地方相关管理部门进行林权改革的绩效考察。

（三）林权改革后建立合理生态补偿机制的对策

2008 年《林改意见》中规定了生态补偿的范围，"经政府划定的公益林，已承包到农户的，森林生态效益补偿要落实到户；未承包到农户的，要确定管护主体，明确管护责任，森林生态效益补偿要落实到本集体经济组织的农户。"目前实践中存在的问题是：无论是国家补偿还是地方补偿都有补偿标准偏低的问题，无法反映森林的生态价值。生态补偿的范围从何而来，标准依据从何而来，由什么主体制订等问题值得研究。

（1）具有重大生态意义的林地与林木不进入林权制度的改革范围，而应由政府统管，这一做法虽在我国改革实践中运用但范围太小。

（2）对具有一定生态价值的林木进行合理的生态补偿，将其生态外部效应内化于市场之中。生态补偿机制的发挥效果受制于生态价值的科技评估能力、生态环境行政法律规制的宽严尺度、区域经济发展不平衡性等生态、经济、社会因素。要有严格的林权划定与生态监测的机制。林权划定主要涉及商品林与公益林的技术判断问题。生态功能的判定，技术性极强，林业部门应加强技术与管理层面的指导，对林权落实到户后，可能存在的、对生态环境有风险的经营动向进行监控，及时监测，一旦发现问题，即使不划定为公益林，也纳入生态补偿范围，确保我国森林生态功能在技术层面可持续发展的能力不受损害。

（3）不断提高补偿范围和补偿标准。林农应参与补偿标准的制订。调查表明，林农对禁止或限制利用自己的林子不情愿但是补偿合理能接受的占到了被调查者的一半（49.8%），这说明补偿范围和标准直接影响到林农为生态利益做贡献的积极性。生态补偿是在林农为国家生态建设做出牺牲后给予的补偿。让受补偿者充分参与到标准的制定中来，体现了决策的民主性。根据法律公平性原则，林农为生态建设做出牺牲后，受益者是整个社会，可以通过多级财政共同负担等方式，不断扩大生态补偿范围，提高生态补偿标准。将公益林的补偿标准提高到每亩每年 30 元，并建立森林生态效益补偿标准动态调整机制，每年递增 10% 以上；建立多元化的生态补偿机制，例如建立生态受益区向自然保护区的补偿机制。补偿的方式与途径则可以通过无息或低息贷款、免费提供技术培训或再就业培训、在当地兴建工厂提供新就业机会、生活补助等多种方式组合进行，因地制宜、因时制宜，尽可能地提高补偿的效益。

三、林权改革后保护野生动物栖息地的对策建议

(一)通过宣传提高林农野生动物栖息地保护的法律意识

印发资料是农村宣传法律知识的主要手段。39.4%的被调查者表示是通过印发资料进行普法的，而通过组织集体学习、入户宣讲、文艺演出的比例则分别是31.9%、28.7%、16.9%；而林农渴望有多样式的法律宣传，林农对于未来普法采用入户宣讲、印发资料、组织集体学习、文艺演出进行普法宣传的比例分别占被调查者的9.6%、29.2%、30.5%、27.1%。这四种主要的普法形式的需求比例都占被调查者的三成左右，反映出林农对未来普法活动形式的要求具有多元化倾向。

基于以上数据也可发现，林农对与集体林权改革相关的法律法规的了解并不充足，林农个人有掌握与林权改革相关法律的要求，农村相关法律宣传的次数不多、形式较为单一。制度的落实，无论其规定得如何完美，其落实最终决定于人，其落实效果与人的因素互为作用。当前，农村应通过多种形式加强对林农法律法规知识的宣传，以提高林农保护野生动物的法律意识。

(二)通过具体制度建设完善野生动物栖息地保护机制

从法律上给予野生动物保护以强有力的保障措施，可以有效地保护野生动物权益。

1. 事前，评估与许可机制相结合

（1）评估机制

在林业生产经营活动开展前，对林地野生动物资源进行有效评估。评估应包括野生动物资源情况，如野生动物种类、稀有程度、数量、分布范围等。根据评估还应作出相关的保护方案，以已有《野生动物保护法》或之后得以设立的集体林权改革下《野生动物保护》的相关条例为依据，结合野生动物保护的实践工作和经验，选择具体保护方式，如是将整片林区划定为公益林或自然保护区，对野生动物进行保护，还是在林区内划定特定区域，设置缓冲带；是安排特定人员对野生动物进行保护，还是禁止人类侵扰即可。评估以及评估后方案的提出都应在林业生产经营活动开展前作出。

（2）许可机制

引入许可机制。林区资源，不仅包括林木资源、土地空间资源，还包括生物资源。对于生物资源中的野生动物利用应另设许可机制。首先，经评估，林区中野生动物可分为可利用和受保护不可利用的，许可中应将两种野生动物资源的界限界定清楚。其次，对于受保护的不可利用的野生动物应明确地禁止利用，并要求保护；对于可利用的野生动物，应对利用方式、范围等进行明确规定，防止利

用不当、超出限度，损害野生动物生存利益甚至影响不可利用的野生动物权益。

2. 事中，保护与补偿机制相结合

（1）保护机制

第一，加强集体林权改革下野生动物保护的立法工作。一是尽快设立一部全国性的集体林权改革下《野生动物保护法》，在整体上指导全国范围内的制度的落实。这可修订已有的野生动物保护法或另设单行法进行保护。二是为集体林权改革下野生动物保护制定相关的实施细则，减少原则性的法条的设定。三是各地结合区域特点制定或细化，构建有针对性、多层次的集体林权改革下野生动物保护体系。制度的落实和相关管理制度的有效开展，都必须以法律为保障。加强立法工作，为野生动物保护的规范化运作提供法律依据，使保护机制进入法制化轨道。

第二，完善机制内容。保护机制内容应当包含保护对象、保护主体、保护方式、保护模式。集体林权改革下，应对哪些野生动物进行保护？如何确立保护对象，是制定全国性统一的保护名单，还是根据各个林地的实际情况确定保护名单？为什么要对这些野生动物进行保护？除了考虑其自身的生存权益，对生态环境的影响外，还应考虑其对林业经济发展的影响，尽量缓和保护野生动物与林业经济发展之间的矛盾。

在保护主体方面，是以政府机构为唯一保护主体，还是采用多元化保护主体形式，如民间动物保护公益机构。保护方式应是多样化，如划定公益林、自然保护区对野生动物进行保护。模式不宜单一化，不宜只进行事后救济性保护，集体林权下野生动物保护应当也可以采取多种模式，如事前，林业生产活动前通过评估野生动物资源进行相关保护；事中，林业生产活动中，对因野生动物保护产生的经济利益丧失进行补偿；同时，对违反野生动物保护的行为进行责任追究、惩罚性赔偿、基金弥补。

（2）补偿机制

集体林权改革下，野生动物保护直接影响林农的利益，如果处理不好两者间的利益冲突，影响林权改革推进的同时也导致野生动物得不到有效保护。因此，应引入补偿机制。

我们的调查结果表明，10.0%的被调查者对公益林补偿政策非常满意，34.6%的人对该政策表示比较满意，两项之和为44.6%；49.8%的被调查者认为个人投资营造的林木被划为公益林虽然态度上不情愿但补偿合理能接受，18.0%的林农情愿将个人投资营造的林木划入公益林，表示不情愿的有24.7%。

这表明，若因为生态环境保护所需，林农是可以接受的政府公益性行为，如调查问卷中设计的划定公益林，但需要进行合理的补偿。因此，为保护野生动物，应在集体林权改革下建立一套较为完善的补偿机制。补偿机制主要应明确补偿对象、补偿模式、补偿标准。补偿对象与保护对象相同，因此需探讨补偿模式和补偿标准。

建立多元化的补偿模式。一是政府补偿。政府可通过减免税收、补贴、奖金等方式对野生动物维护者、野生动物保护服务提供者、因保护野生动物林业利益受损者进行补偿，这种补偿建立在政府的税收收入之上。二是社会补偿。通过建立相关的野生动物补偿基金，对社会上的林区野生动物补偿资金进行聚集，对野生动物保护中利益受损者进行补偿。四是单位、个人补偿。通过法律规定确认单位、个人之间在林业资源利用过程中产生有损野生动物利益的行为，通过法律追偿行为，对利益受损者进行补偿。

确定补偿标准。一方面，根据市场交易标准，确定补偿标准，集体林权改革下野生动物保护补偿标准可根据其林业经济利益进行确定，如野生动物保护服务提供者补偿应包括其已付出的物质价值、劳动价值、可能获得的机会价值，这些可根据市场交易一般标准进行估算。另一方面，加强相关研究，为野生动物保护标准的确定提供科技支撑。湿地为一个较复杂的生态系统，对相关损失进行量化或转化成具体物质进而得出一定价值，依据此标准进行补偿，这个过程中需要大量的科学技术作为支撑。

3. 事后，赔偿和惩罚机制相结合

在集体林权改革中侵犯野生动物的行为要进行事后的追究，行为人承担相关责任。事后追究可主要集中在赔偿和惩罚上。

（1）赔偿机制

此处赔偿主要是指经济赔偿。赔偿主要涉及赔偿主体、赔偿范围。

第一，赔偿主体。根据行为对野生动物造成损害后果以及因果关系，可分为负有直接赔偿责任主体和间接赔偿责任主体。直接赔偿责任主体为其行为直接损害野生动物利益，如捕杀；间接赔偿责任主体为其行为虽无直接损害野生动物利益，但造成损害结果，如砍伐野生动物食物、向河水倾倒污染物等。应考虑到野生动物对于损害无法事前预防也无法事中阻止，且自然环境物质循环性，野生动物由于不合法行为遭受损害的必然性，赔偿主体应包括直接赔偿责任主体和间接赔偿责任主体。

第二，赔偿范围。因损害野生动物生存性无法计算其利益受损范围，赔偿范围应主要参照恢复费用。

（2）惩罚机制

第一，明确监督惩罚主体。对相关监管部门的职能进行清晰、明确的划分，防止出现管理错位、职能交叉等浪费行政资源、降低监管力度的现象。

　　第二，对制度落实的监管标准进行理论上的清晰界定，进而加强制度落实监管力度。要确立完善的、统一的监管标准，在全国范围林权改革下野生动物保护落实进行较为公平的监管。

　　第三，制定有力惩罚措施。因集体林权改革涉及由许可等制度引发的行政法律关系、物权等引发的民事法律关系，惩罚措施也可综合行政惩罚和民事惩罚，如对严重侵犯野生动物利益的行为采取吊销林地经营许可证惩罚、处以罚金，以及赔偿。

第 **6** 章

林权改革背景下自然保护区发展现状与对策

第一节　自然保护区发展现状

一、世界自然保护区的发展

由于人类大规模开发自然资源，森林与湿地丧失、草原退化、环境污染以及生物资源的过度利用等导致生物多样性大量丧失，物种灭绝速度加快。如今，生物多样性丧失和生态环境恶化已经成为全球性问题，如何有效地保护生物多样性和生态环境也已经成为当前全世界所面临的重大课题。

1872 年，美国建立了世界上第一个自然保护区，即黄石国家公园。建立黄石国家公园的主要目的就是保护当地丰富的野生动物资源，如美洲鹤（*Grus americana*）、灰狼（*Canis lupus*）、灰熊（*Ursus arctos*）等，以及独特的生态系统和自然景观。140 多年来，黄石国家公园成功抵御了多次自然灾害的威胁，如今已经发展成为全世界最为著名的自然保护区之一。

经过 140 多年的艰苦努力，尤其是自 1992 年 6 月巴西里约热内卢的联合国环境与发展大会并签署《生物多样性公约》以来，人类在生物多样性和自然资源保护方面的工作进展迅速，探索了国家公园（National Park）、禁猎区或庇护所（Refuge）等多种自然资源保护形式，并取得十分显著的成就。根据 2003 年联合国环境规划署（United Nations Environment Programme，UNEP）、世界自然保护监测中心（World Conservation Monitoring Center，WCMC）、国际自然保护联盟（World Conservation Union，IUCN）和世界保护区委员会共同出版的《联合国自然保护区名录》统计，当时世界各地共建立 10.2 万处国家公园和自然保护区，面积达到 1880 万 km^2，占地球陆地面积的 12.65%。其中，陆地上保护区面积达 1710 万 km^2，占陆地总面积的 11.5%；海洋类型保护区 170 万 km^2，占海洋总面积的 0.5%。其中现有保护区中有 90% 是在近 40 年中建立的。到 2011 年底，全球共建立各类保护地 13 余万处，面积则超过 2423 万 km^2（图 6-1）。

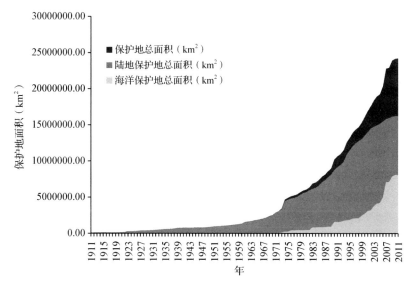

图 6-1　1911～2011 年全球自然保护区发展趋势

数据来源：IUCN and UNEP – WCMC（2012）The World Database on Protected Areas（WDPA）；February 2012. Cambridge，UK：UNEP – WCMC

二、我国自然保护区的发展与现状

我国的自然保护区事业，是在新中国成立后，伴随着林业建设的发展而发展壮大的。1956 年 9 月，秉志、钱崇澍等五位科学家向全国人民代表大会一届三次会议提出 92 号提案，建议在全国各省（区）划定天然森林禁伐区，即自然保护区。国务院根据此次大会的审查意见，交林业部会同中国科学院和当时的森林工业部办理。同年 10 月，林业部制定了划定自然保护区的草案，提出了自然保护区的划定对象、划定办法和划定地区。据此，各地相继建立了以保护森林植被为主要功能的黑龙江丰林、浙江天目山、广东鼎湖山、云南西双版纳等我国第一批自然保护区，从此启动了我国自然保护区建设事业。

"文化大革命"期间，我国自然保护区事业受到严重的影响。但是，自 1972 年联合国环境与发展大会之后，我国对环境问题逐步重视。尤其是 1979 年 10 月林业部、中国科学院、国家科委、国家农委、环保领导小组、农业部、国家水产总局、地质部等八部委下达了《关于加强自然保护区管理、规划和科学考察工作的通知》之后，我国自然保护区发展开始走上正轨。特别是自 2001 年开始全面启动"全国野生动植物保护和自然保护区建设工程"以来，自然保护区建设开始全面提速。

经过近 60 年的努力,我国自然保护区事业发展迅速(图 4-2)。特别是"全国野生动植物保护和自然保护区建设工程"于 2001 年全面启动实施以来,自然保护区建设开始全面提速。截至 2013 年年底,我国已建立自然保护区 2697 处,面积约为 1.46 亿 hm²,在保护我国生物多样性、维护国土生态安全和促进社会经济可持续发展等方面发挥了重要作用。

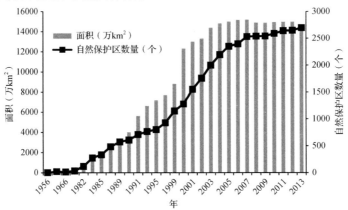

图 6-2　我国自然保护区在 1956～2013 年的发展趋势

(一)类　型

我国负责自然保护区的部门很多,有林业部门、环境保护部门、城建部门、海洋部门、农业部门、国土资源部门、水利部门,以及科教、中医药、旅游等部门,其中林业部门建设与管理的自然保护区在面积和数量上均约占我国自然保护

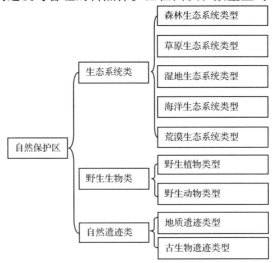

图 6-3　我国自然保护区类型图

区的80%，成为我国自然保护区事业的主体。这些自然保护区总体包括3大类别9种类型(图6-3)，其中森林生态系统类型自然保护区超过50%(表6-1)。

表6-1 我国不同类型自然保护区数量与面积(2013年底)

类型	数量		面积	
	总数量(个)	占总数(%)	总面积(万 hm²)	占总面积(%)
自然生态系统类	1906	70.67	10385.07	70.98
森林生态系统	1410	52.28	3013.32	20.60
草原与草甸生态系统	45	1.67	216.52	1.48
荒漠生态系统	37	1.37	4087.23	27.94
内陆湿地和水域生态系统	344	12.75	2991.25	20.44
海洋与海岸生态系统	70	2.60	76.75	0.52
野生生物类	672	24.92	4084.65	27.92
野生动物	525	19.47	3891.44	26.60
野生植物	147	5.45	193.22	1.32
自然遗迹类	119	4.41	161.26	1.10
地质遗迹	85	3.15	106.10	0.73
古生物遗迹	34	1.26	55.16	0.38
合计	2697	100.00	14630.98	100.00

数据来源：2013中国环境公报http://jcs.mep.gov.cn/hjzl/zkgb/2013zkgb/

(二)区域分布

我国自然保护区在各省份的建设分布，具有一定的地域分异规律。其分布规律如下：

1. 东部和西南自然保护区数量多而平均面积小

我国自然保护区在东北的黑龙江和辽宁、西南的贵州、云南和四川省以及华东和华南的部分省份分布的数量较多，但区域内自然保护区保护区平均面积较小，占各省的面积比率较低。

2. 西北地区自然保护区数量少而面积大

我国西北地区的地大物博，地广人稀，经济发展相对滞后。因此，相对于东部地区多数量小面积的保护区建设，西北地区的自然保护区建设呈现出少数量大面积的特点。

三、我国自然保护区发挥的功能

(一)典型生态系统

各种类型的自然保护区有效地保护了我国90%的陆地生态系统类型、约

50%的天然湿地以及20%的天然优质森林，还涵盖了超过30%的荒漠地区，对遏制生态恶化、维护生态平衡、优化生态环境发挥了极为重要作用，为经济和社会发展提供了稳定的生态保障。国家通过建立三江源自然保护区，不仅保护了我国海拔最高、面积最大的天然湿地，也维护了我国长江、黄河、澜沧江流域的生态安全。广东省地理位置特殊，人口密集，经济的高速发展对生态状况提出了新的要求，该省目前建立的255个自然保护区，不仅保护了华南低山丘陵的热带、亚热带森林生态系统和沿海红树林生态系统，也有力保障了该省经济和社会的协调发展。

(二)野生动植物资源和基因资源

野生动植物资源，既是重要的生态资源，也是经济社会发展的重要物质资源。随着科学技术的发展，基因资源也逐渐成为一个民族和国家最宝贵的财富之一，是未来人类文明发展必须依赖的最重要资源。我国作为世界上生物多样性最为丰富的国家之一，拥有30000余种高等植物，约6400种的脊椎动物，还有大量的珍稀濒危和孑遗物种。目前，我国85%的野生动物种群和65%的高等植物群落在自然保护区中得到有效保护，其中许多珍稀濒危野生动植物，如大熊猫、金丝猴、扬子鳄、虎、麋鹿和红豆杉、百山祖冷杉、苏铁等物种只在自然保护区中有栖息和分布，这为进一步培育、扩大资源，保障国民经济发展的需求，奠定了基础。特别是随着现代科学技术的发展，野生动植物基因资源的研究开发，对生命科学和生物技术的发展和新资源、新能源、新材料的发展等，具有难以估量的战略价值。因此，建立自然保护区是保护野生动植物及基因资源的最有效的手段，也是促进资源增长的基础，成为国民经济可持续发展的重要保障之一。

(三)科学文化教育基地

自然保护区具有重要的科普教育和休闲娱乐功能。特别是随着近年来社会经济的发展和人民群众精神文化需求的日益增长，这一功能更为突出，许多自然保护区已成为开展生态道德教育、弘扬人与自然和谐共存理念的重要基地，成为普及自然科学知识、开展科学研究的重要场所。据统计，自然保护区年接待参观考察人数逾3000万人次，对普及科学知识，进行生物多样性保护教育，弘扬生态文化，提高广大公众的文化素养，促进社会进步，发挥了积极作用。四川九寨沟、云南西双版纳、湖北神农架、福建武夷山、陕西太白山、吉林长白山等一大批国家级自然保护区已成为全国著名的生态旅游、宣教和科研基地。例如，神农架国家级自然保护区科学规划，在有效保护自然资源的同时，充分利用景观资源，发展生态旅游。2005年，其旅游门票收入超过1000万元，综合收入近2000万元，为地方财政提供税费达300多万元。生态旅游的发展改善了工作条件，增加了职工收入，稳定了保护队伍。保护区还广泛吸纳当地农民加入到生态旅游产业链，将他们的农产品变为商品，将潜在的劳动力变为现实劳动力，使他们提高了收入、改善了生活，享受到了保护的成果，推动了社会主义新农村建设，对促进人与自然和谐、构建和谐社会发挥了巨大作用。

（四）科学研究的天然实验室

自然保护区是人类了解自然、认识自然的重要场所。我国一些自然保护区成为很多科研院所的科研基地，与科研院所优势互补，促进了双方的共同发展。目前我国已有600多个自然保护区建立了科研监测机构或与科研院所建立了长期联系；已经建立的国家野外科学观测研究站多数也位于自然保护区内。上海崇明东滩国家级自然保护区充分发挥区位优势，与多个科研院所和国际组织合作，开展科学研究活动。目前有60多个国内外合作项目在该保护区进行。四川王朗国家级自然保护区是全国建立最早的四个以保护大等珍稀野生动物及其栖息地为主的自然保护区之一。该保护区通过与国内外专家的合作，提升了保护区工作人员的业务水平。陕西洋县朱鹮国家级自然保护区是世界著名的朱鹮保护中心，成为开展朱鹮保护、繁殖等研究的基地。

（五）国际合作与交流的重要载体

自然保护区是一个跨行政区域、跨国界的事业。长期以来，人类共同克服着生态破坏带来的灾难，共同承担着生态建设和资源保护的使命。20世纪90年代以来，生态问题日益受到国际社会的高度关注，国际上先后召开过多次有关生态与生物多样性保护的会议，出台了不少法律性公约，采取统一行动，保护生态，保护我们的地球。我国是《生物多样性公约》《濒危野生动植物种国际贸易公约》《湿地公约》《防治荒漠化公约》《气候变化框架公约》等5个公约的签署国，也是《濒危野生动植物种国际贸易公约》《湿地公约》等2个公约的常务副主席国。我国还与许多国家签订了有关候鸟、虎、自然保护交流与合作等多边或双边协定。同时，截至2013年年底，我国已有32处自然保护区加入了联合国教科文组织的"国际人与生物圈保护区网"；有46处湿地被列入《湿地公约》"国际重要湿地名录"；18处自然保护区成为世界自然遗产地的组成部分。自然保护区是履行国际公约、开展国际交流与合作的重要载体。

四、自然保护区面临的挑战

经过近六十年的发展，我国自然保护区尽管取得了举世瞩目的成就，但与我国社会经济发展的客观形势以及我国自然保护区事业的客观需求相比，还面临一些新的挑战。

（一）法律法规体系不完善

随着我国经济的持续高速增长和社会的快速转型，自然保护区建设和管理面临一些新形式，现行法律法规在实践中暴露出很多问题，已经不能适应实际工作的需要，例如：

禁止人员进入核心区的规定在部分自然保护区无法执行；

自然保护区规划的地位和效力不够明确，实践中出现了规划流于形式的现象；

缺少自然保护区变更的条件限制，无法约束实践中普遍存在的随意调整自然保护区范围和界限的行为；

对自然保护区内自然资源产权归属的规定不够明确，特别是对土地资源权属缺少清晰的划分，实际中产生了很多纠纷；

没有充分体现公众参与原则；

现行法规对自然保护区分区管理制度的规定过于笼统，没有区分不同区域的情况有针对性地设置管理措施；

自然保护区资金投入保障机制缺少明确的规定。

此外，保护地管理机构的设置和职责、如何协调开发与保护的矛盾等都是现行立法存在的有待完善之处。

（二）补偿机制不完善

关于自然保护区生态补偿，我国目前主要采取的措施有：天然林保护工程区范围内自然保护区中的森林按天保工程标准予以补助；天然林保护工程以外区域国家级自然保护区的森林纳入国家公益林范围予以补助；在自然保护区内修建工程设施，由建设单位给自然保护区管理机构给予生态恢复和补偿费用等。但是，这种补偿机制在补偿标准、补偿对象及范围等方面均存在不足。

（三）资金投入不足

我国自1956年建立第一批自然保护区以来，一直遵循中央负责划建、地方负责运行的原则建设和管理自然保护区，国家级自然保护区基本财政支出基本由地方财政承担，中央财政只对其建设经费给予补助。20世纪70～80年代，为提高对部分具有重大国际影响力的国家重点保护野生动物的保护，四川卧龙、陕西佛坪、甘肃白水江等三个有关大熊猫的国家级自然保护区划归国务院林业部门直接管理，中央财政承担其基本财政支出和建设经费，其余国家级自然保护区的保持不变。近年来，为加强国家级自然保护区能力建设，提高自然保护区建设管理水平，中央财政预算安排设立了国家级自然保护区能力建设财政专项资金，并逐渐提高了资金额度。

然而，随着我国自然保护区数量的迅速增长，中央财政对自然保护区的投入远远不足，在边远贫困地区的资金缺口更大。如今，现行自然保护区的资金保障办法已远远不能适应国家级自然保护区管理与发展的需要，并已成为制约我国自然保护区事业健康发展的主要因素之一。

（四）集体林权改革带来新挑战

由于历史原因，我国很多自然保护区内都分布有一定比例的集体土地（林地）。这是我国自然保护区一个相对比较普遍的现象，特别是在华东、华南和华中等地区。我国集体林权改革工作自南方部分省份开始试点，2007年开始在全国范围内铺开。2008年6月，《中共中央国务院关于全面推进集体林权制度改革的意见》出台，指出林改要在5年左右的时间内，实现亿万农户"耕者有其山"的愿景，兑现他们"均山、均权、均利"的期待。并且，随着社会经济的发展，自然保护区的生态功能和社会功能日益突出，而自然保护区内集体林的管理与自然保护区的功能维持之间的矛盾也日益突出。如何在保持我国自然保护区建设和管理相关政策相对稳定的前提下，充分保障自然保护区内林木、林地所有权人的权益，已成为当前急需解决的问题。

第二节　我国自然保护区林权与区域经济概况

一、自然保护区内集体林分布

（一）集体林分布现状

根据2012年国家林业局野生动植物保护与自然保护区管理司的调研，全国共有1385个自然保护区涉及集体林，有集体林分布的自然保护区个数占自然保护区总数量的65.15%；有集体林分布的自然保护区面积为4747.14万hm^2，占自然保护区总面积的38.69%。自然保护区内集体林总面积为952.04万hm^2。

截至2011年年底，经国务院批准的国家级自然保护区263处，面积7629.07万hm^2；地方级自然保护区共1863处，总面积为4639.96万hm^2。该次调研表明，在国家级自然保护区中，涉及集体林的自然保护区为202个（76.81%）；区内集体林面积为326.32万hm^2，占国家级自然保护区总面积的11.17%。在地方级自然保护区中，涉及集体林的自然保护区为1183个（63.50%）；区内集体林面积为625.72万hm^2，占地方级自然保护区总面积的34.37%。

同样基于该次调研，自然保护区三个功能区内集体林存在较大差异。全国自然保护区中集体林面积为952.04万hm^2，其中核心区分布有267.48万hm^2（27.99%），缓冲区分布有229.42万hm^2（24.01%），实验区分布有458.62万hm^2（48.00%）。国家级自然保护区的核心区分布有70.22万hm^2（21.52%），缓冲区分布有80.02万hm^2（24.52%），实验区分布有176.09万hm^2（53.96%）。地方级自然保护区核心区分布有197.26万hm^2（31.53%），缓冲区分布有149.40

万 hm^2（23.88%），实验区分布有 282.54 万 hm^2（45.15%）。总体上，集体林多数分布在自然保护区实验区。

根据对广东、江西、海南、陕西、河南、安徽等 22 省（自治区、直辖市）108 个非湿地类型国家级自然保护区的调查，有 69 个国家级自然保护区中分布有集体林，面积为 117.44 万 hm^2，占相应保护区面积平均为 17.79%；有些自然保护区完全是由集体林构成，另外湖南鹰嘴界、湖南壶瓶山、湖北星斗山、湖南乌云界、贵州雷公山、江西桃红岭、辽宁白石砬子、辽宁老秃顶子、江西九连山、贵州习水、河南董寨、辽宁仙人洞、安徽天马、湖北九宫山等 14 个国家级自然保护区的集体林所占比例在 50% 以上；特别是这些自然保护区的核心区面积中也有 29.04 万 hm^2 的集体林，每个自然保护区平均有 0.27 万 hm^2。

（二）自然保护区分布集体林的原因

我国国自然保护区内存在集体林（林地）的现象相当普遍，其原因主要有：

一是历史原因，特别是"抢救式保护"思想的影响，淡化土地权属问题、忽视资源价值，在保护区建立中遗留了许多问题。

二是法律和政策原因，缺乏产权和权益的明确，限制资源利用，缺乏权利受损失时的可操作补偿办法；《宪法》《民法通则》《土地管理法》《森林法》《渔业法》《草原法》《风景名胜区条例》《自然保护区条例》《森林和野生动物类型自然保护区管理办法》《森林公园管理办法》《自然保护区土地管理办法》《物权法》和《国家林业局关于加强自然保护区建设管理有关问题的通知》等对自然保护区管理机构的保护条款多，而对集体或林农的正当权益关注较少；自然保护区建立程序不规范，没有征得林权权利人同意；程序合法时补偿不合理。

三是社会发展和管理原因，土地等资源价值提升，发展对资源需求增加，市场经济的发展对资源利用的拉动，管理缺乏换位思考理念等。在当前林权改革逐步开展的情况下，我国自然保护区林权管理方面也面临一些难题。

二、自然保护区社区人口概况

通过对全国 1033 个自然保护区的人口调查结果发现，核心区、缓冲区和实验区总人口数超过 1000 万，仍有近 125 万人生活在自然保护区核心区内，210 多万人生活在自然保护区缓冲区，669 多万人生活在自然保护区实验区。在被调查的自然保护区中，社区人口数量最多的是湖南省，其次是安徽和四川，自然保护区社区人口数量最少的依次是上海、山东和海南。

（一）分布状况

1. 地　域

将 701 个自然保护区的社区人口密度按照东、中、西部进行划分并计算平均人口密度，我国自然保护区社区平均人口密度为 0.99 ± 0.13 人/hm²，东、中、西部的自然保护区社区平均人口密度分别为 1.34 ± 0.38 人/hm²、1.29 ± 0.20 人/hm² 和 0.98 ± 0.46 人/hm²。不同区域社区人口密度差异性十分显著（One - way ANOVA，$F_{2,698}$ = 4.78，$P < 0.01$）（图 6-4）。我国自然保护区社区人口密度和全国总的人口密度情况一致，均呈现东、中、西部依次递减的分布规律。

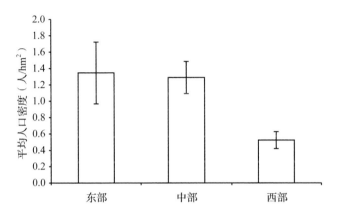

图 6-4　东、中、西部自然保护区中平均人口分布情况

不同省份之间人口密度差异性极显著（One - way ANOVA，$F_{26,674}$ = 3.02，$P < 0.001$）。自然保护区社区人口密度最高的 3 个省分别是江苏（3.84 ± 1.92 人/hm²）、重庆（3.38 ± 1.15 人/hm²）和安徽（3.32 ± 1.42 人/hm²），除去宁夏、上海各只有一个自然保护区（样本量不够），剩下的自然保护区社区人口密度小于 1.00 人/hm² 的分别是西藏（0.09 ± 0.05 人/hm²）、青海（0.09 ± 0.08 人/hm²）、吉林（0.08 ± 0.04 人/hm²）、内蒙古（0.06 ± 0.02 人/hm²）、新疆（0.03 ± 0.02 人/hm²）。

2. 级　　别

不同级别的自然保护区人口密度差异显著（One - way ANOVA，$F_{2,698}$ = 23.56，$P < 0.001$）。国家级自然保护区平均人口密度为 0.23 ± 0.04 人/hm²，省级自然保护区平均人口密度为 0.68 ± 0.11 人/hm²，市县级自然保护区平均人口密度为 2.43 ± 0.45 人/hm²（图 6-5）。由此可见，自然保护区级别越高，自然保护区人口数量越少；级别越低，人口数量反而越多。

3. 与经济水平的关系

不同省份的自然保护区社区平均人口密度与其经济水平相关性不显著，农村居民消费水平（Spearman correlation，$r = 0.120$，$P = 0.569$）、农村居民家庭人均纯收入（Spearman correlation，$r = 0.191$，$P = 0.361$）、地区生产总值（Spearman

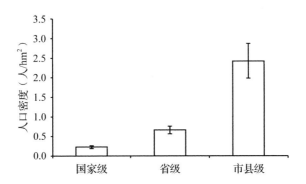

图6-5　不同级别自然保护区社区人口密度分布情况

correlation，$r = 0.302$，$P = 0.142$），选取的3个主要代表经济水平的指标与自然保护区人口密度相关性不明显。

（二）生产生活水平较低

尽管我国自然保护区在维护国土生态安全和促进社会经济可持续发展等方面发挥了重要作用，但总体上，我国一些自然保护区内群众生产生活还是相对比较贫困。例如，广东省自然保护区中社区2008年人均年收入3200元，低于同年全省农村居民人均年收入的4690元；江西省内林区和湖区自然保护区社区群众年人均纯收入分别为2500元和3000元左右，均低于全省农村居民的4100元；云南省国家级自然保护区中居民年收入最高为1800元，最低只有300～500元。其原因主要是地理区位条件的制约；群众生产生活方式的落后，依赖自然资源的程度很大；现行自然保护区相关法律法规的限制。另外，划建自然保护区时，为确保野生动植物栖息地和分布地以及生态系统的完整性，不可避免地将一些群众包括在内，但由于经济社会发展条件限制，当地政府和有关部门也无力妥善安置好区内群众。

三、自然保护区集体林管理相关主要法律法规

（一）《森林法》

《森林法》第二十四条规定，"国务院林业主管部门和省、自治区、直辖市人民政府，应当在不同自然地带的典型森林生态地区、珍贵动物和植物生长繁殖的林区、天然热带雨林区和具有特殊保护价值的其他天然林区，划定自然保护区，加强保护管理。自然保护区的管理办法，由国务院林业主管部门制定，报国务院批准施行"。

《森林法》第三十一条规定，"采伐森林和林木必须遵守下列规定：（一）成熟

的用材林应当根据不同情况，分别采取择伐、皆伐和渐伐方式，皆伐应当严格控制，并在采伐的当年或者次年内完成更新造林；（二）防护林和特种用途林中的国防林、母树林、环境保护林、风景林，只准进行抚育和更新性质的采伐；（三）特种用途林中的名胜古迹和革命纪念地的林木、自然保护区的森林，严禁采伐"。

（二）《自然保护区条例》

《自然保护区条例》第十八条提出，"自然保护区可以分为核心区、缓冲区和实验区。自然保护区内保存完好的天然状态的生态系统以及珍稀、濒危动植物的集中分布地，应当划为核心区，禁止任何单位和个人进入；除依照本条例第二十七条的规定经批准外，也不允许进入从事科学研究活动。核心区外围可以划定一定面积的缓冲区，只准进入从事科学研究观测活动。缓冲区外围划为实验区，可以进入从事科学试验、教学实习、参观考察、旅游以及驯化、繁殖珍稀、濒危野生动植物等活动"。

第二十六条提出，"禁止在自然保护区内进行砍伐、放牧、狩猎、捕捞、采药、开垦、烧荒、开矿、采石、挖沙等活动；但是，法律、行政法规另有规定的除外"。

（三）《森林和野生动物类型自然保护区管理办法》

《森林和野生动物类型自然保护区管理办法》第七条规定，"建立自然保护区要注意保护对象的完整性和适宜的范围，考虑当地经济建设和群众生产生活的需要，尽可能避开群众的土地、山林；确实不能避开的，应当严格控制范围，并根据国家有关规定，合理解决群众的生产生活问题"。

第十四条规定，"自然保护区的居民，应当遵守自然保护区的有关规定，固定生产生活活动范围，在不破坏自然资源的前提下，从事种植、养殖业，也可以承包自然保护区组织的劳务或保护管理任务，以增加经济收入"。

四、自然保护区林权改革面临的主要问题

（一）法律法规的制约

虽然我国已经建立了比较完备的自然保护区法律法规体系，也为我国自然保护区事业的发展发挥了积极作用。但是，现有法律法规过多强调了资源的保护，很少关注当地社区经济发展和林农生计问题，已不适应新形势下自然保护区事业发展、生态建设和构建社会主义和谐社会的要求。社区发展压力大主要体现在自然保护区内居民较多、土地权属归集体所有普遍、资源开发利用问题大、人与野生动物冲突严重，应当享受的政策和权利没有落实。

(二)保护与发展的矛盾

保护区建设维护与林农生计之间冲突加剧:《森林法》《自然保护区条例》等有关法律法规规定,自然保护区的森林严禁采伐,同时对其他的经营活动也作了严格限制。集体林权制度改革后,由于保护区保护管理的限制,保护区内农民不能经营,无法带来实际的利益,客观上形成了保护区的依法管理同农民的对立。农民的利益得不到适度补偿的情况下要实现自身权益,因而随意进出保护区的核心区或缓冲区的情况将难以制止,保护区日常管护工作与农民利益之间冲突加剧。目前,我国仅林业系统自然保护区内有居民980余万人,周边与自然保护区有直接关系的人口近500万、核心区124万、缓冲区210万。当地农村社区对其集体森林资源的生计依赖性巨大。集体林地被纳入自然保护区管理后,给当地农民的生计带来不同程度的影响,主要包括:薪柴、放牧等生计利用类型受到限制。根据对太白等8个保护区的110户农户的调查结果,自然保护区的建立对农民生计资源利用的影响程度方面,薪柴采集利用达72%,木材利用占65%,其他资源采集39%,放牧33%,农业利用为19%。

保护区管理和当地社区发展之间矛盾突出:除了普遍的生计需求外,当地的经济发展需要与保护区的保护管理也存在矛盾。绝大多数自然保护区都位于经济相对落后、交通不便的贫困地区,社区群众要求利用集体林地资源发展经济、改善生活条件的愿望十分迫切。包括地方农林业规模化或产业化形成的集体林地林木等资源的利用,发展过程中基础设施建设对集体土地的需要,当地生态旅游的发展以及集体林资源如非木材林产品等的商业化利用等。尤其是自然保护区内的社区居民,其经济发展受限最大,其经济发展需求往往与自然保护区管理目标相背离。

(三)集体林的确权发证难

在集体林权制度改革过程中,当地社区群众迫切要求把保护区内集体林也纳入林权改革一并进行确权发证,从根本上解决过去政策多变、权属不清、利益分配不合理的问题。但在建立自然保护区之初和扩大之时,其边界的划定模糊,有些甚至是建立在图纸上等历史遗留的一系列问题,导致当前保护区集体林划界、确权和发证的困难。

(四)生态补偿机制滞后

关于自然保护区生态补偿问题,目前我国主要采取的措施有:

(1)天然林保护工程区范围内自然保护区中的森林按天保工程标准予以补助;

(2)天然林保护工程以外区域内国家级自然保护区的森林纳入国家公益林范围予以补助;

(3)在自然保护区内修建工程设施，由建设单位给自然保护区管理机构给予生态恢复和补偿费用等。

这种补偿机制目前存在的问题主要有：

生态补偿标准偏低。目前确定生态补偿的标准和程度的主要依据是财政支付能力(中央和地方政府)，标准偏低。仅以国家公益林补偿标准而言，目前的规定是每亩每年 5 元，这远远不能满足实际需要。

生态补偿标准及实施机制未充分考虑地区差异。我国地域广阔，不同地区的经济、环境条件差异显著。任何简单划一地确定生态补偿标准及其实施机制的方式和途径，可能都存在潜在危险，因为这既可能加剧新的地区不公平，也难以落实地方配套补偿政策，在自然保护区的生态补偿方面更是如此。

生态补偿对象和范围不全面。目前仅将天保工程区的自然保护区和及其他地区的国家级自然保护区纳入生态补偿范围，但我国还拥有大量的国家重点保护动植物。为了保护这些动植物及其栖息地，当地居民和政府作出了巨大的牺牲，但这并没有纳入补偿范围。同时，因自然保护区的建立而受益的可能是整个区域乃至全国。根据谁受益谁补偿的原则，因建立自然保护区而受影响的个人、集体或单位应该得到受益者的补偿，但这一点目前并没有得到充分的体现。

第三节　林改背景下自然保护区发展对策

一、科学合理的规划建设

一方面，要按照《全国林业自然保护区规划》的要求，数量和质量并重，特别是要通过示范保护区的引导和示范功能，带动该地区自然保护区建设与管理整体质量的提高。

另一方面，要加强范围和功能区划的科学调整，将生产活动频繁、失去保护价值的耕地、村庄、自留山、责任山和贷款营造的人工林调整出自然保护区，以保护林权所有者的利益；对尚未进行功能区划或区划不合理的保护区，各级政府应对其批准建立的自然保护区安排专项经费，尽快开展综合科学考察、编制总体规划。把有人类活动、景观资源好的集体林地从核心区和缓冲区调整到实验区。

二、完善相关政策法规体系

加强法规体系建设，有利于强化自然保护区管理，以及在实施自然保护区内集体林权制度改革过程中解决林权问题时有可行的政策依据；建立新的政策体系和管理机制，有利于加强保护区生物多样性保护和资源的合理开发利用管理。

法规体系建设要明确产权及利益管理，建立完善的生物多样性产权制度、明确保护利用对象及保护利益形式、明确政府和社会责任建立合理的责任制度；行政管理体系建设，要协调有效地执行相关政策、生物多样性保护的规划和监测以及管理标准的制定、代理国家行使公共生物多样性的管理权；利用经济激励机制，创建市场、利用市场和使用税费等经济手段调控保护与利用行为；建立科学的补偿机制，新建申请保护区的科学规划，采取多种形式的生物多样性保护利益分配机制，对历史遗留问题进行法律化处理；建立生态补偿制度、生物多样性保护补偿基金，立法保障资源收益损失补偿、发展机会损失补偿、野生动物破坏补偿等。

三、建立自然保护区集体林采伐许可制度

现行《森林法》中有关自然保护区森林严禁采伐的规定已经不能适应当前自然保护区保护、管理和发展的需要，应予修改，并建议将采伐自然保护区内林木的条件设为：

一是因自然保护区内发生病虫害、火灾、外来物种入侵等自然灾害而严重影响自然保护区主要保护对象生长、繁衍、演替和长期生存的。

二是为保护自然保护区主要保护对象的生长、繁衍和长期生存而需要采取改善和恢复措施的。

三是自然保护区因开展科学研究和资源调查监测确需采伐林木的。

四是居民因生产生活需要确需采伐实验区内人工林和竹林的。

四、积极稳妥推进自然保护区内集体林权改革

提高自然保护区自养能力。自然保护区内应适度放活经营权，如对实验区的集体林，尤其是人工用材林、经济林、竹林，在不破坏生态功能的前提下，允许农民依法自主经营，保障林木所有者的处分权。自然保护区与周边社区可以建立利益共享机制，鼓励自然保护区周边社区发展森林生态旅游以及开发利用非木材林产品，如野生菌、药材、花卉等，大规模启动自然保护区内居民可替代性生计项目，如经济林、劳动力转移、扶贫、农民技能培训、生态型产业、种植养殖业、改灶节柴等。

鉴于自然保护区集体林的特殊性，建议自然保护区内集体林权制度改革应稳妥推进，可采取"分股不分山、分利不分林"的形式落实林农产权。在明晰权属的情况下，通过利益调整，让林权所有者直接享受到补偿，充分保障非国有林木、林地所有权人权益，真正做到还利、还权给所有者和经营者。针对自然保护区内集体林占有相当比例的现状，应积极探索创新自然保护区集体林改的新模式：

一是对自然保护区内的集体林进行征用或赎买。这是最彻底而有效的解决方式，不仅可以充分解决自然保护区内林木、林地所有权人权益受限的问题，而且也可更好地保护区内的自然资源。当然，一次性解决所有自然保护区内的集体林问题需要雄厚的国家财力予以保障，但是根据我国国情、现有政策和地区差异，可以分地区、分步骤进行，如可根据各地区社会经济发展水平，由中央和地方按一定比例承担相关费用，也可优先解决国家级自然保护区内集体林的征用或赎买问题，还可以重点解决各自然保护区核心区及缓冲区中集体林的征用问题。同时，也可以考虑从当前国家森林生态效益补偿费中拿出一定比例的经费，一劳永逸地解决有关自然保护区内集体林征用或赎买问题。

二是探索开展生态移民工作，将自然保护区核心区或生态脆弱区的居民逐步移出。浙江省已经在这方面做了一些开创性工作。该于 2007 年在古田山国家级自然保护区核心区开展了集体林租赁试点，于 2007 年在乌岩岭国家级自然保护区开展了生态移民试点，至今已经移民安置 265 户 1085 人。这些试点工作为在集体林区发展自然保护区探索出了一条新路子，对其他类似区域也有重要的借鉴意义。

三是积极探索其他的解决途径。自然保护区内集体林管理问题比较复杂，在上述两种方式的基础上，还应该积极探索多种途径，因地制宜，采取最优的方式及其组合，如可以探索采取租赁、置换，以及协议保护等多种形式。

五、完善生态补偿机制

生态补偿制度也是缓解自然保护区保护与区内非国有林木、林地所有权人权益的重要手段，体现了自然保护的公平性。我国目前已经实行了森林生态效益补偿制度，但是，当前的生态补偿标准偏低，制定的补偿标准也未充分考虑地区差异，特别是当前生态补偿对象和范围不全面，目前仅将江河源头的自然保护区和及其他地区的国家级自然保护区纳入生态补偿范围。

因此，应进一步完善自然保护区生态补偿机制也是保障自然保护区内非国有林木、林地所有权人权益的有效手段。要积极争取国家有关部门支持，加大投资力度，在对林木、林地价值进行科学评估的基础上，因地制宜，因时制宜，制定补偿标准；同时，要加强分级投资与管理的研究与实践，多方面争取资源，形成全社会支持的合力，切实有效地解决补偿问题，促进我国自然保护区事业的健康持续发展。

六、建立林区参与式机制与示范

自然保护区集体林权制度改革涉及到保护区和集体林权益人——农民的切身

利益，在进行保护区集体林权制度改革过程中需要强调作为关键利益相关方的参与。从划界确权、权益处置、价值评估、实施补偿或征收等过程均需运用参与式方法进行规划和决策；同时，农民代表还应参与到自然保护区集体林权制度改革方案的建立，改革基本思路、操作办法、改革范围、保护区管理建设原则的制定等过程中来。自然保护区集体林权制度改革是一个系统工程，涉及到社会经济方方面面，较其他领域的集体林权制度改革更为困难与复杂，需要逐渐开展实施。因此，各地必须做好试点工作，以寻找规律和总结经验，然后再结合当地社区具体特点逐步全面展开。

附录1：

基于野生动植物栖息地适宜性分析的
森林经营管理监测技术导则

1. 范　围

集体林权改革相关的森林经营可能改变地表覆盖物、抽提地下水、引进或去除物种、改变生态系统成分和结构、改变野生动植物生境，因此需基于野生动植物生境需求，建立相关森林资源经营管理监测技术体系。

本标准主要适用于不同森林经营类型中野生动物栖息地的适宜性评估和监测。

2. 规范性引用文件

下列文件所包含的条款通过本标准的引用而构成为本标准的条款。凡是注日期的引用文件，其随后所有的修改单（不包括勘误的内容）或修订版均不适用于本标准。然而，鼓励根据本标准达成协议的各方研究是否使用这些文件的最新版本。凡是不注日期的引用文件，其最新版本适用于本标准。

GB/T 18317—2001 专题地图信息分类与代码

GB/T 3792.6—2005 测绘制图资料著录规则

GB 5791　　　　1：5000、1：10000 地形图图式

GB/T 14073—93 主要造林阔叶树种良种选育程序与要求

GB/T 15781—2009 森林抚育规程

GB/T 15782—2009 营造林总体设计规程

GB/T 18337.3—2001 生态公益林建设规划设计通则

LY/T 1685—2007 自然保护区名词术语

《全国森林资源经营管理分区施策导则（试行）》（国家林业局森林资源管理司，2004）

3. 基本术语

3.1　生境适宜性 habitat suitability

是表示生物生境质量的方式，也是生物生境评估的重要内容，一般用生境适宜性指数（HSI），其取值在 0~1 之间，数值越大表明其适应性指数越高。

3.2　森林经营 forest management

是各种森林培育措施的总称，在我国通常指为获得林木和其他林产品或森林生态效益而进行的营林活动，包括更新造林、森林抚育、林分改造、护林防火、林木病虫害防治、伐区管理等。森林经营方式按经营目的可划分为生产性经营和生态性经营两类，按生产关系在我国可划分为国家经营、合作经营和个体经营等三种基本类型。

3.3　集体林 community owned forest

指山林权属于集体所有的森林。

3.4 自然景观 nature landscape

指由地质、地貌、气候、水环境、土壤、植被、动物、微生物等一系列因素所构成的自然综合体。

3.5 植被 vegetation

指在某一地区内覆盖地表的所有植物群落的总体。

3.6 尺度 scale

是事物(或现象)特征与变化的时间和空间范围。在景观生态学的研究中,尺度概念有两方面的含义:一是粒度(Grain size)或空间分辨率(Spatial resolution),表示测量的最小单位;二是范围(Extent),表示研究区域的大小。

4. 目 标

促进集体林权改革区内森林可持续经营管理与野生动植物及其生境保护相协调,并尽可能减少森林经营管理对野生动植物及其生境的影响。

5. 确定监测区域

基于野生动植物及其栖息地和生物多样性保护需求,在集体林区确定森林经营的监测区域,首先需要制作野生动植物生境适宜性评价图。其过程为:

——确定目标物种,可根据当地野生动物分布记录以及在森林经营过程中发现的野生动物踪迹,结合实地调查,将当地珍稀濒危物种、特有种、优势种、重要经济物种以及对环境变化敏感的鸟类、两栖爬行动物等作为监测对象;

——野外调查其栖息地需求,包括食物、水、植被、人为干扰等方面;

——构建生境适宜性评价模型;

——在 GIS 中预测区域内目标物种的适宜栖息地分布。

然后,重点关注以下区域:

——集体林区目标物种适宜生境范围内的自然保护区;

——尽管在自然保护区外,但是目标物种的高适宜生境,或者是其他濒危物种重要生境的区域;

——有特殊用途的区域,如重要的迁徙物种停歇地、繁殖地和越冬地等。

6. 确定监测尺度与范围

根据野生动植物生境适宜性评价图,确定监测尺度。

——区域范围:以野生动植物生境适宜性评价图所显示的整体区域为监测范围。

——局域范围:以野生动植物生境适宜性评价图中的高适宜生境、重要的扩散通道以及自然保护区为重点监测小区,针对性的布点观测。

7. 监测项目与监测方法

根据监测项目,建立"天地一体化"的监测方法。监测项目按照区域和局域两个尺度分别设计。

7.1 区域监测

7.1.1 区域监测的项目

——植被:主要监测区域内植被现状及其变化状况,如植被类型、面积、空间结构及其变化状况。

　　——自然景观：主要监测区域内自然景观现状及其变化状况，如景观连通性、景观破碎化及景观异质性等。

　　——森林经营方式监测：主要监测区域内森林经营方式的变化。

　　——干扰因素监测：主要监测区域内人为干扰类型、强度、分布及其变化。

7.1.2　区域监测的方法

　　——遥感监测：针对植被、自然景观、野生动植物及其生境，可以采取遥感或航片监测的办法，并结合实地勘察和校验。

7.2　地面观测

7.2.1　地面观测的项目

　　——植物及其生境：主要监测区域内植物多样性现状及其变化趋势，重点监测区域内森林经营区重点保护野生植物种群及其生境变化。

　　——动物及其栖息地：主要监测区域内动物多样性现状及其变化趋势，重点监测区域内森林经营区重点保护野生动物种群及其栖息地变化，还包括其食性、体长、体重、种群特征及野生动物的食物、天敌分布等。

　　将野生动物栖息地生境因子划分为非生物因子、生物因子和人类干扰因子分别调查。

　　非生物因子主要包括：①地形因素：坡度、坡位、坡向、海拔等；②基质：森林经营类型（林龄、树种组成、健康状况、权属、经营目标等）；③距水源的距离；④隐蔽条件。

　　生物因子主要包括：①食物丰富度；②天敌数量与分布。

　　人类干扰因子主要包括：①居民点；②道路；③农田；④矿场等。

　　——社区：主要监测区域内社区人口、收入来源状况，社区土地权属、资源利用、基础设施及野生动物危害状况等。

7.2.2　地面观测的方法

　　——地面观测：在典型区域，特别是野生动植物物种及其栖息地，设立地面固定样地、样点、监测站等进行监测，同时在野生动植物高适宜生境进行地面观测必不可少。

　　——抽样调查：对于某些野生动植物，其适宜栖息地分布范围广，很难进行全面调查，需要按照分层抽样的原则，进行抽样调查。分层的依据是生境适宜度和森林经营的方式。

　　对于植物，主要采用固定样地监测和样方法监测，其中对于重点保护的"个、十、百、千"野生植物物种，则采取每木监测。

　　对于动物行为，可以采用无线电遥测、红外相机监测等方法进行。

　　对于野生动物栖息地，则可采取样方法、航空照片或卫片来监测在实地观测到的野生动物或者目标物种经常活动的地点展开野生动物栖息地生境调查，根据野生动物生活习性，针对哺乳动物可采用红外相机监控、排泄物、毛发鉴别、蹄印鉴别等方法；针对鸟类可采用样线法、红外相机监测法、遥测法等方法；针对两栖爬行动物科采用遮蔽物法、拦截掉落式陷阱法、样线观测法等方法。

　　——参与性农村调查评估：主要采用参与性农村调查评估（Participatory Rural Appraisal，PRA）和问卷调查等方法调查社区。

——还可以通过询问、收集资料等予以补充。

8. 监测频率和时间

8.1　基准调查

开展常规监测之前应进行基准调查。针对野生动植物，基准调查可以在春节和冬季分别进行一次，对于植物需要在开花及结果季节各进行一次。

8.2　常规监测

8.2.1　区域监测频率和时间

区域监测应每 3～5 年进行一次，单次监测遥感卫片时间跨度不宜超过 6 个月，时相应根据工作区域和任务来确定。

8.2.2　局域重点监测频率和时间

对于动物及其栖息地，特别是重点保护的野生动物及其栖息地，可在春季和冬季各进行一次，但某些以迁徙鸟类为主要保护对象的区域，可能每年只需调查一次，具体时间根据鸟类停歇时间确定，可以在春季或冬季进行；对于植物，应每年在夏季监测一次；对于社区经济要素调查，则每五年进行一次。

对于某一监测对象，其每次监测采样时间、方法和强度应与上一次的相同。

9. 监测表格的填写要求

9.1　真实性

动态监测的相关资料应该是根据农户经济情况通过监测人员访问获得，不允许进行推测伪造。

9.2　客观性

严格按填表说明进行填写，对判断不明的项目应在备注中说明眼见的实际情况、外观等信息，避免出现主观判断。对表格中不能反映的相关部分，但监测人员认为重要的，应在备注栏中注明。

9.3　完整性

填表人员应对相应表格进行完整填写，避免错填和漏填，对于表格中未涉及的内容，而监测人员认为对栖息地有影响的社区活动，如自然灾害等，应在备注栏中说明。

9.4　整洁性

表格填写时字迹清楚，不潦草，尽量小心，避免表格污渍。

10. 质量保证与控制

10.1　实施单位

监测实施单位应具备质量保证和质量控制机制，对监测的全过程进行质量监督和控制。

10.2　仪器设备

所有在监测过程中使用的计量检测器、设备和计量器具必须在有效检定期内使用，并在规定的检定周期内进行检定。自检的计量检测器、设备和计量器具应按期进行自检。

10.3　人员素质

监测人员须经过技术培训并经实地操作后方可上岗。

11. 数据分析与撰写报告

11.1 数据整理

妥善保管监测记录的原始数据。

对原始数据进行输入计算机及初步整理，以备查询或进一步分析。

11.2 数据分析

在数学分析软件(如 EXCEL、SPSS、SAS、STATA、Matlab)中对监测数据进行分析。

11.3 报告框架

11.3.1 前言

主要说明工作区域地理位置、分区情况、保护对象、自然及社会经济状况、主要人为活动的影响状况及采取的保护措施等。

11.3.2 监测方案

包括监测时间及监测点(线)布设、监测指标、监测技术与方法。

11.3.3 监测结果与评价

主要包括重点保护野生动植物及其栖息地状况、环境状况及人为活动状况等。

11.3.4 保护措施与建议

主要包括对现有保护措施及其效果以及森林经营影响的评价，并根据环境压力、保护对象的变化趋势、特点对以往保护措施加以修订，制定出切合实际的保护及管理措施。

12. 监测资料汇总

12.1 上报资料内容

12.1.1 照片

包括所有现场监测的照片及数码信息。

12.1.2 摄像资料

包括所有现场摄像(数码)资料。

12.1.3 监测记录电子文档

包括所有监测内容和指标的电子文档(word、excel 等)。

12.2 上报资料格式

照片及摄像资料经编辑、刻成光盘后上报主管部门，光盘中要有详细的记录及说明。监测记录数据应为 word 或 excel 格式。

附录 A

(规范性附录)
监测方法说明

A.1 范　围

本附录说明了基于野生动植物生境栖息地适宜性的森林经营监测涉及各项方法的说明。

A.2 方法种类

固定样地法或样方法；

样线法或样带法；

样点法；

自动照相技术；

网捕法；

铗日法；

洞口计数法；

航空调查法；

固定水域抱配对数统计；

路线法；

其他方法。

A.3　各项方法说明

附录 2：

森林经营对野生动植物栖息地影响评估及预警技术导则

1. 范　围

本技术标准评估了森林经营过程中对野生动植物生境可能造成的影响及制定有效、可行的防御技术。

本技术标准主要适用于分析森林经营过程中，不同经营方式对野生动物栖息地适应性变化的影响。

2. 规范性引用文件

下列文件所包含的条款通过本标准的引用而构成为本标准的条款。凡是注日期的引用文件，其随后所有的修改单（不包括勘误的内容）或修订版均不适用于本标准。然而，鼓励根据本标准达成协议的各方研究是否使用这些文件的最新版本。凡是不注日期的引用文件，其最新版本适用于本标准。

GB/T 18317—2001 专题地图信息分类与代码

GB/T 3792.6—2005 测绘制图资料著录规则

GB 5791　　　　　　1∶5000、1∶10000 地形图图式

GB/T 14073—93 主要造林阔叶树种良种选育程序与要求

GB/T 15781—2009 森林抚育规程

GB/T 15782—2009 营造林总体设计规程

GB/T 18337.3—2001 生态公益林建设规划设计通则

LY/T 1685—2007 自然保护区名词术语

《全国森林资源经营管理分区施策导则（试行）》（国家林业局森林资源管理司，2004）

3. 基本术语

3.1　生境适宜性 habitat suitability

是表示生物生境质量的方式，也是生物生境评估的重要内容，一般用生境适宜性指数（HSI），其取值在 0~1 之间，数值越大表明其适应性指数越高。

3.2　森林经营 forest management

是各种森林培育措施的总称，在我国通常指为获得林木和其他林产品或森林生态效益而进行的营林活动，包括更新造林、森林抚育、林分改造、护林防火、林木病虫害防治、伐区管理等。森林经营方式按经营目的可划分为生产性经营和生态性经营两类，按生产关系在我国可划分为国家经营、合作经营和个体经营等三种基本类型。

3.3　尺度 scale

是事物（或现象）特征与变化的时间和空间范围。在景观生态学的研究中，尺度概念有两方面的含义：一是粒度（Grain size）或空间分辨率（Spatial resolution），表示测量的最小单位；

二是范围(Extent)，表示研究区域的大小。

4. 目　　标

促使森林经营对野生动植物及其栖息地、社会经济发展产生最积极的影响，并尽量减少森林经营给野生动植物及其生境造成的负面影响，主要包括：

(1)使森林可持续经营同野生动植物及其栖息地保护相辅相成；

(2)维护森林生态系统的结构和功能；

(3)公平合理地分享森林经营活动所带来的惠益，并强调所涉地方社区的特殊需要；

(4)与同一地区内的其他计划或活动相结合以及同其建立相互关系；

(5)预防任何对野生动植物及其栖息地造成损害的活动，并弥补过去营林过程中对生境造成的损害；

(6)控制森林经营活动，并明确不同规模森林经营过程中应受限制及适合的经营方式。

5. 原　　则

5.1　坚持保护优先

对野生动植物及其栖息地进行有效保护，是一切森林经营活动的首要基础，应贯穿于森林经营活动的始终。评估森林经营对野生动植物生境的影响，也要基于此原则，强调其生态效益。

5.2　坚持科学引导

贯彻科学研究和科学评估。评估森林经营对野生动植物栖息地的影响，涉及到森林经理、生物学、生态学等多个学科，需要长期的资料积累和翔实的科学研究。

5.3　坚持适应性管理

森林经营对野生动植物及其栖息地的影响是复杂多变的，同社会结构之间的相互作用增加了该过程的不确定性。因此，评估森林经营对野生动植物及其栖息地的影响也是一个学习过程，以协助对方式和做法进行调整，使之符合相应的评估与预警方式。

6. 评估与预警工作程序

森林经营对野生动植物及其生境影响的评估与预警工作程序主要包括：

——确定范围；

——基础资料搜集与审查；

——影响评估；

——预警；

——修复。

7. 确定范围

依据不同的分类依据，森林经营方式会有所不同；同时，森林经营活动和野生动植物生境均具有尺度效应。因此，需在综合考虑森林经营活动属性和野生动植物生境需求的基础上，确定评估森林经营对野生动植物及其生境影响的范围及相应的森林经营方式。

8. 基础资料搜集与审查

8.1　基础资料的主要项目

丰富而多种来源的基础资料是开展有效评估与预警的重要基础。

8.1.1　评估与预警区域内野生动植物及其生境方面的资料

　　——野生动植物物种名录；

　　——濒危物种、受威胁物种，依据国际自然保护联盟的物种红色名录、《濒危野生动植物种国际贸易公约》附录 I 和附录 II、国家重点保护野生动植物名录确定；

　　——有特别重要意义的生境，如作为繁育场地、残存的本地植被、野生动物生境走廊、重要的迁徙物种停歇地；

　　——濒危及重要物种的关键繁殖期；

　　——现有自然保护区及其他重要的资源保护形式；

　　——存在的主要威胁。

8.1.2　评估与预警区域内森林经营及集体林权改革方面的资料

　　——主要的森林经营活动及其分布与范围；

　　——集体林权改革方面的政策与措施。

8.1.3　评估与预警地区其他资料

　　——各种可能适用于具体地区的法规和计划；

　　——指明参与该活动或可能受其影响的各利益相关者，包括政府、非政府和私营部门的利益相关者以及地方社区；

　　——地形资料：根据研究对象类型与研究区域的大小，可以选择1∶5000，1∶1 万，1∶2.5 万或者1∶5 万的地形图，要求地理信息齐全、准确；

　　——居民点资料：居民点分布资料需有标出所有城镇居民点的具体位置（包括行政村、自然村等）的居民分布图，分布图上应标出居民点的不同级别与人口数量；

　　——水系分布图应标出所有河流、湖泊的具体位置，以及湖泊水库的面积，年降水量，蒸发量等；

　　——土地利用资料：主要指土地利用现状，包括农田、建筑用地等非林用地分布情况。

8.2　基础资料的搜集与审查

　　搜集基础资料时应尽可能多地考虑其来源，并审查搜集到的基础资料。如果存在不足，则需要予以研究与补充。

8.3　基础资料的补充

　　基础资料的不足主要存在于野生动植物及其生境方面。

　　在野生动物种类和数量方面，针对哺乳动物可采用红外相机监控、排泄物、毛发鉴别、蹄印鉴别等方法；针对鸟类可采用样线法、红外相机监测法、遥测法等方法；针对两栖爬行动物科采用遮蔽物法、拦截掉落式陷阱法、样线观测法等方法。在野生动物行为方面，可以用红外相机、无线电遥测等方法。

　　在生境方面，微观尺度采用样方法。根据习惯，一般选择 $10m \times 10m$ 的样方，记录其中的植物种类、密度、地形、食物、各层次的盖度、隐蔽度、到水源及人为干扰的距离等要素；景观尺度上则可通过小班图、遥感影像、实地校正等手段，确定调查区域植被、高程图、人为干扰等相关数字化底图；在野外记录监测物种的活动点，用 GPS 标记，并与植被图底图叠加；调查物种栖息地的宏观特征。

9. 影响评估

9.1 目标物种的确定

——评估与预警区域的珍稀、濒危及特有物种，如特有鸟类；

——也可是两栖爬行类，因为其对生态环境变化十分敏感。

9.2 确定指标的依据

可以用于评估森林经营对野生动植物及其生境影响的因素有很多。确定必需的指标是可以基于以下两个方面：

(1)野生动植物的生境需求，如食物、水、隐蔽物及人为干扰等；

(2)森林经营可能对野生动植物及其栖息地的影响，主要包括：

——对生态系统和生境造成的损害和毁坏，包括砍伐森林、改变土地用途；

——干扰野生物种，打断正常行为并可能对死亡率和生育繁殖造成影响；

——改变生态系统和野生动植物生境；

——增加了引进外来物种的风险。

9.3 评估方法

9.3.1 基于生境适宜性评价

——根据物种分布模型(如最大熵模型、生态位模型、人工神经网络、统计回归模型等)，构建目标物种生境适宜性评价模型；

——比较各森林经营方式所在区域内目标物种的生境适宜性差异，必要时结合行为特征，分析评估时不同森林经营方式对目标物种生境的影响；

——结合土地覆被及其驱动因子的历史变化，分析某一森林经营方式引起的目标物种生境适宜性的变化；

——及时调整显著降低区域内生境适宜性或提高适宜生境破碎化程度的森林经营方式，并作出必要的修复或补救。

9.3.2 基于物种多样性

——依据森林经营方式，分别建立样地监测目标物种(如两栖爬行动物)的多样性；

——根据各样地监测的目标物种多样性，分析不同森林经营方式的影响；

——及时调整显著降低目标物种多样性的森林经营方式，并作出必要的修复或补救。

10. 预 警

10.1 确定基准

基于野生动植物生境评价，以评估时的生境适宜性为基准。

10.2 确定预警模型和各类情景

以野生动植物生境评价模型为预警模型；依据模型中相关的变量，并结合6的结果及相关动机，确定待分析的森林经营方式，此即相应的情景。

10.3 模拟不同情景下野生动物栖息地适应性的变化

根据各情景下森林经营方式的特征，针对性地改变预警模型中的相关变量，模拟不同情景下野生动物栖息地适应性未来可能发生的变化。

10.4　防范与预警

分析不同情景下野生动物栖息地适应性的变化特征，对于显著引起预警区域内野生动植物适宜生境下降的情景应予以预警，避免实施，并作出相应的调整。

11.　修　复

对于已引起野生动植物生境适宜性显著下降或破碎化程度上升的森林经营方式应予以调整，其作业的区域应予以修复。

11.1　宗　旨

弥补不当的森林经营方式对野生动植物生境造成的危害，尽可能提高野生动物栖息地的复杂性和生产力为目标，并尽可能恢复其自然或原始状态。

11.2　目　标

尽可能接近或达到评估与预警区域内的高适宜栖息地结构与特征。

11.3　适当森林经营方式的选择

根据9.4，选择合适的森林经营方式。

11.4　技术措施

自然恢复为主，人工辅助为辅。

11.5　监　测

对修复的效果进行监测与评估，并根据评估的结果提出修正措施，进一步减少森林经营对野生动植物生境的影响。

附录A　生境特征调查表

地形地貌特征，栖息地的海拔、坡向、坡位等；栖息地内的植物群落类型，结构与组成、数量情况；水量、水质、水的存在形式等。

调查编号：＿＿＿＿＿　调查人：＿＿＿＿＿＿＿　调查时间：＿＿＿＿＿＿＿＿＿

调查地点：＿＿＿＿＿＿＿＿＿＿＿＿＿＿＿＿＿＿＿＿＿　是否为保护区范围：

＿＿＿＿　权属：＿＿＿＿＿

调查地海拔：＿＿＿＿＿＿＿＿纬度/经度：＿＿＿＿＿＿＿＿/＿＿＿＿＿＿＿＿

地形地貌描述：

坡位：1 山脊　2 上坡　3 中坡　4 下坡　5 沟谷　6 平地

坡向：1 北　2 东北　3 东　4 东南　5 南　6 西南　7 西　8 西北　9 无坡向

坡型：1 均匀坡　2 凹坡　3 凸坡　4 复合坡　5 无坡型　6 其他＿＿＿＿＿＿＿

坡度：＿＿＿＿＿＿

是否靠近村寨：＿＿＿＿＿村寨名称：＿＿＿＿＿＿＿＿　距村寨距离：＿＿＿＿＿

是否靠近公路：＿＿＿＿＿公路名称、级别：＿＿＿＿＿＿　距公路距离：＿＿＿＿

是否靠近河流或者水塘：河流名称＿＿＿＿＿＿＿水塘名称＿＿＿＿＿＿＿　其他＿＿＿＿

距河流或者水塘的距离：＿＿＿＿＿＿　水量情况：＿＿＿＿＿＿＿　水质：＿＿＿＿＿

生境是否受到破坏：＿＿＿＿＿　主要干扰因子：＿＿＿＿＿＿＿＿＿＿＿＿＿＿＿

样地群落特征调查

群落名称	郁闭度		乔木层		样地面积		备注
序/号	层次	优势/采食物名称	株数	平均高度（m）	平均胸径（cm）	是否采食及部位	幼苗株数	

群落名称	郁闭度		乔木层		样地面积		备注
样方号	层次	优势/采食物名称	株数	平均高度（m）	平均盖度	是否采食及部位	幼苗株数	

群落名称	郁闭度		乔木层		样地面积		备注
样方号	层次	优势/采食物名称	株数	平均高度（m）	平均盖度	是否采食及部位	幼苗株数	

附录 B　活动痕迹调查

保护对象或目标物种活动痕迹调查，地点，痕迹类型（足迹、粪便、取食），痕迹数量，群落生境特点等。

调查编号：_____ 调查人：_____ 调查时间：_____

调查地点：_____ 是否为保护区范围：_____ 权属：_____

调查地海拔：_____ 纬度/经度：_____ / _____

是否靠近村寨：_____ 村寨名称：_____ 距村寨距离：_____

是否靠近公路：_____ 公路名称、级别：_____ 距公路距离：_____

是否靠近河流或者水塘：河流名称_____ 水塘名称_____ 其他_____

距河流或者水塘的距离：_____ 水量：_____ 水质：_____

生境是否受到破坏：_____ 主要干扰因子：_____

植被类型：季节性雨林_____ 山地雨林_____ 热带季雨林____ 亚热带常绿阔叶林____

落叶阔叶林_____ 暖性针叶林____ 竹林_____ 灌丛_____ 草丛____

其他_____

郁闭度：_____ 是否人工：_____ 生长状况：_____

散生、四旁资源、枯倒木、幼树幼苗、地被物状况：_____

保护对象或目标物种活动痕迹观测（包括直接遇见活体、足迹、粪便、取食痕迹等）

序号	痕迹类型（活体，足印，粪便等）	观测数量	观测范围（长度/面积）

痕迹详细描述：

活体：

足印数量：

粪便：

参考文献

1. 白洁. 人工林对白冠长尾雉活动区的影响研究[D]. 北京：北京林业大学，2013.
2. 白煜. 论我国野生动物资源的法律保护[J]. 法制与社会，2008，6：31～32.
3. 蔡炳城，李建国，李青文，等. 集体林权制度改革对四川岷山山系大熊猫栖息地的影响与对策[J]. 野生动物，2012，33(2)：100～104.
4. 蔡燕，杨灿朝，梁伟. 人工林对海南鹦哥岭鸟类多样性的影响[J]. 四川动物，2009，(5)：764～767.
5. 陈炳浩. 我国森林野生动植物多样性的特点和保护概况[J]. 生态学杂志，1993，12(2)：39～43.
6. 陈灵芝. 中国生物多样性：现状及保护对策[M]. 北京：科学出版社，1993.
7. 陈钦. 公益林生态补偿研究[M]. 北京：中国林业出版社，2006.
8. 陈晓勤. 我国生态补偿立法分析[J]. 海峡法学，2011，(1)：58～62.
9. 陈宜瑜. 中国生物多样性保护与研究进展[M]. 北京：气象出版社，2004.
10. 崔胜寿. 草原征收行政补偿立法完善研究[D]. 呼和浩特：内蒙古大学，2011.
11. 邓文洪. 栖息地破碎化与鸟类生存[J]. 生态学报，2009，6(6)：3181～3187.
12. 方成良，丁玉华. 白冠长尾雉的越冬生态[J]. 生态学杂志，1997，16(2)：67～68.
13. 高小萍. 我国生态补偿的财政制度研究[M]. 北京：经济科学出版社，2010.
14. 龚高健. 中国生态补偿若干问题研究[M]. 北京：中国社会科学出版社，2011.
15. 国家环境保护总局. 中国履行《生物多样性公约》第二次国家报告[M]. 北京：中国环境科学出版社，2001.
16. 国家环境保护总局. 中国履行《生物多样性公约》第三次国家报告[M]. 北京：中国环境科学出版社，2005.
17. 国家林业局野生动植物与自然保护区管理司，国家林业局政策法规司. 中国自然保护区立法研究[M]. 北京：中国林业出版社，2007.
18. 国家林业局野生动植物保护与自然保护区管理司. 国家级自然保护区工作手册[M]. 北京：中国林业出版社，2008.
19. 国家统计局. 中国统计年鉴[M]. 北京：中国统计出版社，2000～2012，历年.
20. 胡小龙，王岐山. 白冠长尾雉生态的研究[J]. 野生动物，1981，4：39～44.
21. 侯瑞锋. 野生动物致损救济适用行政赔偿制度探析[J]. 中北大学学报(社会科学版)，2012，28(2)：60～63.
22. 华正刚. 论我国野生动物保护法律制度的完善[D]. 哈尔滨：东北林业大学，2012.
23. 环境保护部. 中国履行《生物多样性公约》第五次国家报告[M]. 北京：中国环境出版社，2014.

24. 环境保护部. 中国生物多样性保护战略与行动计划[M]. 北京：中国环境科学出版社，2011.

25. 黄德林，王济民. 我国牧区退牧还草政策实施效用分析[J]. 中国农学通报，2004，20(1)：106~109.

26. 贾治邦. 生态文明建设的基石——三个系统一个多样性[M]. 北京：中国林业出版社，2012.

27. 李筑眉，吴至康. 白冠长尾雉的繁殖生态观察[R]. 中国鸟类学会第四届学术讨论会，1988.

28. 李成，戴强，王跃招，等. 四川无尾两栖类的繁殖模式[J]. 生物多样性，2005，13(4)：290~297.

29. 李成，顾海军，戴强，等. 草坡河流域小水电开发对无尾两栖动物的影响[J]. 长江流域资源与环境，2008，17：117~121.

30. 李广良，丛静，卢慧，等. 神农架川金丝猴栖息地森林群落的数量分类与排序[J]. 生态学报，2012，32(23)：7501~7511.

31. 李宏群，廉振民. 陕西黄龙山自然保护区褐马鸡冬季集群特征的研究[J]. 西南大学学报（自然科学版），2011，33(6)：45~48.

32. 李仁贵. 四川麻咪泽自然保护区雉类资源及其保护的研究[D]. 成都：四川大学，2007.

32. 李文华，李芬，李世东，等. 森林生态效益补偿的研究现状与展望[J]. 自然资源学报，2006，21(5)：677~684.

34. 李永昌，陆玉云. 哀牢山国家级自然保护区黑长臂猿栖息地森林群落结构研究[J]. 林业调查规划，2008，33(4)：67~71.

35. 刘国，赵文军. 对《野生动物保护法》第十四条的思考[J]. 法制与社会，2009，(19)：66~67.

36. 刘华良. 行政补偿制度研究[D]. 北京：中国政法大学，2009.

37. 刘继亮，曹靖，李世杰，等. 秦岭西部山地次生林和人工林大型土壤动物群落结构特征[J]. 应用生态学报，2012，23(9)：2459~2466.

38. 刘丽. 我国国家生态补偿机制研究[D]. 青岛：青岛大学，2010.

39. 刘凌博. 自然保护区长效补偿机制研究[D]. 郑州：郑州大学，2010.

40. 卢炯星，江琴，张幸女，等. 我国野生动植物保护中的若干法律问题及对策研究. 中国法学会环境资源法学研究会2010年年会暨全国环境资源法学研讨会论文集[C]. 2010：447~456.

41. 卢自勇，冉景丞. 两栖动物面临的威胁及保护对策探讨[J]. 环保科技，2012，18(2)：21~27.

42. 鲁庆彬，王晓明，王正寰. 四川省石渠县高山血雉繁殖初期的集群和生境需求及其相互关系[J]. 动物学研究，2006，27(3)：243~248.

43. 吕一河，陈利顶，傅伯杰. 生物多样性资源：利用、保护与管理[J]. 生物多样性，2001，9(4)：422~429.

44. 吕忠梅. 环境法新视野[M]. 北京：中国政法大学出版社，2000.

45. 马建章，邹红菲，郑国光. 中国野生动物与栖息地保护现状及发展趋势[J]. 中国农业科技导报，2003，5(4)：3~6.

46. 马克平，娄治平，苏荣辉. 中国科学院生物多样性研究回顾与展望[J]. 中国科学院院刊，2010，25：634~644.

47. 马燕，彭元宜. 动物资源的物权法保护[J]. 法学杂志，2008，(3)：11~14.

48. 孟庆繁. 人工林生物多样性研究的现状及展望[J]. 世界林业研究，1998，(2)：26~31.

49. 孟庆繁. 人工林在生物多样性保护中的作用[J]. 世界林业研究，2006，19(5)：1~6.

50. 欧阳志云，王如松. 生态系统服务功能、生态价值与可持续发展[J]. 世界科技研究与发展，2000，22：45~50.

51. 人民日报社论. 中国林业生产力的又一次大解放[N]. 人民日报，2008-7-15(1).

52. 任诗君. 我国自然保护区生态补偿制度研究[D]. 昆明：昆明理工大学，2012.

53. 任勇，冯东方. 中国生态补偿理论与政策框架设计[M]. 北京：中国环境科学出版社，2008.

54. 阮向东. 加强我国野生动物栖息地保护法律制度建设的思考[J]. 林业资源管理，2014，(1)：16~21.

55. 尚玉昌. 动物行为学[M]. 北京：北京大学出版社，2005.

56. 沈满红，陆菁. 论生态保护补偿机制[J]. 浙江学刊，2004，(4)：217~220.

57. 宋延龄，曾治高，张坚，等. 秦岭羚牛的家域研究[J]. 兽类学报，2000，20(4)：241~249.

58. 孙全辉，张正旺，郑光美，等. 繁殖期白冠长尾雉占区雄鸟的活动区[J]. 动物学报，2003，49(3)：318~324.

59. 孙景梅. 自然保护区公用限制补偿制度研究[D]. 南京：南京农业大学，2009.

60. 孙全辉，张正旺，阮祥峰，等. 白冠长尾雉集群行为的初步研究[J]. 北京师范大学学报（自然科学版），2001，37(1)：111~117.

61. 孙全辉，张正旺，郑光美，等. 繁殖期白冠长尾雉占区雄鸟的活动区[J]. 动物学报，2003，49(3)：318~324.

62. 孙全辉，张正旺，朱家贵，等. 白冠长尾雉冬季夜栖行为与夜栖地利用影响因子的研究[J]. 北京师范大学学报（自然科学版），2002，38(1)：108~112.

63. 孙儒泳. 动物生态学原理(第三版)[M]. 北京：北京师范大学出版社，2006.

64. 孙悦华. 长白山不同栖息地花尾榛鸡冬季集群特点的研究[J]. 动物学报，1996，42：150~151.

65. 谭卿朝. 野生动物致害"补偿"性质初探[J]. 法制与社会，2007，(11)：197~199.

66. 唐小平，王志臣，徐基良. 中国自然保护区生态旅游政策研究[M]. 北京：北京出版社，2009.

67. 陶然，徐志刚，徐晋涛. 退耕还林、粮食政策和可持续发展[J]. 中国社会科学，2004，(6)：25~38.

68. 王丹丹. 完善我国行政补偿法律制度研究[D]. 北京：中国政法大学，2012.

69. 王恒恒, 李斌, 栾晓峰, 等. 福建人工林泽陆蛙种群动态研究[J]. 北京林业大学学报, 2013, 35(3): 122~127.

70. 王恒恒, 李斌, 栾晓峰. 不同类型杉木人工林两栖动物群落特征比较[J]. 林业科学, 2013, 49(2): 134~138.

71. 王金南, 庄国泰. 生态补偿机制与政策设计[M]. 北京: 中国环境科学出版社, 2005.

72. 王晶琳, 薛文杰, 李乃兵. 上海农田泽蛙蛰眠状况初步调查[J]. 生态学杂志, 2006, 25(10): 1289~1291.

73. 王克群. 建设生态文明实现美丽中国[J]. 中共石家庄市委党校学报, 2012, 14(12): 20~22.

74. 王应祥. 中国哺乳动物种和亚种分类名录与分布大全[M]. 北京: 中国林业出版社, 2003.

75. 王智鹏. 论我国生态补偿法律制度的完善[D]. 成都: 西南财经大学, 2012.

76. 韦惠兰, 葛磊. 自然保护区生态补偿问题研究[J]. 环境保护, 2008, (2): 43~45.

77. 韦美玲. 广西金秀县大瑶山生态公益林的补偿标准探讨[J]. 广西林业科学, 2001, 30(3): 152~154.

78. 吴金梅, 王明刚. 野生动物栖息地亟法律保护[J]. 黑龙江环境通报, 2005, 29(3): 87~90.

79. 吴军, 徐海根, 丁晖. IPBES 的建立、前景及应对策略[J]. 生态学报, 2011, 31: 6973~6977.

80. 吴至康, 许维枢. 白冠长尾雉在贵州的分布与数量[J]. 动物学研究, 1987, 8(1): 13~19.

81. 吴至康. 白冠长尾雉的生态[J]. 动物学杂志, 1979, (3): 16~18.

82. 武正军, 李义明. 生境破碎化对动物种群存活的影响[J]. 生态学报, 2003, 11: 2424~2435.

83. 肖泽晟. 自然资源特别利用许可的规范与控制——来自美国莫诺湖案的几点启示[J]. 浙江学刊, 2006(4): 163~170.

84. 谢锋, 刘惠宁. 中国两栖动物保护需求总述[J]. 中国科学, 2006, 36(6): 570~581.

85. 徐海根, 曹铭昌, 吴军, 等. 中国生物多样性本底评估报告[M]. 北京: 科学出版社, 2013.

86. 徐海根, 吴军, 陈洁君. 外来物种环境风险评估与控制研究[M]. 北京: 科学出版社, 2011.

87. 徐基良, 张晓辉, 张正旺, 等. 白冠长尾雉雄鸟的冬季活动区与栖息地利用研究[J]. 生物多样性, 2005, 13(5): 416~423.

88. 徐基良, 张晓辉, 张正旺, 等. 白冠长尾雉越冬期栖息地选择的多尺度分析[J]. 生态学报, 2006, 26(7): 2061~2067.

89. 徐基良, 张晓辉, 张正旺, 等. 白冠长尾雉育雏期的栖息地选择[J]. 动物学研究, 2002, 23(6): 471~476.

90. 卢汰春, 刘如笋, 何芬奇. 中国珍稀濒危野生鸡类[M]. 福州: 福建科学技术出版社, 1991.

91. 许艺凡. 试论我国刑法对野生动物的保护[J]. 法制与经济, 2009, 6：49～50.

92. 薛达元, 武建勇, 赵富伟. 中国履行《生物多样性公约》二十年：行动、进展与展望[J]. 生物多样性, 2012, 20（5）：623～632.

93. 严清华. 棘胸蛙仿生态繁养技术[J]. 内陆水产, 2005, 5：17～18.

94. 颜忠诚, 陈永林. 放牧对蝗虫栖境结构的改变及其对蝗虫栖境选择的影响[J]. 生态学报, 1998, 18(3)：278～282.

95. 杨雁. 论我国野生动物保护法的完善[D]. 哈尔滨：东北林业大学, 2009.

96. 杨云峰, 王永莲. 契约理论视角的退耕还林[J]. 农村经济, 2007, (11)：51～53.

97. 游章强, 蒋志刚, 李春旺, 等. 草原围栏对普氏原羚行为和栖息地面积的影响[J]. 科学通报, 2013, 58(16)：1557～1564.

98. 张国钢, 张正旺, 郑光美. 山西五鹿山地区褐马鸡集群行为研究[J]. 北京师范大学学报（自然科学版）. 2000, 36(6)：817～820.

99. 张国钢, 郑光美, 张正旺, 等. 栖息地特征对褐马鸡种群密度和集群行为的影响[J]. 生物多样性, 2005, 13(2)：162～167.

100. 张家勇. 建立实施"天然林保护工程"的行政补偿法律制度研究（上）[J]. 西南民族学院学报（哲学社会科学版）, 2000, 21(2)：18～21.

101. 张家勇. 建立实施"天然林保护工程"的行政补偿法律制度研究（下）[J]. 西南民族学院学报（哲学社会科学版）, 2000, 21(3)：25～28.

102. 张晶虹. 人工林中啮齿动物对蒙古栎种群更新的影响[D]. 哈尔滨：东北林业大学, 2013.

103. 张俊杰. 我国野生动物保护的立法问题研究[D]. 哈尔滨：黑龙江大学, 2007.

104. 张小罗. 森林生态效益补偿制度之法理探析[J]. 求索, 2008(7)：148～150.

105. 张晓辉, 徐基良, 张正旺, 等. 白冠长尾雉孵卵行为的无线电遥测研究[J]. 北京师范大学学报（自然科学版）, 2004, 40(2)：255～259.

106. 张晓辉, 徐基良, 张正旺, 等. 河南陕西两地白冠长尾雉的集群行为[J]. 动物学研究, 2004, 25(2)：89～95.

107. 张正旺, 丁长青, 丁平, 等. 中国鸡形目鸟类的现状与保护对策[J]. 生物多样性, 2003, 11(5)：414～421.

108. 张正旺. 华北地区野生环颈雉集群行为的研究[J]. 动物学报, 1996, 42：114～118.

109. 张梓太. 自然资源保护法[M]. 北京：科学出版社, 2004, 356.

110. 赵玉泽, 徐基良, 罗旭, 等. 利用红外照相技术分析野生白冠长尾雉活动节律及时间分配[J]. 生态学报, 2013, 33(19)：6021～6027.

111. 郑光美, 王歧山. 中国濒危动物红皮书：鸟类[M]. 北京：科学出版社. 1998.

112. 郑光美. 鸟类学（第2版）[M]. 北京：北京师范大学出版社, 2012.

113. 郑光美. 世界鸟类分类与分布名录[M]. 北京：科学出版社, 2002.

114. 郑光美. 中国鸟类分类与分布名录（第二版）[M]. 北京：科学出版社, 2011：498～501.

115. 中国环境与发展国际合作委员会. 保护中国的生物多样性[M]. 北京：中国环境科学出版

社，1997.

116. 中国人与生物圈国家委员会. 中国自然保护区可持续管理政策研究[M]. 北京：科学技术出版社，2000.

117. 中国生态补偿机制与政策研究课题组. 中国生态补偿机制与政策研究[M]. 北京：科学出版社，2007.

118. 中国生物多样性国情研究报告编写组. 中国生物多样性国情研究报告[M]. 北京：中国环境出版社，1998.

119. 钟杰. 神农架地区不同人工林小型哺乳动物多样性[D]. 哈尔滨：东北师范大学，2012.

120. 周鸿生，唐景全，郭保香，等. 重点保护野生动物肇事特点及解决途径[J]. 北京林业大学学报，2010，9(2)：37~41.

121. 周建华，温亚利. 中国自然保护区土地权属管理现状及发展趋势[J]. 环境保护，2006，11：60~63.

122. 住房和城乡建设部. 中国城市建设统计年鉴(2006~2012年，历年). 北京：中国计划出版社，2006~2012，历年.

123. 邹发生，杨琼芳. 广东鹤山丘陵人工林林下鸟群落研究[J]. 生态学报. 2005，25(12)：3323~3328.

124. Allouche O, Tsoar A, Kadmon R. Assessing the accuracy of species distribution models: prevalence, kappa and the true skill statistic (TSS)[J]. Journal of Applied Ecology, 2006, 43: 1223~1232.

125. Block W M, Brennan L A. The habitat concept in ornithology[J]. Current Ornithology, 1993, 11: 35~91.

126. Bradbury R B, Payne R J, Wilson J D, et al. Predicting population responses to resource management[J]. Trends in Ecology & Evolution, 2001, 16: 440~445.

127. Bradshaw C J A, Sodhi N S, Brook B W. Tropical turmoil: a biodiversity tragedy in progress[J]. Frontiers in Ecology and the Environment, 2009, 7: 79~87.

128. Burnham K P, Anderson D R. Model selection and multi-model inference: a practical information-theoretic approach[M]. Berlin: Springer Verlag, 2002.

129. Cheng T H. A synopsis of the avifauna of China[M]. Berlin: Paul Parey Scientific Publishers, 1987, 167.

130. Cheng T H, Tan Y K, Lu T C, et al. Fauna Sinica, Vol. 4: Galliformes[M]. Beijing: Science Press, 1978. 173~175.

131. Cohen E B, Lindell C A. Survival, habitat use, and movements of fledgling White-Throated Robins (*Turdus assimilis*) in a Costa Rican agricultural landscape[J]. Auk, 2004, 121: 404~414.

132. Clyde W N, C Randall Byers, James M P. A Technique for analysis of utilization-availability data[J]. Journal of Wildlife Management, 1974, 38(3): 541~545.

133. Cody M L. Habitat selection in birds[M]. New Yark: Academic Press, 1985.

134. Crook J H. The evolution of soci al organ ization and visual communicationin weaverbirds (Plocei-nae)[J]. Behaviour, 1964, 10: 1~178.

135. Daily G C. Nature services: societal dependence on natural ecosystems[M]. Washington D C: Is-land Press, 1997.

136. Diaz S, Tilman D, Fargione J. Biodiversity regulation of ecosystem services [A]. Hassan R, Scholes R, Ash N. Ecosystems and human well - being: current state and trends[J], Volume 1. Washington D. C. : Island Press, 2005.

137. Fahrig L. Effects of habitat fragmentation on biodiversity[J]. Annual Review of Ecology Evolution and Systematics. 2003, 34: 487~515.

138. Falcucci A, Maiorano L, Ciucci P, et al. Land - cover change and the future of the Apennine brown bear: a perspective from the past[J]. Journal of Mammalogy, 2008, 89: 1502~1511.

139. FAO. State of the world's forests 2007[A]. F. a. A. O. o. t. U. Nations. State of the world's forests [C]. Rome: Food and Agricultural Organization of the United Nations, 2007. 1~157.

140. Felton A, Knight E, Wood E, et al. A meta - analysis of fauna and flora species richness and a-bundance in plantations and pasture lands[J]. Biological Conservation, 2010, 143: 545~554.

141. Fitzherbert E B, Struebig M J, Morel A, et al. How will oil palm expansion affect biodiversity [J]. Trends in Ecology and Evolution, 2008, 23: 538~545.

142. Gardner T A, Barlow J, Peres C A. Paradox, presumption and pitfalls in conservation biology: the importance of habitat change for amphibians and reptiles[J]. Biological Conservation, 2007, 138: 166~179.

143. Goldstein M I, Wilkins R N, Lacher T E Jr. Spatiotemporal responses of the reptiles and amphibi-ans to timber harvest treatments[J]. Journal of Wildlife Management, 2005, 69: 525~539.

144. Hampe A, Petit R J. Conserving biodiversity under climate change: the rear edge matters[J]. E-cology letters, 2005, 8(5): 461~467.

145. Hosmer D W, Jovanovic B, Lemeshow S. Best Subsets Logistic Regression[J]. Biometrics, 1989, 45: 1265~1270.

146. IUCN. 2010 IUCN Red list of threatened species [EB/OL]. [2010 - 4 - 24]. http: // www. iucnredlist. org.

147. Jenness J. Topographic Position Index (tpi_ jen. avx) extension for ArcView 3. x, v. 1. 3a[EB/OL]. [2006]. http: //www. jennessent. com/arcview/tpi. htm.

148. James W, Martin C, Susan L. The role of forest maturation in causing the decline of Black Grouse (*Tetrao tetrix*)[J]. Ibis, 2007, 149(1): 143~155.

149. Jarman P J, Coulson G. Dynamics and adaptiveness of grouping in macropods[A]. Grigg G, Jar-man P, Hume I. Kangaroos, wallabies and rat - kangaroos[J]. New South Wales: Surrey Beat-ty, 1989: 527~547.

150. Jones J, Ramoni - Perazzi P, Carruthers E H, et al. Species composition of bird communities in shade coffee plantations in the Venezuelan Andes [J]. Ornitol. Neotropical, 2002, 13:

397 ~ 412.

151. Komar O. Ecology and conservation of birds in coffee plantations: a critical review[J]. Bird Conservation International, 2006, 16: 1 ~ 13.

152. Korschgen L J, Chambers G D. Propagation, stocking, and food habits of Reeves's Pheasants in Missouri[J]. The Journal of Wildlife Management, 1970, 34(2): 274 ~ 282.

153. Li N Y, Yang Y Z. China green carbon fund: China's concrete effort for global climate change mitigation[R]. Buenos Aires: XIII World Forestry Congress, 2009.

154. Lindell C, Smith M. Nesting bird species in sun coffee, pasture and understory forest in southern Costa Rica[J]. Biodivers Conserv. 2003, 12: 423 ~ 440.

155. Lindenmayer D B, Cunningham R B, Donnelly C F, et al. The distribution of birds in a novel landscape context[J]. Ecological Monographs, 2002, 72: 1 ~ 18.

156. Lindenmayer D B, Hobbs R J. Fauna conservation in Australian plantation forests – a review [J]. Biological Conservation, 2004, 119: 151 ~ 168.

157. Liu J, Ouyang Z, Pimm S L, et al. Protecting China's biodiversity[J]. Science, 2003(300): 1240 ~ 1241.

158. Loöpez – Pujol J, Wang H F, Zhang Z Y. Conservation of Chinese Plant Diversity: An Overview, Research in Biodiversity – Models and Applications [J/OL], [2011] http://www. intechopen. com/books/research – in – biodiversity – models – andapplications/conservation – of – chinese – plant – diversity – an – overview.

159. Lord J M, Norton D A. Scale and the spatial concept of fragmentation[J]. Conservation Biology, 1990, 4: 197 ~ 202.

160. Macdonald D W. The ecology of carnivore social behaviour[J]. Nature, 1983, 301: 379 – 384.

161. Macías – Duarte A, Panjabi A O. Association of Habitat Characteristics with Winter Survival of a Declining Grassland Bird in Chihuahuan Desert Grasslands of Mexico[J]. The Auk, 2013, 130: 141 ~ 149.

162. MacKinnon J R, Meng J S, Carey G, et al. D. A biodiversity review of China[J]. WWF International China Program, Hong Kong. 1996: 362 ~ 364.

163. Magurran A E, Henderson P A. Explaining the excess of rare species in natural species abundance distributions[J]. Nature, 2003, 422: 714 ~ 716.

164. McNeely J A. Conservation biodiversity: the key political, economic and social measures[A]. Di Castri F, Younès T. Biodiversity, Science and Development, Paris1996: 264 ~ 281.

165. Millennium Ecosystem Assessment. Ecosystems and human well – being: synthesis. Island Press, Washington, DC. 2005.

166. MillenniumEcosystem Assessment. Ecosystems and human well – being: wetland and water synthesis[M]. Washington, DC.: Island Press, 2005.

167. MillenniumEcosystem Assessment. Ecosystems and human well – being: biodiversity synthesis [M]. Washington, DC: Island Press, 2005.